Volter C. Paterson

NUKLEARNA MOĆ

I0464763

Biblioteka

DIJALOG

Urednik
LJUBOMIR KLJAKIĆ

VOLTER C. PATERSON

NUKLEARNA MOĆ

IZDAVAČKA RADNA ORGANIZACIJA „RAD"
BEOGRAD, 1987.

Mojim roditeljima,
koji se nisu brinuli kad sam
digao ruke od nuklearne fizike,
i Kleoni,
koja se nije brinula kad sam je se ponovo latio.

PREDGOVOR

Nuklearni reaktori zapanjuju. Oni su srce tehnologije koja može da izmeni svet bliske budućnosti, ili da ga uništi. Nastali kao najveća vojna tajna za vreme drugog svetskog rata, nuklearni reaktori su od tada impresionirali laike, kao ezoterične, fantastične naprave van domašaja normalnog poimanja. Takav utisak nema opravdanja. Dok se kolebamo na prekretnici potpunog opredeljenja za nuklearni razvoj, od vitalnog je značaja da nuklearna politika bude zasnovana na širokom razumevanju javnosti — na razumevanju nuklearne tehnologije, njenih primena i svega onoga što ona podrazumeva.

Nuklearna fizika i nuklearni inženjering, da budemo načisto, predstavljaju specijalizovane oblasti i bave se pojavama koje zbog svoje nepredvidljivosti ponekad izgledaju kao da se događaju u Alisinoj zemlji čuda. Međutim, osnovne osobine nuklearnih reaktora veoma malo su se promenile tokom četiri decenije njihovog postojanja. Jedino što se promenilo je njihova veličina i njihov kontekst. Ova knjiga je pokušaj da se opišu sami reaktori — kao i da se opiše uticaj koji su oni imali, i još uvek imaju, na svet u kome živimo. Ona predstavlja moje lično gledište o sve kontroverznijem spletu problema. Nekima će se ona učiniti neopravdano pesimističnom, a drugima preterano obuzetom materijom od koje oni instinktivno zaziru. Stoga je uputno početi s jednim upozorenjem: kad su u pitanju atomi, nikad ne uzimajte bilo šta zdravo za gotovo. Za one koji žele da budu još više upućeni, uključio sam, u Dodatku C, iscrpan spisak dopunskih izvora informacija navedenih da istaknu — još jedanput — jedno individualno mišljenje o njihovim vrlinama i manama.

Tokom svog bavljenja nuklearnim pitanjima, imao sam sreće da se sretnem sa mnogim drugim gledištima u odnosu na koja sam mogao da procenim sopstveno. Osoblje Nadleštva za atomsku energiju Ujedinjenog Kraljevstva (United Kingdom Atomic Energy Authority — UKAEA[1]) pružalo mi je bezrezervnu podršku uprkos čestim razmimoilaženjima u mišljenju. Posebno sam zahvalan Ronu Traskotu i njegovim kolegama iz Službe za odnose sa štampom, kao i Lorni Arnold, iz Arhive, koja je stavila na raspolaganje prve primerke izvanredne službene istorije pod naslovom *Nezavisnost i odvraćanje (Indenpendence and Deterrance)* u ključnom trenutku mojih istraživanja.

Sada podeljena, Komisija za atomsku energiju Sjedinjenih Država (United States Atomic Energy Commission — USAEC) snabdela me je velikim brojem korisnih dokumenata. Slične usluge su mi pružile Međunarodna agencija za atomsku energiju (International Atomic Energy Agency — IAEA) i Agencija za nuklearnu energiju OECD[2] (OECD Nuclear Energy Agency — OECD-NEA) zahvaljujući razumevanju Brusa Etkinsa kome se posebno zahvaljujem. U velikoj meri sam se koristio radovima dr Semjuela Glastona, pokojnog dr Teosa Tompsona i dr Dž. Bekerlija, pokojnog dr Keneta Džeja, mog prijatelja i kolege Šeldona Novika, dr Dž. Kogla, dr Toma Kokrena, dr Džona Gofmena, dr Artura Templina, dr Džona Holdrena, Ričarda Luisa, Džona Mekfija, Normana Mosa, Pitera Mecgera, Rodžera Rapoporta, Teda Tejlora i Mejsona Vilriča, kao i mnogih drugih. Svima njima dugujem zahvalnost. Izdanja Međunarodnog instituta za istraživanje mira iz Stokholma, Pagvoš konferencije, Međunarodne komisije za radiološku zaštitu (International Commission on Radiological Protection — ICRP), Nacionalnog odbora za radiološku zaštitu (National Radiological Protection Board — NRPB) i Saveza zainteresovanih naučnika (Union of Concerned

---

[1] U tekstu koji sledi koristiće se originalne skraćenice naziva svih institucija.

[2] OECD — Organization for Economic Cooperation and Development — Organizacija za ekonomsku saradnju i razvoj.

Scientists — UCS), kao i časopisi *Bilten atomskih fizičara (Bulletin of the Atomic Scientists)*, *Nauka (Science)*, *Okolina (Environment)*, *Energetska politika (Energy Policy)*, *Međunarodni nuklearni inženjering (Nuclear Engineering International)* pružili su mi obilje dragocenog materijala. Takođe se zahvaljujem uredniku i izdavaču *Nedeljnog energetskog izveštaja (Weekly Energy Report)*, Levelinu Kingu.

Mnogi od mojih kolega novinara mesecima su vodili beskrajne i plodotvorne razgovore ne samo o nuklearnim pitanjima već i o njihovom globalnom kontekstu u energetskoj i socijalnoj politici. Očekujem da će mi oni podjednako otvoreno staviti do znanja šta misle o mom naporu: u očekivanju toga, svima im se zahvaljujem, a posebno osoblju časopisa *Savremeni naučnik (New Scientist)* koje se suprotstavlja mojim gledištima više i češće od većine drugih.

Bez aktivnog učešća mojih prijatelja iz organizacije Prijatelji Zemlje (Friends of the Earth International), ova knjiga ne bi bila napisana. Bris Lalond i Pjer Samuel iz Les Amis de la Terre u Francuskoj, Lenart Daleus iz Jordens Wänner u Švedskoj, Brajan Harli iz FOE u Irskoj, Holgen Štrom iz Die Freunde der Erde u Zapadnoj Nemačkoj, Kiti Pegels iz Vereniging Milieudefensie iz Holandije, Džim Harding iz FOE Inc u SAD, i mnogi drugi prijatelji predstavljaju međunarodnu organizaciju od sve većeg značaja. U Britaniji, dr Piter Čempen sa Otvorenog univerziteta (Open University) i Džerald Lič iz Međunarodnog instituta za okolinu i razvoj (International Institute for Environment and Development), doprineli su izazovnim i stimulativnim diskusijama. Moji prijatelji iz londonskog ureda FOE Ltd., podneli su moje višenedeljno odsustvo iz našeg tima bez gunđanja, obavljajući i moj deo zadatka. Na kraju, najtoplije se zahvaljujem dr Džonu Prajsu i Amoriju Lavinsu, s kojima rad predstavlja iscrpljujuće zadovoljstvo i bez kojih bih mirne duše i dalje mogao samo da čeprkam po svojoj bašti.

Zahvalan sam i Piteru Rajtu iz *Pingvina (Penguin Books)* što je omogućio da se prvobitna verzija ovog teksta učetvorostruči. Zahvaljujem se i Su Hanter, koja je dala sve od sebe da preobrazi zamršeni rukopis u čitljiv tekst. Konačno, hvala mojoj voljenoj ženi Kleoni koja me je podnosila tri meseca koje sam proveo u nesanici, i sav opsednut, i obećavam da više nikada na Badnje veče neću pisati o teroristima sa nuklearnim oružjem. Bar tako mislim.

31. decembar 1974.

PREDGOVOR ZA DRUGO IZDANJE

Najteži zadatak u pripremi ovog, drugog izdanja bio je odlučiti koji materijal iz prvog izdanja treba izostaviti, da bi se obezbedio prostor za novi. Izbor materijala koji se uvrštava i koji se izbacuje je, naravno, odgovornost autora, što podvlači primedbu iz prvog izdanja: „Nikad ne uzimaj bilo šta zdravo za gotovo."

Zahvalan sam izdavačkoj kući *Pingvin* i Rabu Mekvilijemu što su mi omogućili da se natenane vratim ovoj beskrajno zadivljujućoj mada nesigurnoj oblasti. Zahvaljujem se, nadalje, Džeraldu Liču koji me je naučio kako da me ne ophrva tematika koju sam odabrao, i Liz Pejn, Hilari Roju i Riti Morgan koji su mi pomogli da me ona ne sahrani.

septembar, 1982.

NUKLEARNA MOĆ

UVOD

NUKLEARNE MUKE

Svet se već četiri decenije uči kako da živi sa nuklearnom energijom. Ovaj tečaj je uzbudljiv, frustrirajući i ponekad zastrašujući; i daleko je od toga da je završen. Zapravo, on je, možda, tek započeo. Naučili smo štošta o tome kako da oslobodimo nuklearnu energiju, kako da je kontrolišemo i kako da je iskoristimo. Naučili smo i da je uzimamo zdravo za gotovo, ali još nismo naučili kako da živimo s njom. Nuklearna energija, u svim svojim vidovima već menja svet. Budućnost naše kugle u velikoj meri zavisi od toga šta znamo o nuklearnoj energiji i kako je upotrebljavamo. Na sudbonosne odluke se neće čekati još četiri decenije.

Koncentrisana, visokokvalitetna energija postala je osnovna potreba našeg industrijskog društva. Najkoncentrisanija energija kojom raspolažemo je nuklearna energija, do koje dolazimo pomoću nuklearnih reaktora. Energija koju sadrži jedan kilogram uranijuma, u slučaju kada bi se u celini oslobodila u nuklearnom reaktoru, bila bi jednaka onoj koja bi nastala sagorevanjem tri hiljade tona uglja. Naravno, sve to nije tako jednostavno. Priča se da je jedan engleski radnik ukrao komad reaktorskog goriva, odneo ga kući i pokušao da se njime ogreje. Naravno, na kraju je bio jako razočaran. Međutim, nema nikakve sumnje da svetske zalihe uranijuma predstavljaju neverovatnu količinu potencijalne energije. Pod uslovom da postoje reaktori i druga potrebna postrojenja, eksploatacija uranijuma je moguća. U suprotnom, uranijum bi bio beskoristan. Isto važi za još rasprostranjeniji metal torijum.

Ove mogućnosti bile su uočene na samom početku razvoja nuklearne energije, još dok su se kovali planovi za njeno korišćenje kao eksploziva. Zastrašujuća razorna snaga nuklearnog oružja dominirala je svetskom scenom tokom prve posleratne decenije. Međutim, do sredine 50-ih godina naučnici i inženjeri su već bili na putu da upregnu ovu energiju u mirnodopske svrhe. Izgledi su bili sve svetliji i svetliji. Sasvim jasno, došlo je do plime euforičnih očekivanja odmah nakon dve nuklearne eksplozije nad Japanom, kojima je okončan drugi svetski rat. Takozvana „atomska energija" će, navodno pokretati kola pomoću mašine veličine pesnice, ljudi će ubrzo živeti u kućama sa grejanjem na uranijum, avioni na „atomski pogon" će beskonačno leteti po vazduhu, a rakete na „atomski pogon" će nas prenositi preko okeana za tri minuta... Ali, ljudi koji su bili upoznati sa implikacijama nuklearne energije, bili su realističniji. Oni su se odlučili za rešenja koja su bila mnogo ostvarljivija, i njihovi napori su urodili plodom.

Nuklearni reaktor oslobađa nuklearnu energiju u obliku toplote. Ova toplota se koristi za proizvodnju pare, a para za proizvodnju električne energije — uz pomoć konvencionalne opreme. Od sredine 50-ih godina stvaranje električne energije pomoću nuklearnih centrala postalo je zasebna tehnologija. Od samog početka je bilo jasno da će nuklearna električna energija imati svoje prednosti i loše strane u poređenju sa klasičnim centralama u kojima se para proizvodi sagorevanjem uglja, nafte ili gasa. Elektrane koje koriste fosilna goriva je lakše zidati od nuklearnih centrala sličnih kapaciteta. S druge strane, očekivalo se da će operativni troškovi elektrana na nuklearni pogon biti mnogo niži nego kod onih na fosilna goriva. Propaganda je, u samom početku, čak išla toliko daleko da se tvrdilo da će nuklearna električna energija biti toliko jeftina da se njena potrošnja neće ni meriti. Ali, po običaju, oni koji su bili upućeni u stvari, nisu iznosili takve tvrdnje. Nasuprot tome, oni su izračunali ukupne troškove jedinice električne energije proizvedene kako na klasičan, tako i na nuklearan način, uzimajući u obzir i troškove ulaganja i troškove rada. Procene su se malo razlikovale, ali je bilo vrlo verovatno da će jedinica nuklearne ele-

14

ktrične energije biti oko pet puta jeftinija od jedinice električne energije dobijene od fosilnog goriva. Na osnovu ovakvih proračuna, nuklearne elektrane su delovale kao savršena investicija.

U godinama koje su došle, osnova ove ekonomske računice se menjala. Jedno vreme cena nafte je bila niska, dok se cena uglja povećavala. Neki nuklearni troškovi su se povećali, i tako je računica postala neizvesna. Krajem 60-ih godina, sve veća briga javnosti za okolinu skrenula je pažnju na probleme koji su nastajali usled široke upotrebe fosilnih goriva: opasnost po zdravlje u podzemnim rudnicima uglja, ekološki poremećaji izazvani površinskim kopom, zagađenje mora od transporta nafte i zagađenje vazduha kao posledica sagorevanja uglja i nafte. U poređenju s ovim, nuklearne elektrane izgledale su bezazlene po okolinu. Početkom 70-ih, nagli porast cena nafte i sve veći problemi u vezi sa radnom snagom u ugljokopima povećali su ekonomsku privlačnost nuklearne energije. Postepena, probna orijentacija industrije ka nuklearnoj energiji se, jedno vreme, dramatično ubrzala, a, isto tako, i nuklearni udeo u ukupnoj proizvodnji električne energije.

Vlade su želele da smanje svoju zavisnost od zemalja izvoznica nafte, proizvođači električne energije želeli su da umanje svoju zavisnost od uglja, posebno zbog ranjivosti u borbi sa nepokolebljivim sindikatima. Doba nuklearne električne energije se nudilo kao najbolja alternativa. Tvrdilo se da će kad-tad ugalj i nafta postati nezamenljive sirovine za hemijsku industriju i da bi ih trebalo sačuvati za te svrhe, a da za proizvodnju električne struje treba koristiti nuklearnu energiju. Pored toga, tvrdilo se da je elektricitet najcenjeniji oblik energije, prilagodljiv, visokokvalitetan i da ne zagađuje okolinu na mestima gde se upotrebljava. Prema tome, trebalo bi da proporcionalno predstavlja sve veći deo ukupnog utroška energije. S obzirom na to da su se izvori nuklearne energije mogli odmah upotrebiti za proizvodnju električne energije, sve se izvanredno uklapalo. Bilo je jasno da će svetske potrebe za energijom naglo rasti, i da će, isto tako, rasti i njena individualna potrošnja, jer će se sve više i više ljudi koristiti blagodetima moderne tehnologije. Neki stručnjaci su predviđali da će se svetska potrošnja energije po stanovniku udvostručiti u odnosu na tadašnju potrošnju prosečnog Amerikanca. Po njima, ova energija bi se obezbeđivala putem nekih 4.000 skupina nuklearnih centrala, od kojih bi svaka skupina sadržavala dovoljno reaktora da se proizvede količina energije pet puta veća od one koju proizvede današnja najveća elektrana. Za takvu energetsku budućnost uloga nuklearne energije bila bi od presudnog značaja. Tolike potrebe čovečanstva za energijom bi se mogle zadovoljiti jedino snažnim razvojem nuklearne industrije.

Takvi argumenti bili su višestruko ubedljivi. I tako, dok su neki zahtevali sve veće i veće reaktore u što kraćem roku, drugi su postavljali pitanja, od kojih je na neka još uvek teško odgovoriti.

Najranije dileme su potekle iz usađenog čovekovog straha i nepoverenja prema nuklearnoj energiji, nastalog posle njene premijere kao najrazornijeg ikada upotrebljenog oružja. Postepeno, iz opšte nelagodnosti iskristalisala su se određena pitanja. Svet se nekako navikao — mada sa krajnjim nespokojstvom i uz česte proteste — na neograničenu razornu moć nuklearnog arsenala SAD, SSSR-a, Velike Britanije, Francuske i Kine. Malo ko bi oklevao da prizna da ovi arsenali predstavljaju najstrašniju pretnju za budućnost života na Zemlji. Ali, pored ovih čisto vojnih aspekata nuklearne energije, postoji i nekoliko drugih koji su isto toliko zabrinjavajući. Neke od njih ćemo detaljno razmotriti u narednim poglavljima. Ovde će biti dovoljno da ih samo ukratko pomenemo, jer ćemo se na njih više puta vraćati u daljem razmatranju.

Nuklearni reaktori i ostala prateća postrojenja proizvode i sadrže ogromne količine materijala koji je „radioaktivan" (vidi odeljak: Radioaktivnost stvara radijaciju). Neki radioaktivni materijali su veoma opasni po živa bića i ta opasnost može da traje neverovatno dugo. Ni u kom slučaju se ne sme dozvoliti da veće količine ovih materijala izmaknu iz nuklearnih postrojenja. Tokom normalnog rada, mala količina radioaktivnosti odlazi u okolinu. Jedna od žestokih polemika odnosi se na standarde i kontrolu ovakvih pojava. Pojedini kritičari od velikog ugleda smatraju postojeće standarde i suviše labavim, naročito ako se planira stalno povećanje broja i veličine nuklearnih instalacija. Drugi veliki problem predstavlja radna sigurnost, ne samo što se tiče različitih konstrukcija samih reaktora već i njihovih pomoćnih postrojenja, uključujući tu i transportni sistem. Neprijatno je saznanje da sigurnosne mere moraju da uključuju ne samo mogućnosti nezgoda nego i sabotaža, pa čak i vojnog napada. Dugotrajno neslaganje stručnjaka o pitanjima bezbednosti još uvek traje i ne daje konkretna rešenja.

Jedna kategorija radioaktivnih materijala, koja je proizvod nuklearne aktivnosti, zahteva posebnu pažnju. U pitanju su „visokoradioaktivni" otpaci iz upotrebljenog goriva reaktora (vidi odeljak: Visokoradioaktivni otpaci). Visokoradioaktivni otpaci sadrže velike količine supstanci koje su opasno radioaktivne i koje će to ostati stotinama godina. Još nema odgovora šta treba raditi sa njima. Predložena su privremena rešenja, i za sadašnju praksu se tvrdi da je odgovarajuća, međutim, šire gledajući, ovo je više pitanje etike nego tehnologije. Da li smemo da stvaramo ove opasne supstance u sve većim količinama i da ih ostavljamo našim dalekim potomcima? Čak i ne uzimajući u obzir etiku, postalo je sasvim jasno da vođenje računa o sigurnosnim merama utiče na ukupnu cenu nuklearne energije. Isto kao što iskopavanje uglja mora da uzme u obzir troškove zaštite na radu, obnavljanje uništenog terena i kontrole zagađivanja, korišćenje nuklearne energije mora da računa sa posebnim merama zaštite i ostalim propisima koji se odnose na njih. Optimističke procene troškova sa početka 50-ih godina, koje su davale prednost nuklearnim nad fosilnim gorivima, više nisu neosporive, kao što ćemo to videti kasnije.

Bez obzira na to koliko se sredstava uloži u sigurnosne mere, efekat nikada ne može biti potpuno zadovoljavajući. S obzirom na to da se svetska ekonomija sve više oslanja na nuklearne reaktore kao izvore energije, trgovina „fisionim" materijalima — materijalima od kojih se može praviti nuklearno oružje — se povećava. Ozbiljne studije pokazuju da su mere bezbednosti, koje se primenjuju kad su oni u pitanju, veoma često površne. Mogućnost da nuklearno oružje dospe u ruke nestabilnih vlada, terorističkih organizacija ili nekog fanatika, ne obećava nam ružičastu nuklearnu budućnost. Kada je ovakva opasnost po sredi, to može da dovede do potrebe za posebnom vladinom nuklearnom policijom, stalnim proveravanjem privatnog života ljudi zaposlenih u nuklearnoj industriji, monolitnim centralnim upravljanjem javnim životom i drugim aktivnostima koje su neprijatno blizu obrisa totalitarne društvene strukture.

Kad razmotrimo ove ozbiljne probleme, postaje jasno da će odluke koje donosimo u vezi sa nuklearnom energijom, u velikoj meri odrediti kakav će svet naslediti naši unuci. Pitanja koja je postavila ova tehnologija predstavljaju jedinstveni mikrokosmos u kome se ogledaju muke koje su snašle našu planetu. Nuklearna muka postavlja bezbroj društvenih, političkih, pa čak i etičkih pitanja, od kojih mnoga imaju dugoročne implikacije, sa potpuno nepredvidljivim ishodom. Očigledno je da ova problematika zahteva najširu javnu diskusiju i masovno angažovanje u donošenju odluka koje predstoje.

Učešće javnosti u donošenju odluka u vezi sa nuklearnom energijom je i suviše dugo bilo ili marginalno ili očajničko, uglavnom zbog toga što je ova problematika bila prekrivena plaštom najezoteričnije naučne opskurnosti. Ali, ovaj veo misterije koji je obavijao „nuklearna posla", uvek je prvenstveno bio stvar vojne prirode, a ne posledica intelektualne nepristupačnosti. U sledeća tri poglavlja opisaćemo zašto i kako reaktori rade, kao i sve ono što im je potrebno za to. Ako ste nuklearni inženjer, možete ih slobodno preskočiti. A, ako niste, pročitajte ih pažljivo jer će vam ona omogućiti da lakše procenite da li nuklearni inženjeri znaju o čemu govore.

PRVI DEO
SVET NUKLEARNE FISIJE

1. ŠTA JE REAKTOR?

ATOM I JEZGRO

Ako uzmete dve metalne polulopte i udarite vrlo brzo jednom o drugu mogu se dogoditi dve stvari. Može se začuti jak tresak, ili vi, polulopte i sve oko vas može skoro trenutno da ispari u eksploziji ogromne toplotne energije. Ako se ovo drugo desi, možete biti sigurni da je metal bio posebna vrsta uranijuma, mada vam to saznanje neće biti od velike koristi.

Ono što vas je pretvorilo u paru, bila je sirova energija oslobođena iz samog srca uranijuma. Energija iz unutrašnjosti uranijuma otkrivena je svetu 6. avgusta 1945. na nebu iznad Hirošime. Nijedan izvor energije nije imao tako zastrašujući debi. Pa, ipak, paradoksalno, najmoćnija energija koju je čovečanstvo naučilo da oslobodi, dolazi iz najsićušnijeg rezervoara koji tek treba da naučimo da koristimo: jezgra atoma.

Šta je to „atom"? I šta je njegovo „jezgro"? Zamislite da ste uzeli komad olova i da ga sečete na sve sitnije i sitnije delove. Kad delići postanu tako mali da više ne možete da koristite nož, nastavite da sečete zamišljenim nožem. Na kraju, delići će postati tako mali da, ako i dalje sečete, pred vama više neće biti olovo: sledeći rez promeniće identitet onoga što sečete. Najmanji delić koji je još uvek olovo, zove se atom olova.

Reč „atom" znači „nedeljiv". Ne možete podeliti atom olova i opet dobiti olovo. Ali, možete podeliti njegov atom i dobiti manje delove koji više nisu olovo. Ako počnete da razlažete atom, prvo ćete doći do „elektrona". Sve do tada mogli ste da sečete bez pojave bilo kakvih upadljivih električnih efekata; ali, elektron je negativno naelektrisan, a ostatak atoma pozitivno. Delovi atoma postali su „joni": negativni jon (elektron) i pozitiv-

21

ni jon (ostatak atoma). S uklanjanjem svakog sledećeg elektrona, pozitivno naelektrisanje ostatka tog atoma je sve veće. On postaje dvostruko „jonizovan", trostruko „jonizovan" i tako dalje. S obzirom na to da se negativno i pozitivno naelektrisanje uzajamno privlače, sve je teže i teže odstraniti naredne elektrone.

Međutim, pretpostavite da ste uspeli da odstranite sve elektrone. (Kod najvećeg broja atoma, to je u praksi veoma teško.) Ono što je preostalo, predstavlja srce atoma: jezgro. U njemu se nalazi celokupan pozitivni naboj. Sada dalje sečenje postaje neuporedivo teže. Ono što iznenađuje je da se — iako jezgro sadrži samo pozitivne naboje (koji se međusobno *odbijaju*) — njegovi sastavni delovi drže zajedno sa takvom postojanošću da u poređenju s njom spoljni elektroni deluju krajnje promiskuozno.

Bilo je mnogo priče o „cepanju atoma", ali problem je pre u cepanju *jezgra* atoma. „Atomske" bombe trebalo bi da se zovu „nuklearne" bombe: jer razorna energija koju one oslobađaju potiče iz razbijanja jezgara.

URANIJUM

Šta uranijum čini toliko različitim od drugih supstanci? Da bismo shvatili njegove jedinstvene osobine, najpre moramo da razmotrimo neke osnovne postavke nuklearne fizike: od čega se sastoje jezgra i kako se ona ponašaju. Atom je sazdan od elektrona koji okružuju jezgro, a jezgro čine „protoni" i „neutroni". Proton ima pozitivan naboj, dok neutron nema nikakav, te je električno „neutralan". U prvi mah može nam se učiniti neshvatljivim kako to da jezgro uopšte stoji na okupu. Pozitivni naboj protona trebalo bi da ih silovito otrgne jedne od drugih. Ali, u zbijenom prostoru jezgra postoji još jedna sila: neizmerno snažna, kratkodometna, privlačna sila koja deluje podjednako na protone i neutrone — koji su sa ovog stanovišta svi zajedno „nukleoni". Ova kratkodometna nuklearna sila ih drži zajedno, nasuprot odbojnom dejstvu pozitivnih naboja protona. Na ovaj način neutroni se ponašaju kao „nuklearni cement".

Međutim, u jezgru koje sadrži 92 protona — tj. u jezgru uranijuma — odbojna sila između protona je na ivici da nadvlada ovu nuklearnu silu. Ako se u jezgru nalazi čak 146 neutrona, jezgro jedva može da opstane. Ovaj oblik uranijuma, koji sve u svemu sadrži 238 nukleona, zove se uranijum-238 ili U_{92}^{238}. Iz razloga koji nas se ovde ne tiču, a koji se odnose na grupisanje i kompatibilnost nukleona, naredni najverovatniji raspored je jezgro uranijuma koje sadrži tri neutrona manje: uranijum-235, U_{92}^{235}. Atomi sa ovim lakšim jezgrima čine oko 0,7 procenata uranijuma u prirodnom stanju. (Ako jezgra imaju isti broj protona, onda su to jezgra jednog istog hemijskog „elementa": prema tome, svako jezgro sa 92 protona je jezgro atoma uranijuma. Atomi čija jezgra imaju jednak broj protona i različit broj neutrona, nazivaju se „izotopima" istog elementa: na primer, uranijum-238 i uranijum-235 su izotopi uranijuma.) Jezgro uranijuma-235 ima osobinu jedinstvenu između svih ostalih 200 jezgara pronađenih u prirodi u znatnijoj količini pre 1942. Jezgro uranijuma-235 je na granici unutrašnje stabilnosti. Jedan zalutali neutron, koji bi naleteo na njega, mogao bi da ga potpuno razori.

RADIOAKTIVNOST STVARA RADIJACIJU

Kad zalutali neutron udari u jezgro uranijuma-235, dobija se „složeno jezgro" uranijuma-236. Ono se naziva složenim jezgrom jer je kratkog veka. Energija koju mu je dodao taj neutron — čak iako je „spor" — nadvladava nesigurnu stabilnost jezgra i, skoro istog trenutka, ono se raspada. Razbijanje složenog jezgra uranijuma-236 dovodi do toga da oko dve petine jezgra odlete u jednom, a oko tri petine u suprotnom pravcu, uz eventualno dva-tri usamljena neutrona koji takođe izleću. Leteći komadi eksplodiraju uz toliku energiju tako da bi merenje mase, koje bi usledilo, otkrilo određeni gubitak: deo mase prvobitnog jezgra pretvorio se u energiju. Ovo je izvor ogromne energije koja se oslobađa u ovakvim slučajevima.

Na primer, jedno uobičajeno cepanje proizvodi jedan komad od 38 protona i 52 neutrona, drugi od 54 protona i 89 neutrona i tri usamljena neutrona: što sve, naravno, sačinjava 236 nukleona. Komad koji sadrži 38 protona je jezgro stroncijuma i, s obzirom na to da sve u svemu sadrži 90 nukleona, to je poznati stroncijum-90. Komad koji sadrži 54 protona je jezgro inertnog gasa ksenona; s obzirom na to da sadrži 143 nukleona, to je ksenon-143.

Takvo kompletno razbijanje jezgra zove se ,,fisija", po analogiji sa biološkim terminom za deobu ćelije. Preciznije, to se naziva ,,nuklearna fisija". Kada je izazvana dejstvom dodatnog neutrona, ona se naziva ,,indukovana fisija", što je slučaj sa uranijumom-235, koji je upravo opisan. Neka veoma teška jezgra su toliko nestabilna da mogu da se razbiju čak i ako ih ne pogodi neutron; takvo razbijanje naziva se ,,spontana fisija". Fisija, bez obzira na to da li je spontana ili indukovana, najsilovitija je vrsta sloma koje jezgro može da doživi. Ali, ima i drugih. Jezgro uranijuma-238, na primer, mada nije tako blizu razbijanja kao njegov lakši rođak, još uvek se nalazi u stanju napetosti, i to u tolikoj meri da će najverovatnije, pre ili posle, da izbaci komadić sastavljen od dva protona i dva neutrona. S obzirom na to da ovo proporcionalno dovodi do većeg smanjenja broja protona nego broja neutrona, preostalo jezgro, koje sada sadrži samo 90 protona i 144 neutrona, pod manjom je napetošću (jezgro metala torijuma-234). Komad ili ,,čestica", koja je bila izbačena, bila je u svakom pogledu identična jezgru običnog helijuma. Ali, s obzirom na to da se ona pojavljuje znatnom brzinom i brazda kroz sve što je zaustavlja, dobila je posebno ime: ,,alfa-čestica". Najveći broj jezgara sa najmanje 83 protona podležu ovakvom nasilnom slomu; oni se nazivaju ,,alfa-odašiljači".

Ravnoteža između protona i neutrona u torijumu-239, mada je zadovoljavajuća, daleko je od idealne. U stvari, emitujući alfa-česticu, jezgro postaje preprilagođeno. Ovo vodi jednom još delikatnijem obliku sloma. Iz jezgra koje sadrži 90 protona i 144 neutrona iznenada izbija jedan elektron. On je u svakom pogledu istovetan sa elektronima izvan jezgra, ali kako on izbija znatnom brzinom i njemu je dato posebno ime: ,,beta-čestica''. Jezgro, koje je preostalo, sada sadrži jedan pozitivni naboj više nego što ga je imalo.

Međutim, s obzirom na to da elektron ima mnogo manju masu od nukleona, broj nukleona ostaje isti kao i pre. Neutron se očigledno pretvorio u proton. Jezgro sadrži sada 91 proton i 143 neutrona; ovo je sada jezgro protaktinijuma-234. Kao i torijum-234, protaktinijum-234 je ,,beta-odašiljač''; kada emituje beta-česticu postaje uranijum-234 koji je isto tako beta-odašiljač. I tako, skokovito se spuštajući putem alternativnih alfa- i beta-emisija, jezgro se menja dok ne dostigne 82 protona i 124 neutrona i konačnu stabilnost: dok ne postane olovo-206.

Uz put, posle svake emisije alfa- i beta-čestica, jezgro redovno postaje uzbuđeno ili ,,uznemireno''. Da bi se smirilo, ono naglo oslobađa energiju u obliku sličnom običnoj svetlosti, ali mnogo intenzivniju i nevidljivu. Ova oslobođena energija naziva se ,,gama-zrak''. On je u svakom pogledu istovetan sa poznatim ,,X-zrakom'', osim što X-zrak dolazi iz elektronskog omotača van jezgra, dok gama-zrak dolazi iz jezgra.

Pogledajmo i jezgro stroncijuma-90, jedno od dva krupna komada stvorenih indukovanom fisijom uranijuma-235. Jezgro stroncijuma-90, ,,proizvod fisije'', ima neproporcionalno veliki broj neutrona u odnosu na protone, jer dolazi od mnogo težeg jezgra kome je potrebno više ,,cementa''. Prema tome, jezgro stroncijuma-90 je, takođe, beta-odašiljač. Pre ili posle, ono će izbaciti elektron velike brzine — beta-česticu — i jedan od njegovih neutrona biće zamenjen protonom. I tako nastaje jezgro itrijuma-90, još jednog beta-odašiljača, koji istim procesom postaje jezgro cirkonijuma-90, koje je stabilno. Beta-emisije iz jezgara koja su proizvodi fisije često su propraćene sa jednim ili više gama-zrakâ.

Dakle, ima četiri načina na koje se jezgro može preobraziti: fisija, alfa-emisija, beta-emisija i gama-emisija. Iz grudve materijala koji sadrži tako nestabilna jezgra, emisije ovih aktivnosti izbijaju radijalno na sve strane: za grudvu se kaže da je „radioaktivna", a emisije — neutroni, alfa- i beta-čestice, i gama-zraci — se nazivaju „radijacija". Za skup jezgara koji odašilje jednu ovakvu emisiju u sekundi kaže se da ima jedan „bekerel" (Bq) radioaktivnosti, po Anriju Bekerelu koji je prvi uočio pojavu radioaktivnosti 1896. Bekerel je sada prihvaćena međunarodna jedinica radioaktivnosti, ali se još uvek nailazi na stariju jedinicu mere — „kiri". Jedan kiri radioaktivnog materijala odašilje ne jedan, nego 37.000,000.000 emisija u sekundi. Ovo je radioaktivnost jednog grama radijuma, jedne od prvih poznatih radioaktivnih koju je otkrila Marija Kiri. Jedan kiri predstavlja veliku radioaktivnost. Srećemo se i sa metričkim podelama — milikiri, mikrokiri, nanokiri i pikokiri, od kojih je svaki hiljadu puta manji od prethodnog. Znači da jedan nanokiri predstavlja 37 bekerela radioaktivnosti. Treba, takođe, napomenuti da „radioaktivnost" stvara „radijaciju" i da ove termine ne bi trebalo brkati, mada se, čak, i u zvaničnim izveštajima ponekad upotrebljava termin „radioaktivnost" kad se misli na „radijaciju", i obratno.

Kad je u pitanju neka radioaktivna supstanca, nemoguće je reći da li je jedno određeno jezgro na pragu radioaktivnog sloma ili „raspadanja". Pa ipak, u dovoljno velikom uzorku bilo koje radioaktivne nuklearne materije ili „radioizotopa", izvestan deo jezgara uvek se raspada u sasvim određenom vremenskom periodu. Na primer, ako počnemo sa 1.000 jezgara stroncijuma-90, u roku od 28 godina njih 500 će se raspasti, a 500 će ostati. Tokom sledećih 28 godina, 250 od preostalih 500 će se raspasti, a 250 će preostati. I tako dalje: sa koliko god da počnemo, nakon 28 godina pola će se raspasti, a pola će preostati. Razumljivo, odgovarajuća radioaktivnost će se takođe prepoloviti. Za stroncijum-90, period od 28 godina naziva se „vremenom poluraspadanja". Svaki radioizotop ima različito vreme poluraspadanja za svaki oblik radioaktivnosti koji ispoljava: u svakom slučaju, vreme poluraspadanja predstavlja vreme tokom kojeg se polovina jezgara u uzorku raspadne, a odgovarajuća radioaktivnost padne na polovinu početnog nivoa. Poluživoti nastalih radioizotopa kreću se od delića milionitog dela sekunde do miliona godina.

DEJSTVA RADIJACIJE

Ukoliko se radioaktivno raspadanje ne odigrava u vakuumu, emitovano zračenje mora proći kroz supstancu koja ga okružuje. Posledice zavise od same supstance, vrste radijacije, njene energije i njenog intenziteta. Alfa-čestica, sazdana od četiri neuklona, sa dva pozitivna naboja, stupa u žestoku reakciju sa okolnim atomima, čupajući elektrone i izbijajući jezgra iz njihovih mesta. Na taj način, alfa-čestica brzo gubi energiju, prelazeći kratak put, ali vršeći ogromne poremećaje u okolini. Većina alfa-zračenja zaustavlja se već nakon prolaska kroz sredinu debljine jednog lista papira. Beta-čestica, sa mnogo manjom masom i sa samo jednim negativnim nabojem, uznemirava i dislocira okolne elektrone, ali gubi energiju sporije i stoga se zaustavlja nakon prolaska kroz sredinu debljine tanke metalne ploče. Gama-zrak, koji nema nikakav električni naboj, gubi energiju mnogo postupnije i u stanju je da prelazi velika rastojanja, izazivajući relativno malu uznemirenost na bilo kom delu svoje putanje. Neutron, takođe bez električnog naboja, isto tako može da prelazi velika rastojanja i najčešće se zaustavlja direktnim sudarom sa jezgrom. Gama, ili neutronsko, zračenje u stanju je da prodre kroz sloj betona deblji od jednog metra.

Izbacivanje jednog elektrona iz nekog atoma čini da taj atom postane jon: i zato se emisije iz jezgara nazivaju „jonizovanom radijacijom". Kada ova prođe kroz neki materijal, izaziva promene u njegovoj strukturi — ponekad privremene, ponekad stalne, ponekad korisne, ponekad štetne. Dejstva jonizujuće radijacije uglavnom zavise od količine energije koju oslobađa radijacija u datu količinu materijala — što je veća energija, veći su poremećaji. Prvobitna jedinica izloženosti radijaciji bio je „rentgen", nazvan po Vilhelmu Rentgenu, pronalazaču X-zraka.

Dejstva jonizujuće radijacije postaju izuzetno značajna ukoliko ona prolazi kroz živu materiju, jer se nežni molekularni raspored žive materije može lako poremetiti radijacijom. Postoji nekoliko jedinica koje se koriste za merenje dejstva radijacije na živu materiju. Sve donedavno, najuobičajenije jedinice su bile „radijacijom apsorbovana doza", ili „rad", i „rem" (roentgen equivalent man). Nove međunarodne standardne jedinice su: „grej" (Gy), koji iznosi sto rada, i „sivert" (Sv), koji iznosi 100 rema. Rem i sivert dozvoljavaju različite stepene alfa ili neutronskog oštećenja pri ekvivalentnoj emisiji energije. Za beta- i gama-radijaciju, jedan grej i jedan sivert su otprilike jednaki, a za neutrone i alfa-čestice, jedan grej može iznositi i do 20 siverta, u zavisnosti od energije samih čestica.

Pitanje bioloških posledica radijacije je prilično kontroverzno. Međutim, zna se da doza od nekih 400 rema radijacije celog tela ubija polovinu odraslih ljudi koji su joj bili izloženi a da mnogo manje doze dovode do oštećenja ćelija, što može izazvati leukemiju i druge vrste raka. Pored toga, oštećenja koja izaziva radijacija u složenim molekulima reproduktivnih ćelija što sadrže nasledne informacije, mogu dovesti do mutantnog potomstva. Čak jedan jedini gama-zrak može da poremeti gen. On može izazvati nepredvidljive posledice ukoliko se taj određeni gen nalazi u reproduktivnoj ćeliji koja kasnije učestvuje u formiranju deteta.

Detaljnije razmatranje bioloških posledica radijacije dato je u Dodatku B. Za sada je dovoljno reći da izgleda da se opasnost od radijacije za živu materiju povećava u direktnoj proporciji sa stepenom izloženosti radijaciji, počevši od najmanjih doza. Izgleda da ne postoji kritična doza — tj. doza ispod koje ne dolazi do oštećenja. Mi smo već izloženi neprekidnom zračenju od strane prirodnih radioaktivnih supstanci iz naše okoline i od kosmičkih zraka. Svaka ljudska aktivnost čija je tendencija da stvori nove izvore radijacije u našoj životnoj sredini, mora biti potencijalno opasna. Ali, koliko opasna i od kakve koristi za nas, o tome se još uvek vodi polemika. Svrha ove knjige je da jedan aspekt ove polemike učini razumljivijim, bez obzira na vaš vlastiti stav.

LANČANA REAKCIJA

U grudvi uranijuma uvek se nalazi nekoliko zalutalih neutrona proizvedenih ili spontanom fisijom ili kosmičkim zracima. Pretpostavimo da jedan od ovih zalutalih neutrona pobudi jezgro uranijuma-235 da podlegne fisiji. Pored dva produkta fisije, jezgro uranijuma izbacuje i dva ili tri neutrona velike energije (izgledi su veći od 99 : 1 da će ovi neutroni da se pojave u trenutku fisije: „trenutni" neutroni. Ali, postoje i mali izgledi da se neutroni pojave tek posle nekoliko sekundi: „zakasneli" neutroni. Kao što ćemo videti, zakasneli neutroni su od velikog značaja). Neutronima, produktima fisije, ostaju otvorene tri mogućnosti. Neutron može da stigne na površinu i tako pobegne. Može da udari u drugo jezgro i da bude apsorbovan, a da ne prouzrokuje njegov slom. Ili, najvažnije od svega, on može da pogodi drugo jezgro i da uzrokuje njegovo razbijanje. Izgledi da neutron izazove takvu indukovanu fisiju zavise od energije neutrona i od jezgra koje je pogođeno. Brzi neutron, svež proizvod prethodne fisije, obično prolazi kroz jezgro tako brzo da se jezgru ništa ne događa. Povremeno brzi neutron razbija jezgro; i zaista, samo brzi neutron je u stanju da razbije jezgro uranijuma-238. Međutim, ako se neutron odbija od jezgara, odskačući od jednog do drugog i tako gubi energiju, ubrzo će se usporiti i doći će samo do njegovog natezanja oko zajedničke toplotne energije ostatka materijala. To je „toplotni neutron". Toplotnom neutronu potrebno je mnogo više vremena da bi prošao kroz jezgro i tako ima mnogo veće izglede da razbije jezgro uranijuma-235 od brzog neutrona.

Ako u grudvi uranijuma-235 jedno jezgro doživi fisiju, neutroni koje ono izbacuje mogu da pogode druga jezgra uzrokujući nove fisije i oslobađajući nove neutrone. Ako ima dovoljno uranijuma-235, i ako su jezgra dovoljno blizu jedna drugima, poremećaj se širi nezamislivom brzinom: sve je više i više neutrona, sve više razbijenih jezgara — čiji delovi lete na sve strane — sve više energije: „lančana reakcija". Ako ima dovoljno uranijuma-235 koji stoji zajedno dovoljno dugo, i ako je lančana reakcija nekontrolisana, rezultat je nuklearna eksplozija: „atomska bomba". Udaranje dve pogodne polulopte uranijuma-235 jedne o drugu, velikom brzinom, odista će dovesti do nuklearne eksplozije; ali, za to postoje druge, mnogo efikasnije tehnike — i materijali.

Nije potrebno naglašavati da je, čim su bili postignuti potrebni uslovi u pogledu neophodnog materijala, stvar bila urađena — sa vrha visokog tornja u pustinji, u blizini gradića Alamogordo, u Nju Meksiku. To je bila prva nuklearna eksplozija na svetu, nazvana „Trojstvo" („Trinity"). Tri nedelje kasnije, jedna atomska bomba napravljena od uranijuma-235 razorila je Hirošimu. Ali, jedno „oružje sudnjeg dana" nije bilo dovoljno, a uranijum-235 nije bilo jedino jezgro koje se moglo upotrebiti. Neutron može da se probije kroz jezgro uranijuma-238 a da ga ne razbije. Ako se to dogodi, nastalo jezgro, preopterećeno neutronima, ubrzo emituje beta-česticu, a onda još jednu, da bi postalo jezgro plutonijuma-239. Kao i uranijum-235 — i još samo nekoliko drugih izotopa koji su svi retki — plutonijum-239 je „fision": tj. može da doživi lančanu reakciju sukcesivnih fisija, kao što je pomenuti eksperiment „Trinity" dokazao. Devetog avgusta 1945. takva lančana reakcija opustošila je Nagasaki.

NUKLEARNI REAKTOR

Kad bi lančana reakcija u uranijumu-235 i plutonijumu-239 mogla biti upotrebljena samo za oružje, čitava situacija bi bila već dovoljno komplikovana. Ali, dve godine pre nego što je bilo skupljeno dovoljno fisionog materijala obe vrste da bi se napravilo oružje, utvrđeno je da je moguće kontrolisati lančanu reakciju: održati je i ne dozvoliti da se nekontrolisano širi. I zaista, na taj način bio je proizveden plutonijum za bombe u Alamogordu i Nagasakiju. Postrojenje koje je bilo upotrebljeno da se nuklearna reakcija stvori i održi pod kontrolom naziva se „nuklearni reaktor”.

Razlika između kontrolisane i nekontrolisane lančane reakcije je ogromna. Reakcija fisionih jezgara koja treba da se podvrgnu nekontrolisanom lančanom procesu — nuklearnoj eksploziji — mora biti iznenadna i konačna, dok reakcija fisionih jezgara, koja treba da se podvrgnu kontrolisanom lančanom procesu, mora biti mnogo pažljivije pripremljena. Ono što iznenađuje je da je potrebno mnogo više jezgara, tj. mnogo više materijala da se napravi reaktor nego što ga je potrebno da se inicira eksplozija. To je, naravno, delimično zbog toga što je eksploziji neophodan relativno čist fisioni materijal. U reaktoru, fisioni materijal je relativno razređen i, u skladu s tim, u njemu ima mnogo više materijala. Međutim, u njemu se mora nalaziti i mnogo više fisionih jezgara. Razlog za ovo je uloga koju igraju svemoćni neutroni.

Ukoliko reakcija treba da se održava sama od sebe ona se mora neprestano snabdevati neutronima. Razmotrimo sledeći tipični redosled. Jedan neutron prodire u jezgro uranijuma-235. Jezgro se razbija i pored dva lakša jezgra, produkata fisije, izbacuje i tri neutrona. Jedan od njih probija površinu grudve uranijuma i gubi se. Drugi biva apsorbovan od strane jezgra uranijuma-238 koje počinje svoju dvostepenu promenu u plutonijum-239, ali se ne razbija. Preostaje nam još samo jedan neutron. Ako ovaj, treći neutron sada prodre u neko drugo jezgro uranijuma-235 i razbije ga, proces može da se nastavi; inače, lančana reakcija se prekida.

U svakom trenutku, unutar grudve uranijuma, mora postojati tačan broj neutrona odgovarajuće energije da bi se nastavio proces. U stvari, kod „održavane reakcije”, svaki neutron koji je izgubljen time što je izazvao fisiju, mora biti zamenjen tačno jednim neutronom koji će učiniti to isto. To znači da ovaj sistem ima „reproduktivni faktor" 1. Kada se ovaj uslov zadovolji, za ovaj sistem se kaže da je „kritičan", a sama situacija se naziva „kritičnost". Uprkos pogrešnom shvatanju značenja ove reči, „kritičnost" ovde ne označava „opasnost". Kaže se da nuklearni sistem „postaje kritičan", kao što se kaže da se automobil „pali". Ako se u proseku svaki izgubljeni neutron koji izaziva fisiju zamenjuje više od jednim neutronom, koji takođe izaziva fisiju, reakcija se „otima kontroli"; reproduktivni faktor je veći od 1, a sistem je „divergentan". Ukoliko se, u proseku, svaki izgubljeni neutron zamenjuje manje od jednim neutronom koji izaziva fisiju, reakcija će se zaustaviti; reproduktivni faktor je manji od 1. Upravo zato komad uranijuma koji je ispod određene minimalne veličine ne može pod normalnim uslovima da održava lančanu reakciju: ima previše površine kroz koju bi neutroni mogli da se gube.

MODERATORI

Neophodni uslovi za održavanje kontrolisane lančane reakcije su, prema tome, prvo, određena količina fisionih jezgara prikladno raspoređenih u prostoru i, drugo, samoobnavljajuća zaliha neutrona u dovoljnom broju i dovoljne energije da održe lančanu reakciju. U prirodnom uranijumu samo 0,7 procenata jezgara su fisioni uranijum-235. Ova fisiona jezgra, kojih je samo sedam u hiljadu, nisu dovoljno blizu jedna drugim da bi se održala lančana reakcija; previše neutrona biva apsorbovano od strane težih jezgara uranijuma-238, tako da oni ne izazivaju fisiju. Da bi se poboljšali izgledi za održavanu lančanu reakciju, neophodno je ili povećati razmeru uranijuma-235 u odnosu na uranijum-238, ili usporiti neutrone na nivo toplotne energije, pri kojoj oni bivaju mnogo lakše apsorbovani od strane uranijuma-235; ili učiniti i jedno i drugo.

Kao što ćemo kasnije videti (u poglavlju o obogaćivanju uranijuma), povećavanje razmere fisionog uranijuma-235 — tzv. „obogaćivanje" uranijuma — složen je i skup proces. Ali, čak i malo povećanje, recimo od 0,7 do

2 ili 3 procenta, dovodi do uočljive razlike pod pretpostavkom da su neutroni iz fisije usporeni. Ovo se može postići pomoću materijala sa lakšim jezgrima — „moderatorom". Brzi neutron koji udara u lako jezgro u moderatoru gubi deo energije i posle nekoliko takvih sudara pada na nivo toplotne energije. Najbolji moderatori su najlakša jezgra — jezgra vodonika. Obična voda, koja sadrži dva atoma vodonika u molekulu, zadovoljavajući je moderator. Ali jezgra običnog vodonika apsorbuju neutrone. Još bolji moderator je ređi oblik jezgra vodonika: proton + neutron oblik koji se zove „teški vodonik" ili „deuterijum". Ako se dva atoma teškog vodonika sjedine sa atomom kiseonika, rezultat je molekul „teške vode" ili deuterijum oksida (koji se ponekad označava D_2O) koji je najbolji moderator za brze neutrone.

Još jedna supstanca se često upotrebljava kao moderator: ugljenik u obliku grafita. Jezgro ugljenika — šest protona i šest neutrona — ima znatno veću masu od oba oblika jezgra vodonika i stoga ne predstavlja tako dobar moderator. Ali grafit je jeftiniji od teške vode; osim toga je u čvrstom stanju, što je od strukturalne koristi u reaktoru.

KONSTRUKCIJE REAKTORA I NJIHOV RAD

Da bismo konstruisali nuklearni reaktor, treba da postupimo na sledeći način. Uzećemo veću količinu materijala koji sadrži uranijum-235 — obično metal ili njegov oksid, prirodan ili obogaćen: „gorivo". (Možemo, takođe, da upotrebimo plutonijum-239, mada tu možemo imati izvesnih poteškoća.) Za veliki reaktor nam je potrebno mnogo tona goriva, mnogo više nego što je potrebno da se dostigne kritičnost. Jedan očigledan razlog za ovoliku količinu goriva je da bi se omogućio duži rad reaktora. Uskoro će nam biti poznati i ostali razlozi.

Najpre, hermetički zatvorimo gorivo u kontejnere koji se nazivaju „obloga" da bismo ga osigurali i sačuvali dobijene proizvode fisije. Zatim, postavljamo skupine hermetički zatvorenog goriva koje se nazivaju „gorivni elementi", osiguravajući ih koliko je to potrebno, imajući u vidu da su oni veoma teški. Izmešamo gorivne elemente sa moderatorom da bismo usporili neutrone, kao i sa nuklearnim apsorberom da bismo kontrolisali lančanu reakciju. Tome dodajemo i merne instrumente da bismo znali šta se događa u unutrašnjosti reaktora. Posebno je potrebno da znamo temperaturu i koncentraciju neutrona na različitim mestima unutar reaktora.

Sada smo spremni da pokrenemo reaktor. Pre nego što ga pokrenemo, potrebno je uključiti poseban izvor neutrona, neku vrstu upaljača, jer apsorberi u unutrašnjosti reaktora upijaju neutrone te je njihova gustina vrlo niska i teško ju je izmeriti. Uobičajena vrsta apsorbera je šipka postavljena kroz sredinu skupine, tzv. „kontrolna šipka". Takva šipka sadržava materijal kao što je element bor, koji upija neutrone poput sunđera. Ova šipka može biti napravljena i od bornog čelika. Sve dok se kontrolne šipke nalaze na svom mestu, lančana reakcija je nemoguća. Da bismo pokrenuli naš reaktor — da bismo omogućili lančanu reakciju — počinjemo da izvlačimo kontrolne šipke.

Deo reaktora u kome se odvija reakcija naziva se jezgro reaktora. Kontrolne šipke izvlačimo iz jezgra veoma polako, obično santimetar po santimetar, da bismo omogućili jednoobrazno povećanje gustine neutrona unutar reaktora. U određenom roku naš reaktor „postaje kritičan": samoodržavana nuklearna reakcija je otpočela, u njoj svaki neutron koji se gubi, time što je prouzrokovao fisiju, biva zamenjen tačno jednim neutronom (trenutnim ili zakasnelim), s kojim se događa to isto. Kad bi se nuklearna reakcija održavala samo trenutnim neutronima, bila bi „trenutno kritična" i teško bi je bilo kontrolisati. Zavisnost lančane reakcije od zakasnelih neutrona omogućava nam da prilagođavamo brzinu reakcije, tako da ona bude postepena, umesto nagla.

Vađenje apsorbera iz stabilne lančane reakcije zove se „dodavanje reaktivnosti"; gustina neutrona se povećava zajedno sa brzinom reakcije. Međutim, ovo povećanje je postepeno jer se neki neutroni ne pojavljuju odmah posle fisije. Što je manje dodatne reaktivnosti, više vremena je potrebno da se gustina neutrona poveća u datoj razmeri. Ovo vreme se naziva „period reaktora", i predstavlja veoma važno merilo stepena kontrole reaktora. Kad reaktor ima kratak period, sklon je da bude ćudljiv. Naravno, ubacivanje apsorbera — „dodavanje negativne reaktivnosti" — dovodi do suprotnog efekta. Kad se postigne željena brzina reakcije, ostavljamo apsorbere da stabilizuju reakciju na toj brzini.

Da bismo ekonomisali neutronima, okružićemo jezgro reaktora materijalom koji će da odbija zalutale neutrone u pravcu dela u kome se odvija reakcija. Najbolji materijali za ovu svrhu su materijali koji služe za moderatore; u stvari, moguće je povećati zapreminu moderatora i izvan dela u kome se nalaze gorivni elementi. S obzirom na to da prisustvo ili odsustvo ovih odbojnika utiče na gustinu neutrona u jezgru reaktora, možemo povećati reaktivnost njihovim dodavanjem, ili obratno. Neki tipovi reaktora upotrebljavaju ovu sposobnost odbojnika u kontrolne svrhe.

Pre izvlačenja kontrolnih šipki — u dovoljnoj meri da reaktor postane kritičan — moramo voditi računa o radijaciji koja zasipa iz jezgra reaktora. Ni alfa- ni beta-čestice neće proći kroz oblogu (ukoliko ona ne curi); ali gama-zraci i neutroni mogu da prođu kroz metre betona, i da i dalje budu opasni po život. Zbog toga, reaktor se oblaže sa dovoljno betona i drugim zaštitnim slojevima da bi se što više smanjilo spoljašnje širenje radijacije.

TROVANJE KSENONOM

Normalno pokretanje i gašenje reaktora su dugotrajni procesi i mogu da traju satima. Ako je neophodno brzo zaustaviti lančanu reakciju, kao, na primer, u slučaju nekog kvara, vanredno obustavljanje se zove „gašenje". Ukoliko je već pokrenuti reaktor prepušten samom sebi, brzina reakcije koja se u njemu odvija će postepeno opadati, ne nužno zbog toga što se fisiona jezgra troše — u nekim reaktorima broj fisionih jezgara čak i raste — već i zbog porasta produkata fisije koji apsorbuju neutrone.

Najproždrljiviji od svih produkata fisije je ksenon--135. Pojava poznata kao trovanje ksenonom, na čudan način, ukazuje na donekle nadrealističke okolnosti pod kojima reaktori rade.

Kad prvi put pokrenemo reaktor, gorivo u njemu ne sadrži ksenon-135. Nekoliko sati posle pokretanja, fisioni procesi proizvode telurijum-135 i jod-135, koji opet proizvode ksenon-135, koji počinje da proždire neutrone. Svako jezgro ksenona-135 koje uspe da zarobi neutron menja se u ksenon-136, koji je mnogo manje proždrljiv. Jezgra ksenona-135 koja ne uspeju da zarobe neutrone, bez obzira na to, podležu beta raspadanju i pretvaraju se u cezijum-135 — koji je, isto tako, mnogo manje proždrljiv. Prema tome, pošto su stvari imale priliku da se dovedu u red bilo je izgubljeno onoliko ksenona-135 koliko ga je bilo i proizvedeno. Postoji izvesna prosečna koncentracija ksenona-135 u jezgru reaktora, koja ostaje ista sve dok se lančana reakcija obavlja istom brzinom. Računamo na gubitak neutrona izgubljenih na račun ksenona-135 i radimo u skladu s tim. Ali kad promenimo brzinu reakcije, poremećujemo i ravnotežu, a posledice mogu biti neugodne.

Jod-135 pretvara se u ksenon-135 sa poluživotom od 6,7 časova. Ksenon-135 se pretvara u cezijum-135 sa poluživotom od 9,2 časa — čije je raspadanje nešto sporije. Pretpostavimo da smo ugasili reaktor. Protok neutrona pada na nulu; ksenon-135 prestaje da zarobljava neutrone. Od trenutka gašenja stvara se više ksenona--135 nego što se gubi: dok je naš reaktor ugašen, količina apsorbera neutrona u njegovom jezgru konstantno, potajno raste. Ako, posle nekoliko časova, pokušamo da ponovo pokrenemo reaktor, može se dogoditi — čak iako su kontrolne šipke potpuno izvučene — da ne budemo u stanju da dodamo dovoljno reaktivnosti da bismo dostigli kritičnost. Da bismo uvek bili u stanju da pokrenemo reaktor, u bilo kom trenutku nakon njegovog gašenja, bićemo primorani da u njega unesemo još goriva, ili da se na neki drugi način pobrinemo za dodatnu količinu reaktivnosti koja premašuje količinu potrebnu za njegov normalan rad. Pored očiglednih troškova za dodatno gorivo, ovo znači da čak i pri normalnom radu, moramo ostaviti neke kontrolne šipke delimično uvučene. To nije lako učiniti, a da se ne poremeti ujednačena gustina neutrona u jezgru i da se ne izazove lošiji tok lančane reakcije. Konstruktori reaktora moraju da odluče koju vrstu kompromisa mogu najbolje da postignu da bi zadovoljili konfliktne zahteve do kojih neizbežno dolazi zbog pojava kao što je trovanje ksenonom.

ZAMENA GORIVA

Dok reaktor radi, u gorivu dolazi do promena. Broj jezgara uranijuma-235 postepeno opada, paralelno sa njihovim cepanjem. Neka od jezgara uranijuma-238 zarobljavaju neutrone i pretvaraju se u plutonijum-239. Neka od jezgara plutonijuma-239 podležu fisiji. Druga zarobljavaju dodatne neutrone i postaju plutonijum-240, plutonijum-241 i izotopi elemenata težih od uranijuma--„transuranski aktinidi". Proizvodi fisije su stvoreni; najveći broj ovih produkata su radioaktivni i podležu radioaktivnim promenama u stabilnija jezgra — neki vrlo brzo, neki vrlo sporo. Proizvodi fisije takođe zarobljavaju neutrone. Sastav goriva u reaktoru postaje sve složeniji uporedo sa odvijanjem reakcije; postaje sve teže i teže pratiti sve ove različite procese koji se odvijaju. Neki produkti fisije su gasoviti, kao kripton i ksenon; ovi gasoviti produkti fisije nagomilavaju se u gorivu vršeći pritisak i pokušavajući da procure. Snažan protok neutrona stvara pustoš u kristalnoj strukturi goriva, obloge i ponekad moderatora, izbacujući jezgra iz njihovog mesta i izazivajući pritisak i naprezanje materijala. Pre ili kasnije biće neophodno da se izvadi upotrebljeno gorivo i da se zameni novim.

Postoji čitav niz različitih postupaka za zamenu goriva. Gorivo u nekim tipovima reaktora može se zameniti bez prekidanja rada reaktora, tako što se u jednom navratu zamenjuje jedan ili više gorivnih elemenata: „zamena pri radu". Drugi tipovi reaktora se pri zameni gase i jedna trećina jezgra se zamenjuje u jednom navratu: „zamena uz gašenje". Svi postupci zamene moraju se obavljati krajnje brižljivo, zbog snažne radioaktivnosti proizvoda fisije iz jezgra reaktora i upotrebljenog, „istrošenog" goriva.

ENERGIJA IZ REAKTORA

Ako izgradimo reaktor dovoljno velike snage i omogućimo da se lančana reakcija odvija dovoljno brzo, energija koja se oslobađa razbijanjem jezgara uranijuma-235 (i plutonijuma-239) u velikoj meri zagreva celu konstrukciju, dovoljno da se dobro opečemo. Potpuna fisija svih jezgara jednog kilograma uranijuma-235 bi oslobodila ukupnu energiju od oko 24,000.000 kilovat-časova, tj. onoliko toplote koju bi dao milion grejalica od po 1.000 vati koje bi gorele jedan ceo dan. A to je mnogo vruće. Prema tome, gorivo u reaktoru mora biti raspoređeno tako da se toplota oslobađa dovoljno postepeno, što omogućava kontrolisanje temperature. Količina oslobođene toplote po jedinici zapremine jezgra reaktora zove se „gustina energije". Ona može dostići nekoliko stotina kilovata toplote po litru. Ukoliko ne želimo da tolika toplota ne istopi, u stvari, sprži, celokupnu pomenutu konstrukciju, ona mora biti odstranjena.

Toplota se iz reaktora odstranjuje pumpanjem fluida koji apsorbuje toplotu iz jezgra, protičući pored vrelih gorivnih elemenata. To mogu biti gasovi, kao što su vazduh, ugljen-dioksid, ili helijum; ili tečnosti, kao što su voda ili istopljeni metal. Izbor rashladnog fluida — „rashlađivača" — zavisi od toga kojom brzinom se toplota mora odstraniti, od cene rashlađivača, od toga koliko ga je lako pumpati itd. Rashladni sistem može biti otvoren: on propušta običan vazduh ili vodu direktno kroz jezgro i vraća ih u atmosferu ili u reku. Ovakav sistem hlađenja ima prednosti jer je jednostavan, ali može imati i ozbiljne nedostatke, naročito ako obloga procuri. Alternativno rešenje je rashladni sistem sa jednim ili više zatvorenih kola, kroz koja prolazi isti rashlađi-

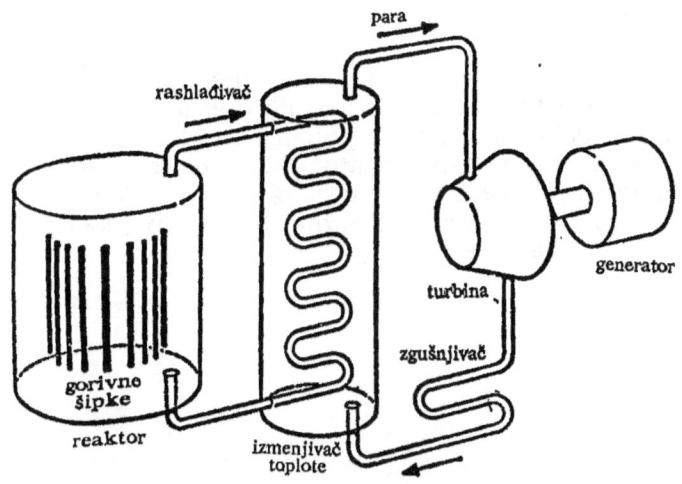

Slika 1: Nuklearna centrala

vač i tako rashlađuje jezgro, odvodeći toplotu izvan reaktora. Ako je rashladni sistem napravljen od zatvorenih kola, skupi i egzotični rashlađivači se mogu upotrebljavati zato što su oni zatvoreni i nema nikakvih gubitaka. Zatvoreno kolo može biti i pod pritiskom, što će u najvećem broju slučajeva izuzetno povećati efikasnost rashlađivača; gas pod pritiskom je gušći i može da odvodi više toplote po jedinici zapremine.

Rashladni sistem bilo kog tipa odstranjuje toplotu iz jezgra reaktora; a ono što se dalje događa s toplotom zavisi od svrhe u koju se koristi reaktor. Prvi veliki reaktori su radili isključivo u svrhu preobraćanja uranijuma-238 u plutonijum-239 za dobijanje nuklearnog oružja. Toplota koju su oni oslobađali samo je predstavljala smetnju koje se trebalo otarasiti — najčešće ispuštanjem u obližnju rečicu ili u vazduh. Međutim, sa odgovarajućim rešenjima, ta toplota, poput toplote koja se dobija sagorevanjem uglja ili nafte, može biti iskorišćena. Konkretno, ona se može upotrebiti za stvaranje pare koja će pokretati turbine ili druge električne generatore. Takvo postrojenje — nuklearni reaktor koji stvara toplotu što pokreće električne turbine — naziva se nuklearna centrala.

U sledećem poglavlju detaljnije ćemo razmotriti strukturu i rad nekoliko osnovnih tipova reaktora. Svaki od njih oslobađa energiju putem fisije jezgara; ali svaki koristi različiti raspored atomskih jezgara, različitu vrstu goriva, moderatora, rashladnih sistema, kontrole itd. Ove razlike imaju mnogo važnih implikacija, kao što ćemo to kasnije videti.

2. TIPOVI REAKTORA

Sa različitim gorivima, moderatorima, kontrolnim sistemima, rashladnim uređajima, prostornom konfiguracijom i sličnim, moguće konstrukcije reaktora idu na stotine. Prvi konstruktori reaktora bili su maštoviti i puštali su svojoj imaginaciji na volju; zbog nekih od njihovih predloga, njihovim kolegama se dizala kosa na glavi. Drugi predlozi su bili izvodljiviji, pogodniji za inženjering, koristili prikladniji materijal, mogli lakše da se kontrolišu, bili sigurniji i — najzad — ekonomičniji u pogledu njihove izgradnje i rada.

Kao što ćemo videti, osnovni putevi razvoja takvih komercijalnih reaktora nastali su u saradnji tri partnera u atomskom programu iz II svetskog rata — „Projekt Menhetn". Velika Britanija je razvila reaktore sa gasnim hlađenjem i grafitnim moderatorom; SAD su razvile reaktore u kojima se „laka" voda koristila i kao rashlađivač i kao moderator; a Kanada je razvila reaktore sa teškom vodom kao moderatorom i različitim tipovima hlađenja. I Velika Britanija i SAD počele su, takođe, da razvijaju reaktore koji koriste brze neutrone, sa tečnim metalnim rashlađivačem, i bez moderatora. Pre nego što detaljno opišemo ove i druge reaktore, bilo bi korisno da utvrdimo neke opšte crte konstrukcije reaktora.

Da bi ostvario određenu proizvodnju energije, reaktor može da ima veoma veliku zapreminu jezgra, sa relativno malom produkcijom toplote po jedinici zapremine ili gustine energije; ili, može imati mnogo kompaktnije jezgro sa većom gustinom energije. Reaktor sa prirodnim uranijumskim gorivom ima malu koncentraciju fisionih jezgara; reaktor koji koristi takvo gorivo mora imati veću zapreminu jezgra od onoga koji koristi obogaćeni uranijum ili plutonijum. Veći reaktor iste moći je skuplje izgraditi od manjeg. S druge strane, gorivo od prirodnog uranijuma je mnogo jeftinije od goriva od obogaćenog uranijuma. Ono što gubimo gradeći veći, skuplji reaktor, posle nadoknađujemo u gorivu.

Proizvodnja energije u reaktoru može se direktno meriti kao toplota. Ako se ova toplota koristi u „energetskom reaktoru" za proizvodnju električne energije samo jedan deo ukupne toplotne energije se na kraju pojavljuje kao električna energija; ostatak se gubi u okolini kao toplota niske temperature. Uopšte uzev, što je viša temperatura koju reaktor može da postigne, veći je deo energije koji se može pretvoriti u električnu struju. Po pravilu, samo 25 do 32 procenta ukupno proizvedene toplotne energije pretvara se u električnu struju u sada postojećim sistemima. Za sistem koji pretvara 30 procenata toplote u električnu struju, kaže se da njegova efikasnost iznosi 30 procenata — uglavnom zbog toga što preostalih 70 procenata toplote nije upotrebljeno. (Ovde ne kažemo da se ona ne može iskoristiti, već samo da se ne koristi.) Energetski proizvodi reaktora se, u skladu s ovim, mogu opisati ili kao toplota — na primer, „megavat toplote", MWt — ili kao električna struja, na primer, „megavat električne struje", MWe. (Megavat ima milion vati.) Na osnovu iskustva možemo tvrditi da za dati energetski reaktor proizvodnja električne struje iznosi između jedne četvrtine i jedne trećine proizvodnje toplote. Ukoliko se ne koristi toplota niske temperature, razlomak MWe/MWt je mera efikasnosti samog sistema.

Ako jezgro reaktora radi na višoj temperaturi, proizvodi se para boljeg kvaliteta, i dobija se više struje. S druge strane, materijali od kojih je sačinjeno jezgro i koji mogu da podnesu ove više temperature su skuplji. Isto tako, gorivo koje se može duže koristiti u jezgru, i na višim temperaturama, smanjuje ukupnu količinu goriva potrebnu za zamenu; ali i takvo gorivo košta više. Reaktor koji može biti punjen „pri radu" — koji nije potrebno gasiti — pogodniji je za proizvodnju električne struje. Međutim, takav sistem zamene goriva je, opšte uzevši, skuplje izgraditi od onog gde se zamena vrši „uz gašenje".

Rashladni sistem reaktora može da radi pri pritisku koji se kreće od atmosferskog pa do — u sadašnjim uslovima — oko 150 atmosfera. Što je viši pritisak, to je teži i jači sam sistem. Ovo nema samo implikacije za troškove nego i za sigurnost, jer prskanje ovog sistema koji se nalazi pod pritiskom može da ima ozbiljne posledice, kao što ćemo već videti. U nekim konstrukcijama jezgro reaktora je zatvoreno u komori pod pritiskom napravljenoj od dobro zavarenog čelika; druge konstrukcije koriste prenapregnuti beton, dok treće razmeštaju materijal jezgra u mnoge manje cevi pod pritiskom.

Prekidanje hlađenja je mnogo lakše kontrolisati u reaktoru niske energetske gustine nego u onom visoke energetske gustine, u kome do naglih skokova temperature može doći izuzetno brzo. Smetnje ili kvarovi u sistemu pod pritiskom je lakše otkloniti u reaktorima sa niskim pritiskom rashlađivača nego u onima sa visokim pritiskom rashlađivača. Velika čelična komora pod pritiskom složenog geometrijskog oblika je, sama po sebi, osetljivija na veće poremećaje od komore pod pritiskom napravljene od prenapregnutog betona, ili od sistema sačinjenog od većeg broja malih cevi pod pritiskom.

Jedan veći reaktor može biti jeftiniji od dva manja koji proizvode istu količinu energije, ali, kao što ćemo videti kasnije (u poglavlju o nukleonomici), to ne mora biti tako, ukoliko se njemu moraju dodati brojni dodatni uređaji zbog sigurnosti, kontrole i održavanja. Sve konstrukcije reaktora imaju jednu zajedničku karakteristiku: naglo povećanje veličine svakog narednog reaktora istog tipa. Kod reaktora, možda više nego i u jednoj drugoj inženjerijskoj tehnologiji, promena veličine je najčešće ne samo kvantitativna već i kvalitativna, jer u inženjerstvo uključuje čitav novi niz nepoznatih faktora. Na tabeli, u odeljku o brzim brider reaktorima, navedeni su tipični parametri konstrukcije različitih tipova reaktora. U narednim odeljcima, podrobnije ćemo ih opisati.

EKSPERIMENTALNI I ISTRAŽIVAČKI REAKTORI

Prvi nuklearni reaktor konstruisan je za vreme rata u najstrožoj tajnosti, na napuštenom teniskom terenu, koji se nalazio ispod fudbalskog stadiona Steg Fild, pri Čikaškom univerzitetu. Izgradnja tog reaktora počela je novembra 1942. i trajala je manje od mesec dana. Cigle su bile prozvođene mašinski, od grafita. U nekim ciglama nalazile su se lopte uranijuma ili sabijenog praha uranijum-oksida; uranijum-oksid je morao da bude upotrebljen jer se raspolagalo samo sa 5.600 kilograma čistog uranijuma. Grafitne cigle su slagane sloj po sloj, gradeći sfernu konstrukciju, unutar drvene skele. Tu i tamo, bile su postavljene trake kadmijuma koji je apsorbovao neutrone, da bi se osiguralo da zalutali neutroni ne iniciraju preranu lančanu reakciju. Instrumenti za merenje gustine neutrona su kontrolisali napredovanje ove gomile prema kritičnoj dimenziji.

Kad je postavljen pedeset i sedmi sloj cigala, bilo je jasno da samo ubačeni apsorberi neutrona sprečavaju da gomila dostigne kritičnost. Tada je gomila bila viša od šest metara, odgovarajuće širine i dužine, i sastojala se od 36 tona uranijuma i preko 340 tona grafita.

Drugog decembra, 1942. naučnici i tehničari skupili su se na balkonu iznad teniskog igrališta, posmatrajući instrumente, dok je Enriko Fermi dao instrukcije mladom fizičaru Džordžu Vejlu, koji je polako izvukao poslednju kontrolnu šipku. Malo posle 14.30 h, instrumenti su registrovali konstantni porast gustine neutrona u gomili. Gomila je dostigla kritičnost: oni su bili svedoci prve samoodržavane lančane reakcije.

Toplota koja se oslobađala je, na početku, bila održavana na 0,5 vati. Ali, 12. decembra, brzini reakcije je bilo dozvoljeno da se digne na „energetski nivo" od 200 vati. Bilo je moguće povećati reaktivnost, ali na ovom energetskom nivou, radijacija iz gomile bila je potencijalno opasna za osoblje. Zbog toga je „čikaška gomila br. 1" uklonjena u proleće 1943. Neposredno posle toga, ona je ponovno izgrađena sa nešto dodatog uranijuma i grafita, na jednom placu izvan Čikaga, i prekrštena u

„čikašku gomilu br. 2". Ona je mogla da radi sa prosečnom snagom od dva kilovata, a, s vremena na vreme, čak i do 100 kilovata. Tokom nekoliko narednih godina, sve dok ovaj naziv nije postao potpuno neodgovarajući, svaki nuklearni reaktor nazivao se „atomska gomila" po slavnom prvencu.

„ČG-1" je bio prvi, pravi nuklearni reaktor. Međutim, i pre nego što je on izgrađen, bilo je napravljeno i testirano tridesetak sličnih gomila. Takve skupine, koje nisu u stanju da proizvode sopstvenu zalihu neutrona, bez dodatnog izvora neutrona, nazivaju se „potkritične skupine". Od ranih četrdesetih, na stotine potkritičnih skupina bilo je građeno i rušeno u raznim zemljama; a mnogo pravih reaktora bilo je izgrađeno u eksperimentalne ili istraživačke svrhe. Raspon i raznovrsnost konstrukcija ovih eksperimentalnih i istraživačkih reaktora bio je veliki i zavisili su od konkretne namene svakog pojedinog reaktora. Eksperimentalni i istraživački reaktori imaju nekoliko primena. Da bi se uzorak nekog materijala bombardovao neutronima, on mora biti ubačen kroz odgovarajući kanal u jezgro reaktora. Namera može jednostavno da bude proučavanje dejstva neutronskog bombardovanja materijala — eventualno materijala koji će biti upotrebljen za izgradnju reaktora. Ili, namera može biti pretvaranje stabilnih jezgara uzorka u radioizotope, u medicinske, industrijske, poljoprivredne ili istraživačke svrhe. Pojedini reaktori imaju „toplotni stub": grafitnu ploču kroz zaštitni omotač reaktora koja dozvoljava bujici toplotnih neutrona da se probiju izvan reaktora radi istraživanja. (Mada se toplotni neutroni često nazivaju „sporim neutronima", njihova brzina je oko 2.200 metara u sekundi — znatno veća od brzine metka.)

Neki istraživački reaktori su konstruisani da unaprede istraživanja „fizike reaktora": gustinu neutrona, temperaturu, proizvodnju plutonijuma-239 iz uranijuma-238, nastajanje proizvoda fisije, dejstava ovih fisionih produkata na reaktivnost, funkcionisanje novih rešenja skupina goriva, dejstava „nepredviđenih događaja" unutar reaktora itd.

Prirodno, istraživački reaktori su, takođe, značajni za obuku stručnog osoblja zbog svojih često krajnje suptilnih i složenih — i potencijalno opasnih — osobina, kako u pogledu njihovih tehničkih rešenja, tako i u pogledu njihovog rada. Mnoge zemlje sada razvijaju velike centre za unapređenje i razvoj reaktora. Takvi reaktori se ne nalaze samo u visokorazvijenim industrijskim zemljama. Jedan od najstarijih aktivnih istraživačkih reaktora u svetu, koji radi od 1959, je 1-MW reaktor Triko u Zairu.

Popularno rešenje za istraživački reaktor je „bazenski tip". Njegovo jezgro je od visokoobogaćenog uranijuma koje se nalazi na dnu dubokog bazena s vodom. Tu voda deluje kao moderator, odbojnik, rashlađivač i zaštitnik. Ovo rešenje omogućava i direktan pogled na jezgro dok je reaktor kritičan, što nije moguće ni kod jednog drugog rešenja. Zbog toga što neke radioaktivne emisije iz reaktora putuju kroz vodu brže od svetlosti, voda u bazenu svetluca nestvarnom plavom svetlošću, što se naziva „Serenkovljeva radijacija".

Najveći broj reaktora, bez obzira na veličinu ili svrhu, bio je eksperimentalan, zbog toga što su svaka nova modifikacija i usavršavanje morali da budu zasnovani i izvedeni na osnovu prethodnog iskustva — koje je u ovom slučaju često neadekvatno, ili irelevantno, a najčešće i jedno i drugo. Komisija za atomsku energiju SAD (vidi poglavlje: Počeci) otišla je toliko daleko da je registrovala sve reaktore kojima je dala dozvolu za rad, u bilo koju svrhu, kao „eksperimentalne", sve do 1971. godine.

REAKTORI ZA PROIZVODNJU PLUTONIJUMA

Svi reaktori koji koriste uranijum kao gorivo, proizvode plutonijum neutronskim bombardovanjem uranijuma-238. Prvi reaktori velikih razmera bili su građeni isključivo u ovu svrhu: da proizvode plutonijum za nuklearno oružje. Probni model je napravljen 1943. u Ouk Ridžu u državi Tenesiju. On nije mogao da bude izgrađen na jednostavnom principu gomile kao ČG-1, jer ne bi bilo lako demontirati ceo reaktor da bi se izvadio plutonijum. Pored toga, brzina prelaženja uranijuma u plutonijum zavisi od gustine neutrona, koja, opet, zavisi od brzine lančane reakcije. Ako je reakcija dovoljno brza da stvara plutonijum na ekonomičan način, toplota koja se oslobađa postaje ozbiljan problem. Kompletna fisija svih jezgara u jednom kilogramu uranijuma-235 oslobađa oko 24,000.000 kilovat-časova energije; svaka fisija uranijuma-235 će, u najboljem slučaju, inicirati dalju fisiju i tako jednim neutronom stvoriti jezgro uranijuma-239 (a otud i plutonijuma-239) drugim neutronom. To jest, da bi se stvorio jedan kilogram plutonijuma-239, potrebno je da se obavi fisija jednog kilograma uranijuma-235 i da se raspe sva ta toplota.

U skladu s tim, reaktor u Ouk Ridžu bio je sagrađen u obliku grafitne kocke kroz koju su prolazili paralelni horizontalni kanali. U ove kanale bila su ubačena cilindrična punjenja prirodnog uranijuma obložena aluminijumom. Pošto je gorivno punjenje bilo potrošeno, ono se izbacivalo iz grafitnog jezgra u rezervoar s vodom radi dalje obrade (vidi odeljak: Radioaktivni otpaci). Gorivna punjenja stajala su labavo u kanalima, ostavljajući mesta za protok hladnog vazduha koji je odstranjivao toplotu nastalu reakcijom (do 3,8 MWt).

Još dok je probni model u Ouk Ridžu bio u izgradnji, počeli su radovi na prvom industrijskom reaktoru, koji je izgrađen na obali reke Kolumbija, pored Ričmonda u državi Vašingtonu. Izgradnja ovog prvog industrijskog reaktora, visokog kao petospratnica, trajala je samo od juna 1943. do septembra 1944. Početkom 1945. godine, tri ovakva reaktora bila su već u pogonu. Celokupno industrijsko postrojenje, nazvano Hanfordov rezervat, uskoro je zauzelo blizu 1.600 kvadratnih kilometara i sastojalo se od 9 reaktora i ogromnog broja pomoćnih instalacija. Hanfordovi reaktori bili su po konstrukciji slični reaktoru u Ouk Ridžu, međutim, toplota koju su proizvodili bila je toliko velika da je njihovo hlađenje gasom — za to je najpre upotrebljen helijum — bilo previše teško izvodljivo. Hlađenje je vršeno tako što se voda pumpala direktno iz reke Kolumbije kroz jezgro reaktora i onda vraćala u nju.

Posle drugog svetskog rata, reaktori za proizvodnju plutonijuma izgrađeni su u Velikoj Britaniji, Francuskoj i Sovjetskom Savezu. Britanski proizvodni reaktori sagrađeni su na obali Kambrije, na mestu napuštene fabrike vojnog materijala koja je dobila novo ime Vindskejl. Poput Henfordovih reaktora, i ovi u Vindskejlu koristili su prirodni uranijum obložen aluminijumom, koji je ležao u horizontalnim kanalima u grafitnom jezgru. Nedostatak odgovarajuće vode doveo je do toga da su se reaktori u Vindskejlu hladili pomoću vazduha koji se snažnim ventilatorima terao kroz kanale za hlađenje, u grafitu, a zatim izbacivao kroz 126 metara visoki dimnjak natrag u atmosferu. Ovakvo hlađenje putem vazduha koji samo jedanput prolazi kroz reaktor bilo je daleko od zadovoljavajućeg. Loše strane ovakvog rešenja pokazale su se nešto kasnije, prilikom tragične havarije do koje je došlo 1957. godine, kad je uništen reaktor Vindskejl br. 1. (Vidi poglavlje: Reaktori u pogonu i van pogona.)

Ako je cilj nekog reaktora da proizvodi fisioni plutonijum-239, brzina proizvodnje plutonijuma može se „optimizirati" putem izbora geometrijskog oblika jezgra na račun njegovih performansi. Gorivo u reaktoru mora se menjati u relativno kratkim intervalima — u pitanju su pre meseci nego godine. Fisioni plutonijum-239 u gorivu igra značajnu ulogu u lančanoj reakciji jer se tokom fisije on troši i istovremeno obnavlja. Štaviše, jedan deo plutonijuma-239 apsorbuje jedan ili više dodatnih neutrona i ne podleže fisiji, nego postaje plutonijum-240, plutonijum-241 i plutonijum-242. Plutonijum-240, koji se prilično nagomilava, podložan je spontanoj fisiji, ali je mala verovatnoća da će doći do njegovog cepanja nakon sudara sa neutronom i, stoga, ne može da učestvuje u lančanoj reakciji. Pored toga, njega je doslovno nemoguće razdvojiti od plutonijuma-239 (ali, vidi poglavlje: Širenje rizika i rizik širenja). Prevelika količina izotopa-240 čini plutonijum donekle nepredvidljivim kad se on koristi kao materijal za oružje: upravo zato postoji potreba da se ukloni potrošno gorivo pre nego što dođe do stvaranja i suviše velike količine plutonijuma-240. Međutim, ponovna obrada goriva, da bi se iz njega izdvojio plutonijum (vidi odeljak: Istrošeno gorivo), predstavlja skup i složen proces. Zamena goriva koja se vrši češće nego što je to neophodno, u cilju održavanja reaktivnosti reaktora, može se opravdati samo u okviru dobro poznate elastičnosti vojnih budžeta.

ENERGETSKI REAKTORI SA GASNIM HLAĐENJEM

Magnoks reaktori

Prvi energetski reaktori bili su, naravno, poput reaktora za proizvodnju plutonijuma vojni: energetska postrojenja za podmornice, kao i višenamenski reaktori za proizvodnju plutonijuma i električne energije. („Nuklearna podmornica" se tako naziva zbog svog pogonskog goriva kao i zbog svog tereta.) Prvi „energetski" reaktori počeli su da rade u SAD i u SSSR-u 1954. godine. Američki reaktor imao je proizvodnju od 2,4 MWe, dok je sovjetski reaktor APS-1 u Obnjinsku, koji se smatra prvim energetskim reaktorom u svetu, imao proizvodnju od 5 MWe.

Međutim, iz razumljivih razloga, javnost je znala veoma malo o prvom američkom i sovjetskom energetskom reaktoru. Više zbog ćutnje o prva dva, nego zbog pravog redosleda stvari, „prva nuklearna centrala" bila je Kalder Hol u Velikoj Britaniji, čiji je prvi reaktor pokrenut 1956. Tvrdnja da je Kalder Hol bila prva centrala u svetu sasvim stoji, ako ni zbog čega drugog onda zbog toga što je prvi reaktor u Kalder Holu, kao i njegova tri sledbenika, bio za klasu veći od reaktora u Obnjinsku i proizvodnja mu je bila 50 MWe. 17. oktobra 1956. kraljica Elizabeta II uključila je Kalder Hol u energetsku mrežu Velike Britanije: u blesku međunarodnog publiciteta rođeno je doba „nuklearne energije" — energije koja se koristi u komercijalne, a ne u vojne svrhe.

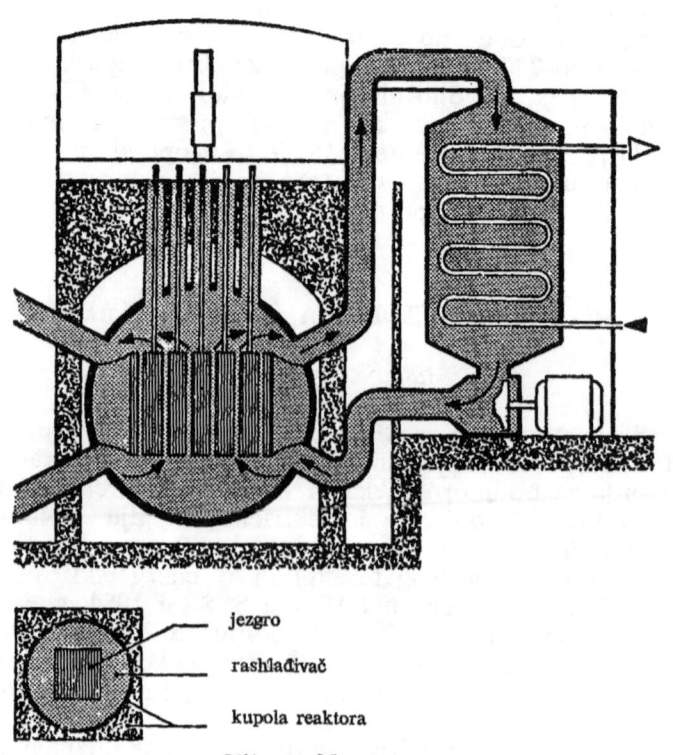

jezgro

rashlađivač

kupola reaktora

Slika 2: Magnoks reaktor

Četiri reaktora u Kalder Holu, u blizini Vindskejla, bili su, međutim, „energetski" reaktori samo donekle. Uprkos fanfarama i kraljevskoj premijeri reaktora u Kalder Holu, ovi reaktori kao i četiri slična u Čepelkrosu, s one strane škotske granice, izgrađeni su s namerom da proizvode oružje — plutonijum, da bi dopunili proizvodnju reaktora u Vindskejlu. I tako, Kalder Hol i Čepelkros postali su kameni temeljci britanskog nuklearnog programa. Karakteristike njihove konstrukcije bile su razvijane i usavršavane tokom prve generacije britanskih komercijalnih nuklearnih centrala čiji je broj kasnije narastao na 28, uključujući jednu u Italiji i jednu u Japanu. Nuklearni patrijarh ove porodice, prvi reaktor u Kalder Holu, još uvek radi i posle dvadeset i pet godina od trenutka uključenja. Mnogi od faktora koji su uticali na njegov projekat i konstrukciju još uvek preokupiraju atomske inženjere.

Kao i reaktori u Vindskejlu, reaktor u Kalder Holu koristi za gorivo prirodni uranijum i grafitni moderator. Ali njihova prostorna organizacija je sasvim različita, kao što je slučaj i sa mnogim drugim detaljima. Osnovna razlika je u tome što reaktor u Kalder Holu ima zatvoreni sistem hlađenja koji mu omogućava da povrati toplotu iz reaktora, na temperaturi i pod pritiskom dovoljno visokim da se ona može iskoristiti. Ovakav zatvoreni sistem, koji se nalazi pod pritiskom takođe obezbeđuje efikasnije hlađenje, što zauzvrat omogućava brže obavljanje lančane reakcije kao i bržu proizvodnju plutonijuma.

Srce projekta Kalder Hol (vidi sliku 2, i tabelu u odeljku: Brzooplodni reaktori) predstavlja ogromna zavarena čelična komora pod pritiskom, koja okružuje grafitno jezgro reaktora kroz koje prolaze kanali, od njegovog vrha do dna, u kojima se nalazi gorivo. Gorivo u Kalder Holu nije obloženo aluminijumom, već posebnom legurom magnezijuma zvanom „Magnoks", koja je manje sklona da apsorbuje neutrone, jača je i manje podložna koroziji pri visokom temperaturama i protoku neutrona unutar jezgra reaktora. Čitava ova porodica reaktora koji koriste takvo gorivo naziva se Magnoks reaktorima.

Jezgro sadrži čitav niz instrumenata koji prenose podatke o temperaturama, gustinama neutrona i druge važne informacije u kontrolnu sobu. Svaki sektor jezgra ima kanale za nekoliko vrsta kontrolnih šipki koje se u reaktor spuštaju odozgo, a vise na elektromagnetskim kukama, tako da svaka smetnja u reaktoru isključuje magnete i pušta šipke da padnu u jezgro i tako zaustave reakciju fisije.

Komora pod pritiskom, njen sadržaj i njeni priključci šire se i skupljaju u skladu s promenama temperature. Kombinacija nastalih toplotnih naprezanja, gravitaciona naprezanja uslovljena težinom komponenata, vibracije pokretnih delova i brzoprotočnog rashlađivača i donekle nepredvidljiva dejstva dugotrajne ozračenosti neutronima suočili su konstruktore Kalder Hola sa izazovom na koji još uvek nailaze svi atomski inženjeri. Čelična komora pod pritiskom nalazi se unutar zaštitnog betonskog omotača čija debljina prelazi dva metra. Cevi i kablovi prolaze kroz ovaj zaštitni sloj; ali, kako prodirući gama-zraci i neutroni putuju pravolinijski, pogodan cikcak-raspored onemogućava svako probijanje radijacije. Ukupna težina ovog reaktora i njegovih pomoćnih pogona je velika — oko 22.000 tona — i zahtevi u pogledu terena su strogi; svako sleganje moglo bi da dovede do stvaranja naprslina u betonu, što bi smanjilo efikasnost zaštitnog omotača.

Vreli gas za hlađenje odlazi iz reaktora kroz četiri rashladna kanala u četiri tornja — izmenjivača toplote. Unutar svakog od njih nalazi se pravi lavirint cevi kroz koje protiče voda; vreli ugljen-dioksid struji oko ovih cevi i predaje svoju toplotu vodi koja se pretvara u paru i koristi za pokretanje turbogeneratora. Kad ovaj gas izgubi svoju korisnu toplotu, on izlazi kroz donji deo izmenjivača toplote i prelazi u gasni raznosač. On ga, onda, tera nazad u dno komore pod pritiskom i ponovo natrag kroz kanale sa gorivom. Kako se četiri spirale rashladnog kola nalaze pod pritiskom, posebne mere predostrožnosti moraju se preduzeti pri izmeni gorivnih elemenata i drugih servisnih radova unutar jezgra reaktora. Pristup kanalima za zamenu goriva i servisiranje je odozgo, kroz otvore u horizontalnom krovu betonskog zaštitnika, koji se naziva „kapa gomile". Na kapi gomile, radnoj površini iznad reaktora, nalaze se pokretne mašine za „punjenje" ili „zamenu goriva" — glomazne i složene naprave.

Projekat Kalder Hol Magnoks — prvenstveno namenjen proizvodnji plutonijuma — se gasi i dekompresuje prilikom zamene goriva. Kod kasnijih verzija Magnoksa za komercijalne nuklearne centrale, nije neophodno prekidati rad reaktora radi zamene goriva; ona se može obavljati kontinualno, po nekoliko kanala nedeljno, dok reaktor proizvodi energiju bez prekida.

Da bi se izmenilo gorivo u reaktoru, „mašina za pražnjenje" se postavlja preko pristupnog otvora, pričvršćuje se na površinu kape gomile i kompresije. Čep zaštitnika se uklanja, kuke se spuštaju kroz uspravnu cev u jezgro, a istrošeni gorivni elementi se podižu iz kanala i skladište unutar debelih zidova mašine za pražnjenje — sve to putem daljinske kontrole, zbog opasnosti od radijacije. Čep zaštitnika se vraća na svoje mesto, mašina za pražnjenje se dekompresuje i pomera, a mašina za punjenje, napunjena svežim gorivom, postavlja se na njeno mesto. Ceo ciklus se ponavlja — opet putem daljinske kontrole — da bi se novi elementi spustili na svoja mesta: učvršćivanje, kompresija, otčepljivanje, začepljivanje, dekompresija, oslobađanje.

U oba slučaja, istrošeno gorivo, koje je izuzetno radioaktivno od produkata fisije, premešta se u mašinu za pražnjenje, da bi se zatim spustilo u „rashladni bazen": dubok rezervoar sa vodom koji služi da zaštiti i hladi gorivo, dok se kratkovečniji produkti fisije u njemu ne raspadnu do manje opasnog nivoa radioaktivnosti. Posle odgovarajućeg intervala — obično 150 dana — istrošeno gorivo se transportuje u Vindskejl na „ponovnu obradu" (vidi odeljak: Istrošeno gorivo.)

Sve u svemu, za elektrodistribuciju u Velikoj Britaniji, izrađeno je osam Magnoks centrala, svaka sa po dva identična reaktora. Konstruktivni detalji su se, od centrale do centrale, veoma razlikovali, mada je kod svih zamena goriva vršena „pri radu" pomoću jedne jedine mašine za punjenje-pražnjenje. Reaktori centrale u Berkliju koriste cilindrične čelične komore pod pritiskom, dok reaktori centrale u Bredvelu, izgrađeni u isto vreme, koriste sferne komore. U centrali u Hanterstonu zamena goriva se vrši ne samo odozgo nego i odozdo, gde je temperatura niža. Različite centrale imaju različiti raspored izmenjivača toplote, pogonskih sklopova i različite zgrade u kojima su smešteni reaktori. Umesto bazena za hlađenje ispunjenog vodom, centrala Vilfa, za svoje potrošeno gorivo, koristi tri skladišta ispunjena gasom (vidi odeljak: Istrošeno gorivo). Jedna od možda najvažnijih promena kod Magnoks centrala odnosila se na njihovu snagu: ona je stalno rasla. Da bi se išlo ukorak sa povećanjem njihove snage i veličine, kod poslednje dve centrale britanske elektrodistribucije, izvršena je veća promena u njihovom projektu. Zavarivanje čelične komore čije su dimenzije veće od uobičajenih, i u skladu sa izuzetno strogim standardima koji važe za reaktore, postalo je veoma teško. Zbog toga je centrala u Oldberiju prihvatila potpuno novi pristup. Komora pod pritiskom nije pravljena od varenog čelika, već od prenapregnutog betona, materijala koji je mnogo pogodniji za velike i složene objekte. U projektu Oldberi unutar betonske komore pod pritiskom nalazi se ne samo jezgro reaktora već i izmenjivači toplote i raznosači gasa. Prenapregnuti beton služi i kao komora pod pritiskom i kao biološki štitnik; kanali za gas su potpuno eliminisani i tako je uklonjen jedan od glavnih puteva kojim bi radioaktivnost mogla da pobegne u slučaju nesreće. Konstrukcija od prenapregnutog betona omogućila je više nego dvostruko povećanje veličine reaktora kod poslednje Magnoks centrale u Vilfi, u Velsu.

Gustina energije centrala Magnoks koja u proseku iznosi oko 0,9 kilovata po litru je, po nuklearnim standardima, niska. Zbog svoje niske gustine i, u skladu s tim, niskog toplotnog kapaciteta, gas predstavlja manje efikasan rashlađivač od tečnosti. Prema tome, brzina oslobađanja toplote iz jezgra hlađenog gasom mora biti niska. (Ovo zauzvrat, postavlja jedno opšte ograničenje u pogledu maksimalne količine proizvedene toplote s obzirom na to da velika količina toplote podrazumeva veoma veliku zapreminu jezgra, i propratne poteškoće pri konstruisanju). Sledeća interesantna osobina je „specifična snaga": snaga proizvedena po jedinici mase goriva. Specifična snaga goriva u Kalder Holu iznosi oko 2,4 kilovata po kilogramu uranijuma; dok specifična snaga goriva u Vilfi iznosi oko 3,16 kilovata po kilogramu uranijuma. Specifična snaga se, takođe, ponekad naziva „gradacija goriva". „Stepen iskorišćenja" je ukupna količina proizvedene toplote po jedinici mase; on se obično meri u megavat-časovima po toni uranijuma. Stepen iskorišćenja je, naravno, broj fisija koji se odigrao unutar date količine goriva.

Jedan od glavnih ciljeva konstruktora goriva je da ostvare što veći stepen iskorišćenja — tj. da budu u stanju da što duže zadrže gorivo u reaktoru, pre nego što ono postane suviše izobličeno i suviše opterećeno produktima fisije da bi funkcionisalo kako treba. Ograničenja u pogledu stepena iskorišćenja kod Magnoksa su brojna. Uranijum u metalnom stanju ima komplikovanu kristalnu strukturu i doživljava čitav niz nepoželjnih promena pri visokim temperaturama i snažnim protocima neutrona. Stepen iskorišćenja od oko 120.000 megavat-časova po toni uranijuma je približno najbolji rezultat koji se može, bez većih problema, postići sa Magnoks gorivom. Ovo ograničenje je bilo jedan od nekoliko faktora koji su konačno doveli do obustave Magnoks programa i inicirali traganje za nekim drugim pristupom.

Jedini drugi, veći nuklearni program, koji je predstavljao alternativu za gasom hlađene reaktore, imali su Francuzi. Mali francuski reaktori u Markulu i Avoanu počeli su da rade 1958. Drugo postrojenje u Avoanu — Šinon-2, reaktor od 200 MWe — postao je kritičan 1964, i Francuska je posle toga izgradila, sve u svemu, sedam energetskih reaktora sa gasnim hlađenjem i grafitnim moderatorom, i jedan reaktor sa gasnim hlađenjem i teškom vodom kao moderatorom od 70 MWe. Međutim, francuska interesovanja su se tada naglo okrenula sa rešenja sa gasnim hlađenjem ka rešenjima sa lakom vodom i ka saradnji sa američkim konstruktorima reaktora (vidi poglavlje: Juriš lake brigade).

Usavršeni gasom hlađeni reaktori — (UGR)

Izgradnja prvih Magnoks centrala jedva da je bila počela, a krenulo se sa projektom druge generacije energetskih reaktora sa gasnim hlađenjem: usavršeni gasom hlađeni reaktor — (UGR). Cilj je bio da se dostignu više temperature gasa da bi se poboljšala efikasnost stvaranja električne energije; bolja gradacija goriva, koja bi učinila reaktor kompaktnijim, i veći stepen — iskorišćenja da bi se smanjila učestalost zamene goriva. Temperature koje se postižu sa Magnoks gorivom ograničene su osobinama Magnoks legure i uranijuma u metalnom stanju. Uranijum u metalnom stanju doživljava kristalnu promenu faze pri temperaturi od 665°C, praćenu njegovim znatnim širenjem: njegovo ponašanje je i ispod ove temperature složeno, jer se on, sa povećanjem temperature, širi različitim brzinama u različitim pravcima. Tačka topljenja Magnoksa iznosi oko 645°C; pored toga što se topi na ovoj temperaturi, Magnoks može i da se zapali.

Prema tome, gorivo koje dostiže više temperature mora da koristi neki drugi oblik uranijuma. Oblik koji se najčešće bira je uranijum-dioksid, UO_2, koji se često naziva uranijum-oksid. Dok se uranijum u metalnom stanju topi na 1.130°C, uranijum-oksid se topi tek na 2.800°C. Međutim, uranijum-oksid ima nisku toplotnu provodljivost, mnogo nižu od uranijuma u metalnom stanju. Kad uranijum u metalnom stanju doživljava reakciju fisije, njegova visoka toplotna provodljivost znači da je temperatura manje ili više jednaka celom debljinom gorivne šipke, pa čak iako ona iznosi nekoliko santimetara. Ovo nije slučaj kod uranijum-oksida. Ukoliko uranijum-oksid u čvrstom stanju doživljava fisiju, toplota koja se oslobađa u njegovoj unutrašnjosti se ne probija tako lako ka njegovoj površini; unutrašnjost je mnogo toplija od površine. Gorivni elementi od uranijum-oksida moraju biti manjeg prečnika od elemenata od uranijuma u metalnom stanju, bez obzira na to što je tačka topljenja uranijum-dioksida mnogo viša.

Osnovni oblik goriva od uranijum-oksida je najčešće valjčić napravljen kompresovanjem, pečenjem ili nekim drugim načinom da se prah uranijum-oksida prisili da poprimi oblik malog čvrstog cilindra veličine bombone. Stub od takvih cilindara, čija visina, zavisno od konstrukcije goriva, može iznositi i do nekoliko metara, na-

bija se·unutar tanke metalne cevi da bi se dobio „go-
rivni štapin". Ova cev mora biti od materijala koji mo-
že da podnese visoku temperaturu. Neka oksidna goriva
koriste leguru cirkonijuma koja se zove — ni malo iz-
nenađujuće — cirklegura, koja ima svoje prednosti, ali
je skupa. Uobičajenu alternativu predstavlja nerđajući
čelik, kao što je to slučaj sa gorivom za usavršeni ga-
som hlađeni reaktor. Nerđajući čelik stvara još jedan
problem; on je jak i u strukturnom pogledu se dobro po-
naša, ali ima veliki apetit prema neutronima. U skladu
s ovim, procenat uranijuma-235 u uranijum-oksidu mora
se povećati preko njegovog prirodnog nivoa: tj. urani-
jum-oksid mora biti obogaćen (vidi odeljak: Obogaćiva-
nje uranijuma). U gorivu UGR uranijum se obično obo-
gaćuje za oko 2 procenta.

Prvi UGR koji je koristio ovu vrstu goriva bio je
jedan mali prototip od 28 MWe izgrađen u Vindskejlu,
koji je počeo da radi 1962. Posle njega je usledio, posle
izvesnog vremena i velikog broja poteškoća, program od
pet velikih centrala sa po dva reaktora blizanaca, a on-
da još dve centrale sa reaktorima blizancima (vidi pog-
lavlje 6).

Osnovu celokupne konstrukcije UGR predstavlja ko-
mora pod pritiskom od prenapregnutog betona koja je
prvi put izgrađena za poslednje dve Magnoks centrale
(vidi sliku 3 i tabelu u odeljku: Brzooplodni reaktori —
BOR). Kao i Magnoks reaktor, UGR ima jezgro od ma-
šinski obrađenog grafita koje se nalazi pod kupolom na-
lik na ogromno čelično zvono, sa velikim brojem otvora
na vrhu kroz koje prolaze uspravne cevi koje omogu-
ćavaju prilaz kanalima sa gorivom. Izvan ove kupole
— ali još uvek unutar komore pod pritiskom — nalaze
se izmenjivači toplote ili bojleri, a ispod njih raznosači
gasa.

Količina goriva u UGR je znatno manja nego u Mag-
noks reaktoru približne proizvodnje, dok je grada-
cija goriva znatno viša. Rashladni gas izbija iz kanala s
gorivom sa temperaturom od oko 650°C, što je za 300°C
više od normalne radne temperature Magnoksa.

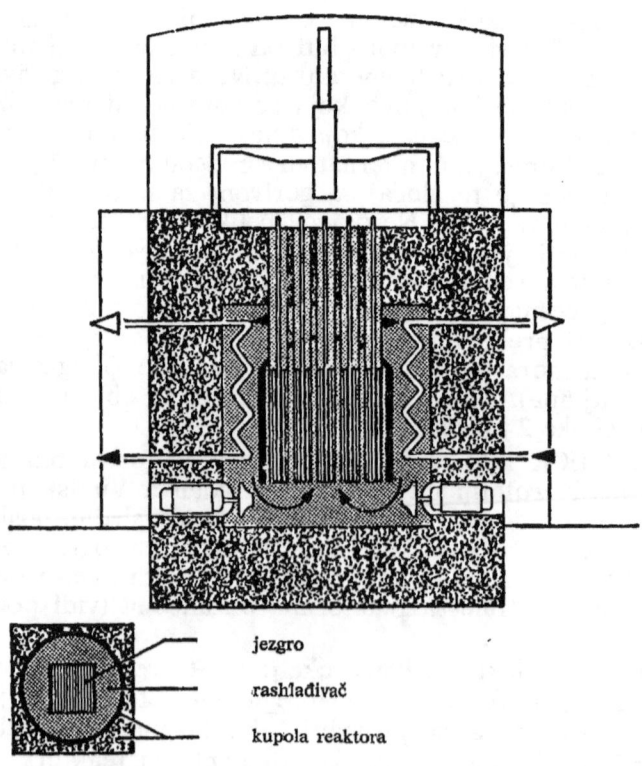

jezgro

rashlađivač

kupola reaktora

Slika 3: Usavršeni gasom hlađeni reaktor — (UGR)

U UGR zamena goriva se vrši pomoću jedne jedine mašine, koja jednim potezom izvlači iz reaktora skupinu od osam elemenata. U skladu s ovim, mašina za punjenje ima visinu četvorospratnice, a reaktorska zgrada mora biti veličine avionskog hangara da bi ona stala u nju. Jedna jedina mašina opslužuje oba reaktora u datoj centrali, krećući se po šinama između njih, skladišta s gorivom i bazena sa istrošenim gorivom. UGR su tako konstruisani da se zamena goriva obavlja pri radu; međutim, to je bio jedan od mnogih tehničkih problema koji još uvek nemaju potpuno zadovoljavajuće rešenje.

Visokotemperaturni gasom hlađeni reaktori — (VTGR)

Svako ko želi izvor toplote, imaće u vidu dva cilja: ukupnu količinu proizvedene toplote po jedinici vremena (tj. ukupnu snagu) i temperaturu na kojoj ta toplota postaje iskoristiva. U okeanu postoji nezamislivo velika količina toplote, ali je njena niska temperatura čini malo korisnom. Dok su konstruktori reaktora povećavali dimenzije reaktora da bi povećali proizvodnju energije, oni su, takođe, radili na tome da postignu što više temperature. Čak i pri optimalnim uslovima rada, UGR ne predstavlja baš neki značajan izvor toplote, barem kad je njegova temperatura u pitanju. On se može upotrebiti za stvaranje pare koja pokreće turbogenerator i proizvodi električnu energiju, ali samo sa umerenom efikasnošću. Skladnije industrijske primene su isključene zbog niske temperature toplote.

Ograničenje u pogledu temperature pri kojoj se oslobađa toplota, nema nikakve — ili skoro nikakve — veze sa sistemom lančane reakcije. U odgovarajućim uslovima, lančana reakcija se može odvijati pri temperaturama koje se kreću čak do onih u srcu nuklearne eksplozije — milionima puta višim od onih u bojlerima na fosilna goriva. Međutim, mnogo pre nego što se dostignu takve temperature, postaje izuzetno teško održati sav ovaj skup u bilo kakvom redu. Već smo pomenuli ćudljivost uranijuma u metalnom stanju i Magnoks obloge pri temperaturama od preko 600°C. Drugi materijali za reaktore dovode do sličnih problema, mada pri nešto višim temperaturama. Sasvim je jasno da je potreban jedan potpuno novi pristup, kad se radi o veoma visokim temperaturama, ukoliko ne želimo da se celokupno jezgro reaktora naduje i potpuno izobliči, ili doživi nepovoljne hemijske reakcije.

Jedno novo rešenje (kome je poklonjena najveća pažnja), potpuno isključuje metale iz jezgra reaktora, i umesto njih uvodi usavršene kombinacije teško topljivih keramičkih materijala koji su u stanju da bez protesta podnesu temperature i od nekoliko hiljada stepeni Celzijusa. Sićušni delići visokoobogaćenog uranijuma mešaju se sa keramikom. Neka od predloženih rešenja uključuju i čestice elementa zvanog torijum. Torijum ima slične nuklearne osobine sa uranijumom-238. Prirodni torijum je skoro u potpunosti u obliku torijuma-232. Jezgro torijuma-232 u stanju je da apsorbuje jedan neutron i tako postane torijum-233, koji onda emituje dve beta-čestice i postaje uranijum-233, koji je fision. Ovaj proces je direktno analogan onome u kome se uranijum-238 transformiše u plutonijum-239. Uranijum-233,

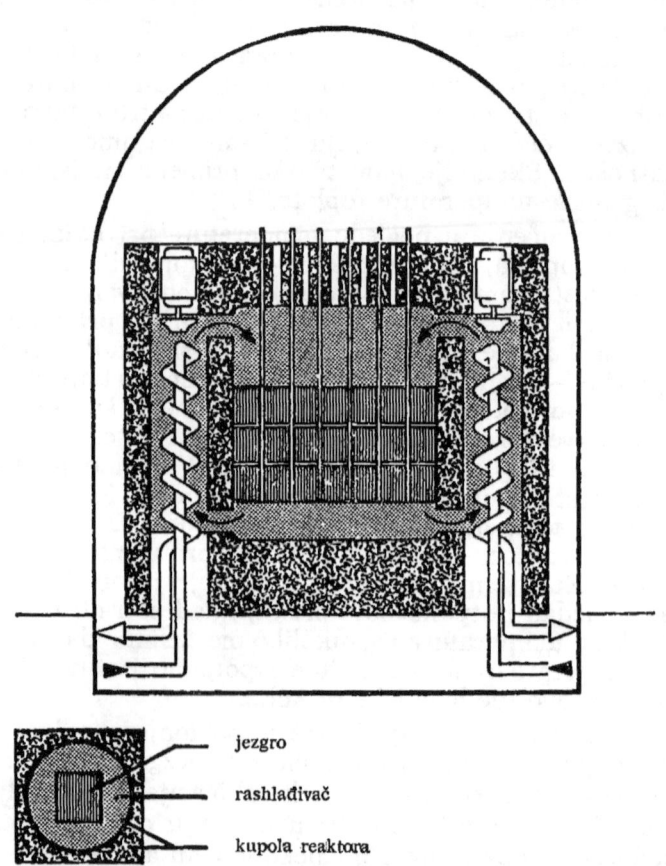

jezgro

rashlađivač

kupola reaktora

Slika 4: Visokotemperaturni gasom hlađeni reaktor — (VTGR) poput uranijuma-235, doživljava fisiju kad ga udari spori neutron i tada (zauzvrat) stvara nove neutrone, da bi održao lančanu reakciju. Uranijum-238 i torijum-232, iako nisu fisioni materijali, nazivaju se „plodnim" materijalima, jer se pod uticajem neutronskog bombardovanja mogu preobraziti u fisione materijale, plutonijum-239 i uranijum-233.

Svi različiti pristupi jednom ovakvom projektu podrazumevali su korišćenje helijuma kao rashladnog sredstva i tako je ovaj koncept nazvan visokotemperaturni gasom hlađeni reaktor ili VTGR. Radovi na prva dva takva reaktora počeli su 1957. godine. Pod pokroviteljstvom prethodnika OECD, započeo je jedan međunarodni projekat u Vinfritu, u Dorsetu u Engleskoj, da bi se izgradio VTGR-Zmaj. Reaktor Zmaj, koji je proizvodio 20 MW toplote, počeo je da radi 1964. i uspešno funkcionisao kao eksperimentalno postrojenje više od deset godina. Međutim, britanska vlada, koja je plaćala najveći deo troškova ovog programa, odlučila je da ovo rešenje VTGR nema nikakvu budućnost u Britaniji. Zmaj je ubijen 1976. godine tako što su mu uskraćeni svi fondovi. U SAD, Opšte atomsko društvo (General Atomic Company — GAC) izgradilo je Pič Botom 1, prvu centralu sa VTGR u blizini Filadelfije. Ona je počela da radi 1965. U SR Nemačkoj još jedna mala sa VTGR, pod nazivom AVR, proradila je u blizini Jiliha 1966. godine. Jedna veća prototipska centrala Fort St Rejn u Koloradu dostigla je kritičnost 1974. Međutim, Fort St Rejn je patila od beskrajnih porođajnih muka; Pič Botom 1 je definitivno zatvorena 1974; a jedan radikalno drugačiji projekat VTGR, torijumski visokotemperaturni reaktor u Šmehauzenu u SR Nemačkoj, bio je krajem 1982. pred zatvaranjem zbog nedostatka sredstava. VTGR, za koji se nekad pričalo da predstavlja najfleksibilniji i najbezbedniji od svih reaktora, kao da je bio gurnut, barem privremeno, u nuklearni budžak. Njegove eventualne prednosti — povećana efikasnost u proizvodnji električne energije, pa čak i proizvodnja nuklearne toplote za industrijske procese — čini se da će u doglednoj budućnosti ostati od čisto akademskog interesa.

REAKTORI SA LAKOM VODOM

Reaktori sa vodom pod pritiskom — (RVP)

Kao i prvi britanski energetski reaktori, koji su bili izgrađeni da bi proizvodili oružje — plutonijum, prvi američki energetski reaktori su takođe začeti pod okriljem armije, mada navodno namenjeni proizvodnji energije. Američka mornarica je posle drugog svetskog rata shvatila da podmornica na nuklearni pogon nema potrebe da izlazi na površinu da bi obnovila svoju zalihu kiseonika, s obzirom na to da za sagorevanje nuklearnog goriva — za razliku od nafte — nije potreban kiseonik. Podstaknuti ovom idejom i sputani prostornim ograničenjima u podmornici, američki konstruktori su usavršili reaktor sa jezgrom relativno visoke energetske gustine, čiji su gorivni elementi bili potopljeni u rezervoaru sa običnom vodom — nazvanom „laka voda" da bi se razlikovala od teške vode — pod dovoljnim pritiskom koji je sprečava da proključa. „Prvi energetski reaktor koji je ikada sagrađen", po rečima njegovih konstruktora, postao je kritičan 30. marta 1953. u kontinentalnoj imitaciji podmornice, u Nacionalnoj stanici za testiranje reaktora u Ajdahu. Sledeće godine porinut je „Nautilus", prva podmornica na nuklearni pogon koja je koristila reaktor sa vodom pod pritiskom. Godine 1957. podmornički reaktor se „nasukao" u energetskoj stanici Šipingpoint, u blizini Filadelfije — prvoj nuklearnoj centrali u SAD. Tokom narednih godina reaktor sa vodom pod pritiskom (RVP) postao je najpopularniji reaktor na svetu.

Osnovni deo RVP (vidi sliku 5, i tabelu u odeljku: Brzooplodni reaktori) je velika čelična komora pod pritiskom sa kapkom na gornjem delu, pričvršćenim teškim zavrtnjima. Komora pod pritiskom u sebi sadrži jezgro reaktora i druge tzv. „reaktorske iznutrice" kao što su kontrolne šipke. Preostala zapremina je u potpunosti ispunjena običnom „lakom" vodom pod pritiskom od oko 150 atmosfera. Jezgro je sazdano od gorivnih elemenata, od kojih svaki predstavlja skup od četiri metra dugih gorivnih štapina. Gorivni štapin RVP je cev od cirklegure, prečnika od oko jednog santimetra, ispunjena zdepastom cilindričnom sačmom od uranijum-dioksida. Što se tiče neutrona, obloga od cirklegure se relativno dobro ponaša — mnogo bolje od nerđajućeg čelika — ali je skuplja. Međutim, voda u koju je čitav ovaj splet potopljen — kao što je primećeno u poglavlju 2 (u odeljku: Moderatori) — veliki je proždrljivac neutrona. Da bi se umanjio negativni uticaj, uranijum u sačmi RVP se obogaćuje do tri procenta uranijuma-235. Voda unutar komore pod pritiskom istovremeno služi kao moderator, odbojnik i rashlađivač. Pri vrhu jezgra, ona odlazi kroz teške cevi zavarene za komoru pod pritiskom. RVP mogu imati dve ili više „spirala" u rashladnom kolu. U svakoj spirali cev kroz koju voda ulazi u komoru pod pritiskom zove se „hladna noga", a cev kroz koju ona izlazi se naziva „vrela noga".

Vrela noga rashladne spirale RVP odvodi vrelu rashladnu vodu u parni generator ili bojler. Vrela voda, pod pritiskom, iz reaktora prolazi kroz hiljade cevi potopljenih u vodi, koja se nalazi pod znatno nižim pritiskom. Iako voda pod pritiskom, koja se nalazi u cevima ne može da provri, voda pod nižim pritiskom izvan njih može. Para do koje se tako dolazi, obrađuje se i cevima odvodi do turbogeneratora.

Primarna voda za hlađenje vraća se kroz hladnu nogu u komoru reaktora, potpomognuta pumpom za primarni rashlađivač. Jedna spirala za rashlađivanje, takođe, sadrži i „pritisni sistem", u kome se odgovarajuća količina vode za rashlađivanje isparava ili kondenzuje, da bi održala pritisak u rashlađivaču, i da bi kompenzirala dejstva širenja i skupljanja pod uticajem toplote, u zavisnosti od nivoa proizvodnje. Pritisni sistem može takođe da pomogne da se regulišu neplanirana povećanja u pritisku do kojih dolazi usled kvarova. Električni potopni grejači u pritisnom sistemu mogu da proizvedu 2.000 kW — malo previše za kućnu upotrebu.

Verovatno najkontroverznija osobina RVP je vanredni sistem za hlađenje jezgra, čija je svrha da spreči preterano zagrevanje jezgra u slučaju kvara. Međutim, ume-

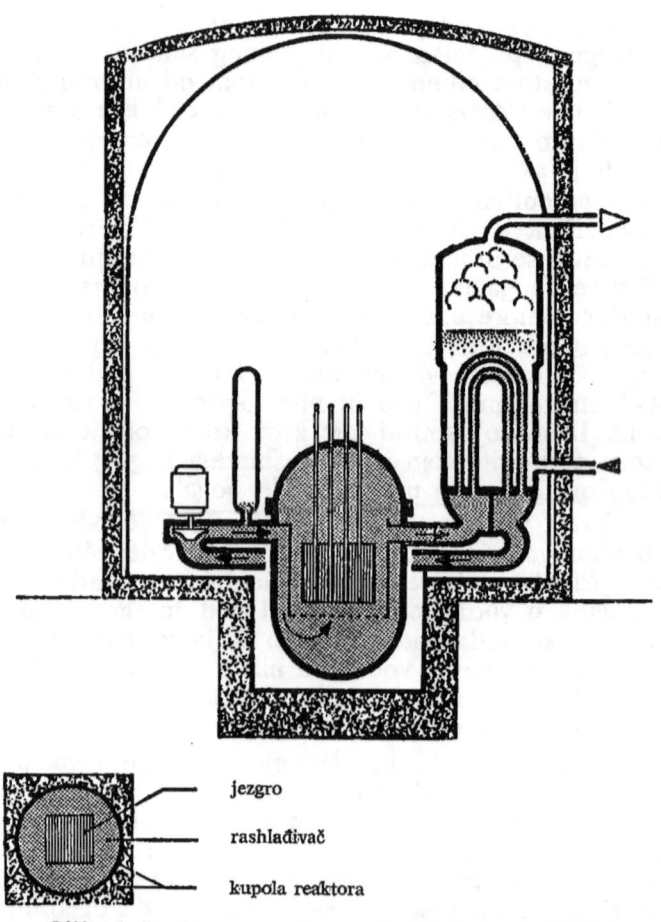

jezgro

rashlađivač

kupola reaktora

Slika 5: Reaktor sa vodom pod pritiskom — (RVP)

sto da ih opisujemo ovde, biće umesnije da ove opiše odložimo za poglavlje 6. Postoji veoma mali broj tehnologija koje su podvrgnute tako iscrpnom — i tako bezuspešnom — ispitivanju.

Kontrolni i operativni sistemi RVP se po svojoj konstrukciji veoma razlikuju. Međutim, skupine kontrolnih šipki se najčešće vešaju iznad jezgra, unutar kapka komore pod pritiskom, sa pogonskim mehanizmima koji deluju odozgo, kroz kapak. Gorivo u RVP se zamenjuje uz gašenje — tj. sa ugašenim reaktorom. Reaktoru se omogućava da se rashladi. Zatim se komora u obliku bazena, iznad reaktora — „reaktorski bunar" — puni vodom da bi odigrao ulogu štitnika i rashlađivača, kapak se odšrafljuje i pomera na stranu, otkrivajući unutrašnjost reaktora. S obzirom na to da je za celu ovu proceduru potrebno dosta vremena, dobar deo goriva se menja pri svakoj zameni — obično oko jedna trećina jezgra. Konstruktori RVP obično planiraju jednu zamenu goriva godišnje.

Nije potrebno reći da je RVP, kao i svaki drugi energetski reaktor, obavijen teškim zaštitnikom. Komora reaktora je okružena sa dva ili više metara betona, koji se dižu i formiraju bočne zidove reaktorskog bunara. Beton, takođe, okružuje čitavo primarno kolo — parne generatore, primarne pumpe, pritisni sistem i cevi — jer je primarni rashlađivač obično pomalo radioaktivan (vidi odeljak: Otpaci niske radioaktivnosti). Sama zgrada reaktora se obično projektuje da služi kao sekundarni zaštitnik.

Neki RVP stvaraju skoro 4.000 MW toplote pri energetskoj gustini od preko 100 kW po litru. Ali, niska temperatura rashlađivača, koja se može postići uz korišćenje vode pod pritiskom koji se može kontrolisati — iznosi nekih 150 atmosfera — čini RVP relativno neefikasnim izvorom toplote za stvaranje električne energije. Bez obzira na to, RVP brojno daleko nadmašuju sve ostale tipove reaktora.

Reaktori sa ključalom vodom — (RKV)

Američko interesovanje za vodeno hlađenje reaktora proizašlo je iz Hanford reaktora i pojačano je podmorničkim RVP. Bilo je poznato da je ključala voda efikasnija u odstranjivanju toplote, ali se smatralo da ključanje može da izazove nestabilnost u srcu reaktora.

Voda u takvom jezgru, takođe, služi kao moderator; ako dođe do stvaranja mehura u pari, lokalno dejstvo na reaktivnost je naglo i njegove posledice teško predvidljive. Međutim, eksperimenti izvedeni sredinom 50-ih pokazali su da se vodi zaista može dozvoliti da ključa u jezgru reaktora. U skladu s ovim, usavršena je nova vrsta reaktora, koji je po svom konceptu daleko najjednostavniji od svih ostalih energetskih reaktora: reaktor sa ključalom vodom, ili RKV. (Vidi sliku 6 i tabelu u odeljku: Brzooplodni reaktori.)

RKV i RVP se često zajedno pominju kao „lakovodni reaktori" ili LVR. U RKV voda služi kao moderator, odbojnik i rashlađivač i, pored toga, kad proključa, proizvodi paru koja se direktno odvodi da pokreće turbogenerator. Kad jedanput prođe kroz turbine, voda za rashlađivanje se kondenzuje i ponovo pumpa u „bojler" — tj. u reaktorsku komoru pod pritiskom.

Pritisak koji mora da postoji u komori ne treba da bude mnogo veći od pritiska pare koja se proizvodi — obično manje od pola onoga u RVP. U skladu s tim, komora pod pritiskom ne mora da bude tako debela. Komora RKV pod pritiskom uključuje i čitav niz uređaja za prikupljanje i obradu pare koji se nalaze iznad jezgra. Stoga, kontrolne šipke ulaze u jezgro RKV odozdo. Rashladno kolo RKV veoma malo liči na rashladno kolo RVP. U RKV, voda ključa unutar skupina goriva i u njemu nema spoljnih parnih generatora. Ušteda do koje dolazi u ulaganju, već se dugo pominje kao osnovna prednost RKV nad RVP.

S obzirom na to da je RKV direktno povezan sa turbinom preko generatorskog sistema, mora se naći posebno rešenje za odvođenje pare u slučaju da turbogenerator iz bilo kog razloga ne može da je prihvati, ili ako dođe do bilo kakvog kvara. RKV je, prema tome, zatvoren sistem — komora pod pritiskom, priključeni cevovod i sve ostalo — u okviru primarnog sklopa, koji se sastoji od ogromnog betonskog kućišta u obliku pljoske i pogrešno se naziva „suvi bunar". Cevi vode od dna suvog bunara naniže u tunel kružnog oblika, dovoljno

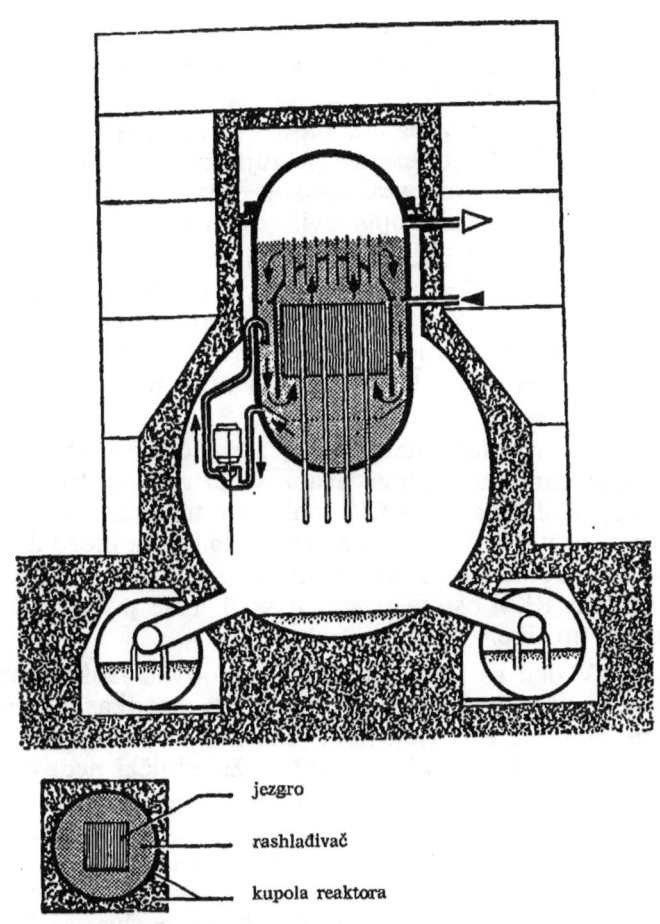

jezgro

rashlađivač

kupola reaktora

Slika 6: Reaktor sa ključalom vodom — (RKV)

veliki da se kroz njega može proći, koji je do pola ispunjen vodom. Ovaj tunel se naziva „bazen za suzbijanje pritiska". Ako iz bilo kog razloga para ili voda pobegnu iz komore reaktora ili cevovoda, one se zatvaraju u suvom bunaru i odvode naniže kroz cevi koje idu do vode u bazenu za suzbijanje pritiska. Para koja tamo stigne odmah se kondenzuje, a bilo koji višak pritiska koji bi mogao da deluje na osnovni sklop biva kao što to ime sugeriše, „suzbijen".

Funkcija osnovnog sklopa RKV je slična vanrednom sistemu za hlađenje jezgra i postoji, kao i oni u RVP, da spreči pregrejavanje reaktorskog jezgra u slučaju kvara. Odložićemo dalji opis ovih osobina za poglavlje 6. Kao i RVP, i RKV se puni uz gašenje, kad se reaktor isključuje i hladi. Zamena goriva u RKV je jedan od tekućih poslova, kao što je i potapanje reaktora, odšraflijvanje i uklanjanje kapka. Isto tako, neophodno je izvaditi i staviti na stranu šaroliki asortiman opreme za obradu pare.

Slično rashlađivaču u RVP, rashlađivač u RKV može da postane lakoradioaktivan. S obzirom na to da primarni rashlađivač u RKV snabdeva turbinu parom direktno, nešto radioaktivnosti iz rashlađivača može da stigne do turbine. Međutim, u praksi, najveći deo radioaktivnosti u RKV ostaje u tečnoj vodi, i ne putuje sa parom do turbine.

RKV deli sa RVP nedostatak relativno niske temperature rashlađivača, čija je posledica neefikasnost pretvaranja toplote u električnu energiju. Uobičajena temperatura u RKV je niža od 300°C. Zajednički nedostatak ova dva tipa reaktora su problemi povezani sa relativno visokom energetskom gustinom, što ćemo posebno razmotriti u poglavlju 6. Isto tako, RKV je podložniji „pregorevanju" i „zastiranju parom", koje nastaje kad se sloj pare formira blizu vrele obloge goriva. Mala toplotna provodljivost pare znači da se toplota iz goriva više ne odvodi tako efikasno, pa temperatura goriva može da se iznenadno i opasno podigne.

Konstrukcija i rad svih tipova reaktora moraju da uzmu u obzir mogućnost iznenadnih skokova koji se nazivaju prolazima: prolazi u pritisku, temperaturi itd. Ovo se posebno odnosi na reaktore sa visokom energetskom gustinom kao što su lakovodni reaktori.

REAKTORI SA TEŠKOM VODOM

KANDU reaktori

Uloga Kanade u istraživanju fisije za vreme drugog svetskog rata bila je posebno usmerena na tešku vodu. Ali, posle rata, Kanada se odlučila protiv programa razvoja nuklearnog naoružanja. U skladu s tim, bez ikakvih tehničkih mogućnosti da obogaćuje uranijum, a sa velikim zalihama domaćeg uranijuma. Kanada se rešila da se koncentriše na reaktore sa teškom vodom. Tokom nekoliko godina napori su bili usmereni na fundamentalna istraživanja. Međutim, sredinom 50-ih godina interesovanja su počela da se usredsređuju na razvoj energetskog reaktora, zapravo porodicu energetskih reaktora, sa zajedničkim porodičnim imenom KANDU (KANadski Deuterijum Uranijum).

KANDU projekat je postao punoletan 1971, sa početkom rada prvog i drugog od četiri 508 MWe reaktora u Pikeringu, blizu Toronta. A onda je centrala u Pikeringu udvostručena. Kad su svih osam reaktora u pogonu, njena ukupna proizvodnja je 4.000 MWe. Jedna druga KANDU centrala, po imenu Brus, na jezeru Hjuron, ima četiri reaktora od po 750 MWe, koji već rade, i četiri čija je izgradnja u toku. Kad svi počnu da rade, centrala Brus će verovatno biti najveća nuklearna centrala na svetu. Mali KANDU reaktori rade u Indiji i Pakistanu, a jedan od 630 MWe u Volsungu, u Južnoj Koreji; konstrukcija jednog se privodi kraju u Embalseu, u Argentini.

Projekat realizovan u Pikeringu i Brusu zove se KANDU-TVP, jer koristi tešku vodu pod pritiskom kao rashlađivač (vidi sliku 7 i tabelu u odeljku: Brzooplodni reaktori.) Srce KANDU-TVP je horizontalni cilindrični rezervoar od nerđajućeg čelika sa kružnim krajevima. Kroz ovaj rezervoar nazvan „kalandrija", prolaze horizontalne cevi od cirklegure. Unutar svake od ovih cevi nalazi se slična cev manjeg prečnika: ova unutrašnja cev je pod pritiskom, i u njoj leže dvanaest kratkih svežnjeva gorivnih šipki. Gorivne šipke, koje se sastoje od sačme prirodnog uranijum-oksida u cevima od cirklegure formiraju cilindrični svežanj koji sadrži 22 kilograma uranijum--oksida. Prostor u cevima pod pritiskom, koji nije ispunjen gorivnim svežnjevima, ispunjava teška voda koja

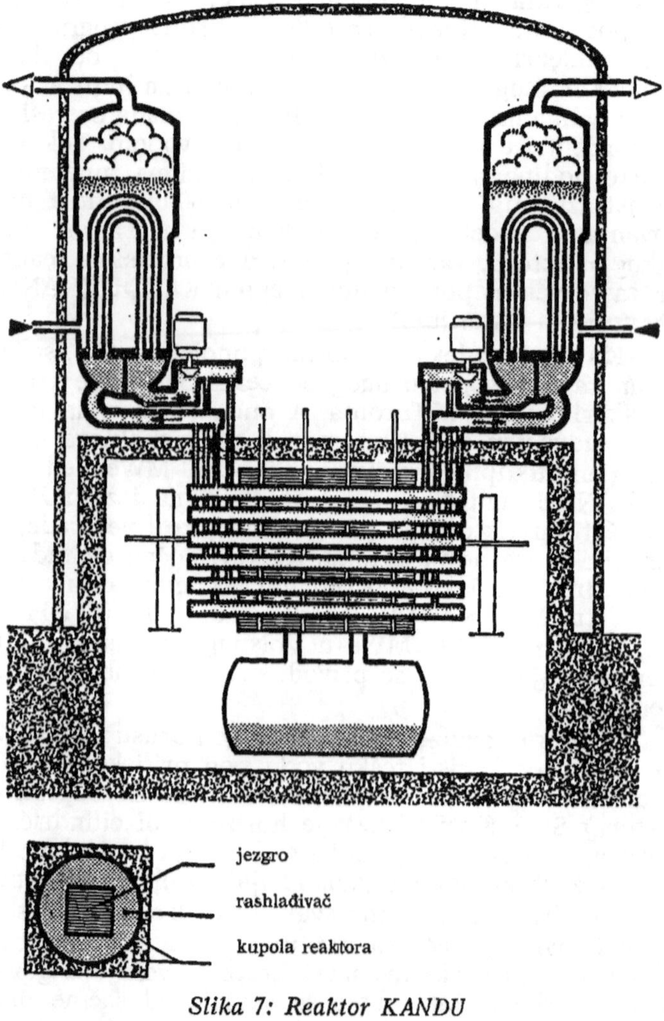

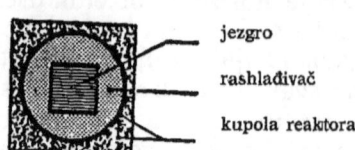

jezgro

rashlađivač

kupola reaktora

Slika 7: Reaktor KANDU

teče kroz njih. Vrela teška voda koja izbija iz pojedinačnih cevi pod pritiskom s oba kraja kalandrije ulazi u glavnu cev većeg prečnika, i kroz nju odlazi do parnih generatora.

U reaktorima sa grafitnim moderatorima, jezgro može biti napravljeno od čvrstog grafita, sa rupama za gorivo i rashlađivač. Nije lako „probušiti" stalne rupe kroz tešku vodu; ali zadovoljavajuća geometrija se može postići postavljanjem teške vode kao moderatora u rezervoar — kalandriju — koji je oblikovan tako da su horizontalni otvori za gorivo i rashlađivač napravljeni u njemu.

Kolo moderatora se hladi pri atmosferskom pritisku, a prostor koji nije ispunjen tečnom teškom vodom zauzima pokrivač od helijuma. Ispod jezgra reaktora se nalazi skladišni rezervoar u koji može da se smesti sva teška voda iz moderatora.

Kontrolne šipke ulaze u reaktor odozgo. Samo jedna od jedanaest šipki za gašenje prolazi između dve cevi u kalandriji; mehaničko izvitoperenje cevi u slučaju kvara može da zaglavi najviše dve od jedanaest šipki.

Način zamene goriva u KANDU reaktorima je složen i maštovit. Ovi reaktori su konstruisani tako da se gorivo u njima može neprekidno menjati pri radu. Ovo rešenje podseća na ranije reaktore za proizvodnju plutonijuma, mada je metoda u KANDU mnogo savršenija i potpuno automatizovana. S obe strane reaktora nalazi se mašina za punjenje u zaštićenoj komori. Jedna od mašina nabija sveže gorivo u jedan kraj cevi, dok druga preuzima istrošene svežnjeve goriva, kako se oni pojavljuju na drugom kraju. Mašina napunjena istrošenim gorivom onda ubacuje istrošeno gorivo na pokretnu traku, koja ga odvodi do skladišta — velikog bazena ispunjenog vodom za hlađenje, koji se nalazi ispod centrale. U dogledno vreme je neophodno odlučiti šta da se radi sa nagomilanim svežnjevima istrošenog goriva (vidi odeljak: Otpaci visoke radioaktivnosti.)

Varijante osnovnog KANDU rešenja uključuju Vajtšel reaktor WR-1, sa organskim fluidnim rashlađivačem, koji može biti prikladan za gorivni ciklus torijuma, i

Džentili-1 KANDU-KLV (reaktor koji koristi *ključalu laku vodu* za hlađenje), u kojima je rashlađivač — laka voda — ključala u vertikalnim gorivnim kanalima, a para, direktnom kruženju, odlazila u turbogenerator. Njegov najbliži rođak je britanski KANDU-KLV nazvan reaktor sa teškom vodom koji proizvodi paru (RTVPP), koji koristi obogaćeni, a ne prirodni uranijum. Postoji samo jedan prototip RTVPP od 100 MWe u Vinfritu, u Dorsetu. Pušten je u pogon 1967. i ima uspešan radni život kao energetska centrala. Ali izgleda da mu je suđeno da bude prvi i poslednji svoje vrste (vidi poglavlje 6). Još jedno rešenje cevi pod pritiskom zaslužuje da se pomene — hibrid kod koga gorivni elementi stoje u vertikalnim cevima pod pritiskom, ispunjenim lakom vodom i okruženim grafitnim moderatorom. Ovo rešenje se zove RBMK (skraćenica na ruskom). Sovjetski Savez je izgradio više od deset ovih postrojenja — do 1.000 MWe, uključujući i četiri u Lenjingradu.

BRZOOPLODNI REAKTORI (BOR)

Svi reaktori koje smo dosad opisali imaju jednu zajedničku crtu. Njihova fizikalna osnova je fisija izazvana sporim „toplotnim" neutronima. Takvi reaktori mogu, kao grupa, biti nazvani „toplotnim" reaktorima. Čak i u toplotnim reaktorima neki od raspoloživih neutrona bivaju apsorbovani od strane uranijuma-238, preobraćajući ga u plutonijum-239, koji se onda može cepati i znatno doprineti ukupnom oslobađanju energije. Ali, količina plutonijuma koja se na ovaj način stvara je manja od ukupne količine iskorišćenog uranijuma, i tako se ovi reaktori mogu nazvati: reaktori „gorionici".

Već smo naznačili da je u ovom kontekstu, uranijum-238, „plodan" materijal. U reaktorima koji sadrže i fisioni i plodni materijal, odnos između fisionih jezgara koja se troše i plodnih jezgara koja se preobražavaju u fisiona naziva se: „koeficijenat konverzije". Na primer, ako se na svakih 10 jezgara uranijuma-235 koji doživljavaju fisiju, 8 jezgara uranijuma-238 pretvara u plutonijum-239, koeficijent konverzije je 0,8.

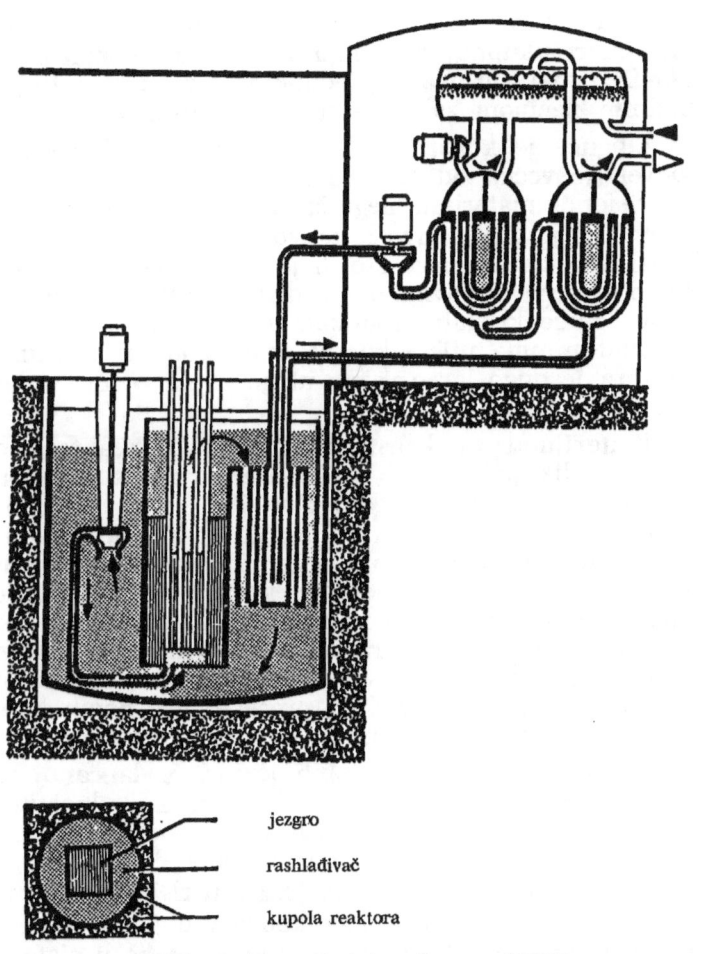

jezgro

rashlađivač

kupola reaktora

Slika 8: Brzooplodni reaktor — (BOR)

U reaktorima gorionicima, po prirodi stvari, koefi-
cijent konverzije je manji od 1. Koeficijenat konverzi-
je, čak iako je manji od 1, zadovoljavajući je. U KANDU
reaktorima, na primer, znatan broj jezgara uranijuma-
-238 se već bio pretvorio u plutonijum-239, pre nego što

je gorivni svežanj bio izvađen iz njih, doprinoseći u velikoj meri ukupnoj proizvodnji toplote. Konstruktori KANDU smatraju ovakav, jednokratan pristup, vrlo prikladnim načinom za korišćenje plutonijuma.

Moguće je konstruisati i reaktor sa koeficijentom konverzije većim od 1: oplodni reaktor koji proizvodi više fisionog materijala nego što ga troši. Na kraju svog boravka u jezgru, gorivo iz takvog reaktora izlazi sa više fisionih jezgara nego što ih je sadržavalo kad je stavljeno u njega. Naravno, ono sadrži i uobičajeni dodatak surovo radioaktivnih produkata fisije; oslobađanje novog plutonijuma nije lako. Pa ipak, koncept oplodnog reaktora je dugo igrao važnu ulogu u planovima nuklearne industrije.

Kriterijumi za konstrukciju ovakvog reaktora se veoma razlikuju od onih koji važe za tipove reaktora o kojima smo dosad govorili. Kao što je ranije bilo pomenuto, toplotni neutron će razbiti jezgro uranijuma-235 ili plutonijuma-232 pre nego brzi neutron tek nastao fisijom; otud se moderatori koriste u svim reaktorima gorionicima da uspore neutrone. Ovo može da navede na pomisao da su brzi neutroni prilično neefikasni u lančanoj reakciji. Ali fisija, koja je prouzrokovana brzim neutronima, proizvodi u proseku više novih brzih neutrona od fisije izazvane toplotnim neutronima.

Regeneracija novih fisionih jezgara u lančanoj reakciji zahteva, pod idealnim i nedostižnim okolnostima, tačno dva nova neutrona iz svakog cepanja: jedan da bi nastavio lančanu reakciju izazivajući dalju fisiju, a drugi da bi preobrazio plodno jezgro u fisiono. (Pod takvim okolnostima, koeficijent konverzije je tačno 1 — vrednost zamene.) U stvari, neutroni se gube u sistemu „curenjem" i putem „parazitske apsorpcije" u rashlađivaču, strukturi reaktora, itd. Prema tome, da bi se postigla merljiva brzina regeneracije, reakcioni sistem mora zavisiti od fisija koje proizvode znatno više od dva neutrona za svaki neutron izgubljen prilikom svake fisije. Najočiglednija postojeća kombinacija je fisija plutonijuma-239 pomoću brzih neutrona. Fisija uranijuma-

-235 brzim neutronima je manje efikasna, ali je prihvatljiva. Isto važi i za smešu uranijuma-235 i plutonijuma--239. U oba slučaja mora se dodati nešto plodnog uranijuma-238. Reaktor koji stvara više fisionog materijala nego što ga troši, koristeći reakciju koja zavisi od brzih neutrona, zove se „brzooplodni reaktor", ili BOR. Postoji jedan još bolji sistem gde se upotrebljava torijum--232 za pravljenje njegovog fisionog rođaka uranijuma--233. Međutim, brzooplodnim sistemima uranijum—plutonijum je dotad bilo poklonjeno mnogo više pažnje.

I tako je prvi reaktor za proizvodnju električne energije bio baš brzooplodni reaktor. 20. decembra 1951. u Nacionalnoj stanici za testiranje reaktora u Ajdahu, eksperimentalni oplodni reaktor 1 (EOR-1)je uspeo da proizvede dovoljno elektrike da začkilje četiri sijalice od 25 vati. Prvi pravi energetski reaktori, zasnovani na principu brze regeneracije, bili su britanski Daunrej brzi reaktor u Ketnesu, na obali severne Škotske, eksperimentalni oplodni reaktor 2 (EOR-2) u Nacionalnoj stanici za testiranje reaktora, u Ajdahu, i Detroit Edison Enriko Fermi 1 reaktor kod Detroita, u Mičigenu. Daunrej brzi reaktor počeo je da radi 1959, a EOR-2 četiri godine kasnije. Međutim, Detroit Edison reaktor, koji je trebalo da bude prototip razvijenih komercijalnih brzooplodnih reaktora, prošao je kroz neviđene muke, uključujući havariju koja umalo nije dovela do evakuacije Detroita (vidi poglavlje 5). Od tada je stavljen pod bravu.

Novo pokolenje prototipskih brzih regenerativnih energetskih reaktora pojavilo se sredinom 70-ih, uključujući sovjetski BN-350 reaktor kod Ševčenka, na Kaspijskom moru, francuski 250 MWe reaktor Feniks kod Markula i britanski 250 MWe prototipski brzi reaktor (PBR), u Daunreju, koji su svi postali kritični između novembra 1972. i februara 1974. godine. Postrojenje za testiranje brzog protoka (PTBP) u Hanfordu, SAD, počela je da radi tek 1981. posle mnogo godina odlaganja; a status prototipske energetske centrale koja je dugo planirana da se podigne na reci Klinč, u državi Tenesiju, ostao je problematičan. Još veće centrale sa brzom regeneracijom su: BN-600 u Sovjetskom Savezu koja je otvorena 1980. i 1.200 MWe Super-Feniks, u Krej-Malvilu, koja je trebalo da počne s radom 1984.

Osnovna teškoća s kojom je suočen konstruktor brzog regenerativnog reaktora je ta što je potrebno 400 puta više brzih neutrona od toplotnih da bi se izazvala fisija. Prema tome, neophodno je stvoriti mnogo veću gustinu neutrona. Nadalje, tek izbačeni neutroni moraju da izbegavaju sudare (koji bi ih usporili) pre nego što udare druga fisiona jezgra. Otuda, jezgro brzog regenerativnog reaktora mora biti mnogo kompaktnije od bilo kog drugog dosad opisanog. Ne samo što ono ne sadrži moderator: ono ima u sebi minimalnu količinu ostalog strukturnog materijala i samo onoliko rashlađivača koliko je dovoljno da bi se odvela proizvedena neverovatno žestoka toplota. Taj tehnološki izazov bio je jedan od najvećih sa kojima se čovek ikada susreo.

Opšti raspored kod brzooplodnog reaktora je kompaktno jezgro koncentrovanog fisionog materijala, okruženog oblogom od plodnog materijala koji hvata neutrone što zasipaju iz jezgra (vidi sliku 8, i tabelu u ovom odeljku). Rešenje koje se sada najviše prihvata, a na kome su zasnovani svi gorepomenuti brzooplodni reaktori, upotrebljava istopljeni metal (obično natrijum) kao rashlađivač. (Daunrej brzi reaktor koristio je leguru natrijuma i kalijuma, poznatu kao „nik", koja se topi na sobnoj temperaturi.) Takav „brzooplodni reaktor sa tečnim metalom" (BORTM) sigurno nije jedino moguće rešenje; BOR sa gasnim hlađenjem je takođe moguć i ima svoje zagovornike. Tečni metal kao rashlađivač ima očigledne prednosti. Tečni natrijum, budući da je metal, ima visoku toplotnu provodljivost; čak i ako ne protiče kroz jezgro BOR, u stanju je da odvede veliki deo toplote. Zatim, s obzirom na to da ključa na temperaturi od 990°C, on ne mora da se sabija, što znatno olakšava jedan važan inženjerijski problem.

S druge strane, natrijum ima i svoje nedostatke. Kao što to zna svaki srednjoškolac, natrijum burno reaguje sa vodom; kao i sa mnogim drugim supstancama. Prema tome, iako natrijum kao rashlađivač nije sabijen, njegove izložene površine u kolu BORTM pokrivene su inertnim gasom, kao što je argon — koji može da se pomeša sa tečnim natrijumom i dovede do stvaranja neželjenih mehurića. Za razliku od gasova ili vode (lake ili teške), natrijum ne propušta svetlost, što izuzetno otežava ispitivanje unutrašnjosti reaktora. Temperatura natrijumskog rashlađivača, naravno, ne sme da padne ispod 97,5°C, inače će se stvrdnuti.

Natrijum uglavnom ne apsorbuje brze neutrone — a kad bi to činio, ne bi mogao biti upotrebljen u jezgru brzih neutrona. Ako do toga ipak dođe, on postaje natrijum-24, koji je vrlo snažan gama-odašiljač. Posledica ovoga je da primarni natrijumski rashlađivač mora biti potpuno zatvoren unutar biološkog zaštitnika jezgra reaktora. Ovo čini neophodnim drugo natrijumsko kolo sa toplotnim izmenjivačem unutar biološkog zaštitnika — zaštićeno od neutrona — koje skuplja toplotu iz primarnog radioaktivnog natrijuma i izvodi je napolje, kroz zaštitnik, do drugog toplotnog izmenjivača u kome se stvara para. Parni generatori u kojima su istopljeni natrijum i voda razdvojeni samo tankim zidovima cevi, moraju biti izgrađeni u skladu s najstrožim standardima. Parni generatori su se pokazali kao jedna od najslabijih tačaka BORTM.

BOR sa najdužim radnim vekom u svetu bio je onaj u Daunreju, u Velikoj Britaniji, čiji je eksperimentalni program zaključen 1981, kada je on konačno zatvoren. Njegovo jezgro bilo je visoko samo 53 santimetra, šestougaonog oblika, sa širinom stranica od 52 santimetra; taman toliko da čovek može da ga zagrli — mada to ne bi bilo nimalo preporučljivo. Njegova maksimalna proizvodnja energije bila je 60 MWt, što je davalo 14 MWe. Tih 60 MWt bilo je proizvođeno, obratite pažnju na ovo, u jezgru čija je zapremina bila samo 110 litara — energetska gustina od preko 500 kilovata po litru — više nego 100 puta veća od one u jezgru Magnoksa. Ali, brzi reaktor u Daunreju, iako je proizvodio nominalnu količinu električne energije, bio je prevashodno namenjen istraživačkom radu na razvoju goriva za BOR i druge tehnologije. Od samog početka bilo je jasno da upotreba

Tabela: Tipični reaktori

Tip	Magnoks reaktor	Usavršeni gasom-hlađeni reaktor (UGR)	Reaktor sa vodom pod pritiskom (RVP)
Ime reaktora	Dandženes A (VB)	Hinkli Point B (VB)	Zajon 1 (SAD)
Proizvodnja toplote	840 MWt	1494 MWt	3250 MWt
Proizvodnja el. energije	275 MWe	621 MWe	1050 MWe
Efikasnost	32,7%	41,6%	32,3%
Gorivo	Šipke od prirodnog uranijuma u metalnom stanju obložene legurom „Magnoks"	Uranijum-oksid, obogaćen 2%, obložen nerđajućim čelikom	Uranijum-oksid, obogaćen 3%, obložen cirkonijumom
Težina goriva	304 tone	113,7 tona	99 tona
Stepen iskorišćenja	92.400 MW-časova po toni	432.000 MW-časova po toni	523.200 MW-časova po toni
Moderator	grafit	grafit	voda („laka" voda)
Dimenzije jezgra	13,8 m u prečniku 7,4 m visine	11 m u prečniku 9 m visine	3,35 m u prečniku 3,6 m visine
Maksimalna gustina energije	1,1 KW/lit	4,5 KW/lit	102 KW/lit
Rashlađivač	ugljen-dioksid	ugljen-dioksid	voda („laka" voda)
Pritisak rashlađivača	19 atm	40 atm	150 atm
Ispusna temperatura rashlađivača	245°C	634°C	318°C
Posuda	zavareni čelik, debljina 102 mm	prednapregnuti beton, debljina 5 m	zavareni čelik, debljina 203 mm
Zamena goriva	pri radu	pri radu	uz gašenje
Primedbe	Mala gustina energije i grafitne mase dovode do sporog rasta temperature pri neodgovarajućim uslovima. Glavne opasnosti su niska tačka topljenja i paljenja Magnoksa, ukoliko vazduh uđe kroz procep u rashladnom kolu.	Mala gustina energije i grafitne mase dovode do sporog rasta temperature pri neodgovarajućim uslovima. Čitavo primarno rashladno kolo zatvoreno je u posudi, a oksidno gorivo u nerđajućem čeliku ima široku sigurnosnu granicu iznad radne temperature a ispod temperature topljenja.	Vrlo visoka gustina energije. Gubitak pritiska rashlađivača podrazumeva gubitak moderatora — preki da reakciju fisije ali gub toplotni odvod. Neodgovarajući uslovi mogu da dovedu do vrlo brzog porasta temperature, čak do temperature topljenja oksidnog goriva. Čelična posuda od zavarenih profila zahteva visoko kvalitetnu izradu, zbog veoma visokog radnog pritiska.

Reaktor sa ključalom vodom (RKV)	KANDU reaktor	Brzooplodni reaktor sa tečnim metalom (BORTM)
Braunz Feri 1 (SAD) 3293 MWt	Pikering 1 (Kanada) 1744 MWt	Feniks (Francuska) 563 MWt
1065 MWe	508 MWe	233 MWe
32,3% Uranijum-oksid, obogaćen 2,2%, obložen cirk legurom 169 tona 456.000 MW-časova po toni voda („laka" voda) 4,8 m u prečniku 3,7 m visine	29,4% Prirodni uranijum-oksid obložen cirk legurom 92,6 tona 168.000 MW-časova po toni teška voda 6,4 m u prečniku 5,9 m dužine	41,4% Mešani oksidi uranijuma i plutonijuma, s efektivnim obogaćenjem 20—27%, obloženo nerdajućim čelikom 4,3 tone 2.400.000 MW-časova po toni nema 1,4 m u prečniku 0,85 visine
49 KW/lit	16,2 KW/lit	646 KW/lit
voda („laka" voda) 68 atm	teška voda 85 atm	tečni natrijum 1 atm
285°C	293°C	562°C
zavareni čelik debljina 159 mm	cevi od cirk legure pod pritiskom, prečnika 10 cm, debljine 5 mm pri radu	cilindrična posuda od nerdajućeg čelika, prečnika 12 m, visine 12 m
uz gašenje		uz gašenje

Vrlo visoka gustina energije. Gubitak pritiska rashladivača podrazumeva gubitak moderatora — prekida reakciju fisije, ali gubi toplotni odvod. Neodgovarajući uslovi mogu da dovedu do vrlo brzog porasta temperature, čak do temperature topljenja oksidnog goriva. Čelična posuda od zavarenih profila zahteva visoko kvalitetnu izradu, zbog veoma visokog radnog pritiska.

Prilično niska gustina energije, i hladan moderator u odvojenom sistemu, znače spor porast temperature pri neodgovarajućim uslovima. Izrada cevi pod pritiskom znači manju verovatnoću širenja smetnji iz jedne cevi u druge. Izrada sistema pod pritiskom podrazumeva jednostavnu konfiguraciju od one kod velike posude pod pritiskom, bez obzira na visok pritisak rashladivača.

Gustina energije 10—100 puta veća nego kod „toplotnih" reaktora, ali toplotna provodljivost natrijuma obezbeđuje hlađenje čak i ako kruženje natrijuma otkaže. Sistem pri atmosferskom pritisku, tako da nema problema sa dekompresijom. Gorivo je koncentrovani fisioni materijal — za razliku od onog u toplotnim reaktorima. Promena geometrije — ako je protok rashladivača prekinut — može dovesti do povećane brzine reakcije fisije, čak i do veoma naglog povećanja. Gorivo, takođe, predstavlja problem u pogledu sigurnosti zbog moguće zloupotrebe plutonijuma.

79

goriva od uranijuma u metalnom stanju, u brzom reaktoru u Daunreju, neće omogućiti temperature dovoljno visoke da bi se postigla željena efikasnost u proizvodnji električne energije. Otuda, prototipski brzi reaktor (PBR) od 250 MWe koristi oksidno gorivo sa višom tačkom topljenja. PBR ne koristi samo uranijum-oksid, već smešu oksida uranijuma i plutonijuma. U ovom slučaju u pitanju je samo prirodni uranijum; „osiromašeni" uranijum je još bolji kada je pomešan sa dovoljno plutonijuma da bi obezbedio potrebni fisioni materijal. „Osiromašeni" uranijum je uranijum iz koga je odstranjen deo uranijuma-235 u cilju dobijanja obogaćenog uranijuma (vidi odeljak: Obogaćivanje uranijuma). Niska toplotna provodljivost ove smeše oksida zahteva da pojedinačni gorivni štapini od nerđajućeg čelika budu veoma tanki da bi sprečili da unutrašnja temperatura dostigne nepoželjni nivo. Prečnik gorivnog štapina PBR je manji od 6 milimetara. U jezgru reaktora nalazi se 4,1 tona mešanih oksida i 1,1 tona oksida plutonijuma-239.

Obloga jezgra je zatvorena u rezervoaru ispunjenom istopljenim natrijumom, čiji je vrh otvoren, i koji je smešten u mnogo većem sudu, takođe ispunjenom istopljenim natrijumom. Natrijum izbija iz gornjeg dela skupina goriva i obloge i teče kroz posredne izmenjivače toplote, predajući svoju toplotu sekundarnom natrijumu, koji nije radioaktivan. Tri primarne pumpe za natrijum mešaju ga u prvom rezervoaru. Sekundarna kola odvode toplotu kroz zaštitnik do parnih generatora. Ispod nivoa natrijuma u primarnom rezervoaru nema nikakvih cevi ili nekih drugih propusta, što smanjuje mogućnost gubljenja primarnog rashlađivača. Iznad jezgra, u krovu reaktora, nalazi se „rotacioni zaštitnik", sa čijeg se dna spušta uređaj za zamenu goriva.

PBR, kao i ostali BORTM iste generacije je, bar delimično, eksperimentalno postrojenje, čija je svrha da se uspostave kriterijumi za komercijalne brze reaktore. Jedan od ovih kriterijuma je i brzina oplođenja koja se može postići. Uobičajena mera za ovu važnu osobinu radnog učinka je tzv. „vreme udvajanja": vreme koje je potrebno oplodnom reaktoru da udvostruči količinu fisionog materijala koji je povezan sa njegovim radom. Zalihe fisionog materijala sastoje se od goriva u reaktorskom jezgru, ozračenih gorivnih elemenata u rashladnom bazenu, goriva koje odlazi u postrojenje za ponovnu obradu, goriva koje je već u njemu, goriva koje odlazi u pogon za proizvodnju, onoga koje je već u pogonu za proizvodnju i goriva koje se vraća u reaktor i čeka da bude ubačeno u jezgro. Ceo ovaj skup fisionog materijala van jezgra predstavlja „inventar" koji se koristi za BOR. Po pravilu, pored fisionog materijala u reaktoru, njega ima još tri do četiri puta više van reaktora, u drugim fazama gorivnog ciklusa. Na primer, u slučaju reaktora veličine PBR, ova količina može da iznosi 4—5 tona plutonijuma.

Oplodni dobitak predstavljaju dodatnu količinu plutonijuma koji nastane za vreme dok se gorivno punjenje nalazi u BOR. Što je manji oplodni dobitak, veći je broj ciklusa neophodnih da bi se udvostručila ukupna količina plutonijuma. U skladu s tim, postoje dva različita načina da se vreme njegovog udvajanja skrati. Oplodni dobitak se može povećati, ili se vreme datog ciklusa može skratiti. Povećanje oplodnog dobitka u reaktoru, u suštini, znači izložiti gorivo u njemu jačem bombardovanju neutronima; a to pretpostavlja smanjivanje rastojanja između gorivnih štapina i znatno veću brzinu odvođenja toplote, što su dva zahteva koji su u međusobnoj suprotnosti. Jedini delovi gorivnog ciklusa koji se mogu skratiti su oni koji se odvijaju van reaktora. Direktan korak da se on skrati je da gorivo provede neko vreme u rashladnom bazenu. Na žalost, skraćivanje ovog boravka u bazenu — na samo tridesetak dana, kao što se predlaže — zahteva prenošenje ozračenog goriva koje je i dalje izuzetno radioaktivno, i sve ostalo što to podrazumeva.

Vreme udvajanja kod sadašnje generacije BOR sigurno nije manje od dvadeset godina, a postoje i mišljenja da to traje i mnogo duže. Konstruktori BOR teže da vreme udvajanja skrate na deset godina; ali neophodni inženjering i potrebne mere sigurnosti mogu delovati obeshrabrujuće.

3. NUKLEARNI GORIVNI CIKLUS

Nema sumnje da se najčudesnije stvari koje se događaju u reaktorskom gorivu odvijaju u jezgru reaktora. Ali dobar deo toga se dešava i van reaktora, pre i posle boravka goriva u jezgru reaktora. Odiseja gorivnog materijala, počevši od njegovog prebivališta u Zemljinoj kori, nastavlja se u postrojenju za pripremu, eventualno u pogonu za obogaćenje i postrojenju za proizvodnju goriva. Posle toga sledi njegovo polaganje u reaktor. Kad se jednom nađe u reaktoru, ono tu provodi izvesno vreme, a posle toga može se dogoditi da ode u skladište ili u još jedno specijalno postrojenje koje se naziva pogon za regeneraciju. Nešto od ovog materijala, posle ovoga, završava na konačnom odmorištu, dok se ostatak vraća u reaktor i počinje ponovni život. Čitav ovaj niz procesa, zajedno sa transportom koji ih povezuje, naziva se nuklearni gorivni ciklus. U praksi on nije preterano cikličan, ali postoji mogućnost da to bude, pod uslovom da se reše izvesni problemi, kako tehničke, tako i druge prirode. Trenutna politika nuklearne industrije je, opšte uzevši, usmerena u tom pravcu. Bio on cikličan ili ne, nuklearni gorivni ciklus van reaktora podstiče neka od najkontroverznijih pitanja nuklearne tehnologije. Na stranama koje slede razmotrićemo gorivni ciklus i neke probleme u vezi s njim.

PROIZVODNJA URANIJUMA

Uranijum se nalazi u prirodi u kvarcnom šljunku konglomeratnih stena, u žilama i, u manjoj meri, u drugim vrstama naslaga. Postoje znatne rezerve uranijuma u SAD, Kanadi, Južnoj Africi, Australiji, Francuskoj itd. Visokokvalitetna ruda sadrži do četiri procenta uranijuma; ali poznate rezerve ovakvog kvaliteta su u velikoj meri iscrpene, a ruda koja se sada prerađuje je deset i više puta siromašnija. Čak se i siromašnija ruda — koja sadrži samo 0,01 procenat i manje uranijuma — već predviđa za korišćenje.

Naslage rude uranijuma se otkrivaju različitim metodama. Narodska predstava o tragaču za uranijumom sa Gajgerovim brojačem u rukama, koji se pentra uz brdo osluškujući otkucaje, daleko je od savremenog načina traganja. Sve počinje u vazduhu, traganjem za neuobičajenim znacima radioaktivnosti koja predstavlja proizvod raspadanja tzv. „kćeri uranijuma". Instrumenti koji se nalaze u vazduhu tragaju za gama-zracima i drugim znacima radioaktivnosti. Više dokaza može se skupiti na tlu, proučavanjem odgovarajućih geoloških formacija, hemijskim testiranjem uzoraka i, konačno, bušenjem.

Uranijumova ruda se vadi iz zemlje površinskim ili dubinskim kopom. Sirova ruda se ubacuje u niz drobilica koje je melju sve dok ne postane nalik na fini pesak. Hemijski rastvarači onda izdvajaju uranijum, koji se iz tog procesa pojavljuje kao smeša uranijum-oksida sa hemijskom formulom U_3O_8. Ova oksidna smeša koja se obično naziva „žuti kolač", predstavlja sirovinu za sve naredne procese koji, konačno, dovode do reaktorskog jezgra i lančane reakcije. Žuti kolač, po težini, sadrži 85 procenata uranijuma. Pored žutog kolača, nakon ekstrakcije ostaje i rezidualni pesak čija je težina stotinak puta veća od težine žutog kolača. To je jalovina koja sadrži radijum. Po toni rude, takođe, preostaje preko 3.700 litara tečnog otpada koji je hemijski toksičan i radioaktivan. Rudnik uranijuma zajedno s drobilicama može da proizvede preko 1.000 tona uranijuma godišnje, od barem 250.000 tona rude.

Ceo proces proizvodnje uranijuma obiluje opasnostima. Na prvu od njih se nailazi u kontaktu sa samom rudom, in situ, i kasnije. Kad uranijum-238 prođe kroz alfa-raspadanje on proizvodi niz daljih alfa-odašiljača, uključujući radijum-226 i njegovog direktnog potomka, hemijski inertan, ali radioaktivan gas radon-222. Svaka naslaga uranijuma koja je ostala jedno vreme neuznemiravana, kao što je slučaj sa geološkim naslagama, stoga oslobađa ovaj radioaktivni gas. Kad se naslaga uranijumove rude otvori, izbijanje radona je olakšano. Radon-222 je alfa-odašiljač, sa poluživotom kraćim od če-

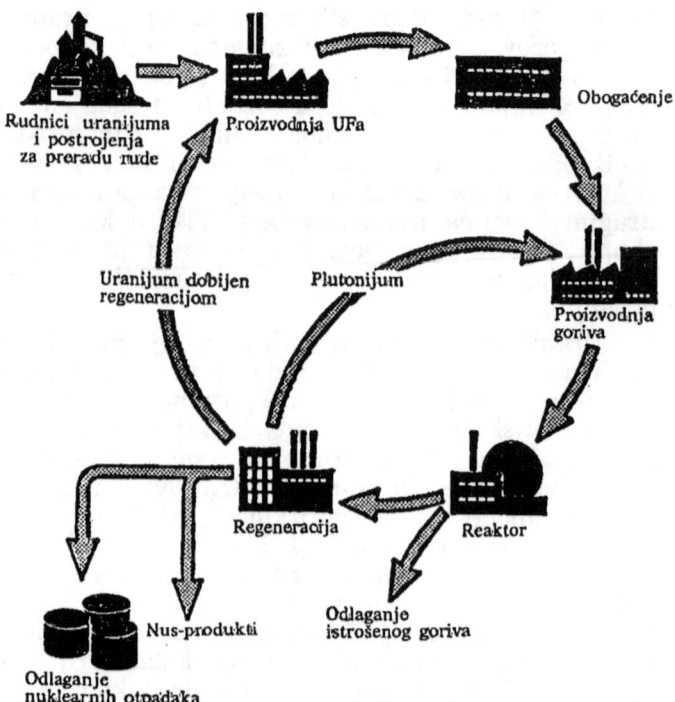

Slika 9: Nuklearni gorivni ciklus

tiri dana, i proizvodi sopstvene radioaktivne potomke. Ovi potomci radona su u čvrstom stanju. Kad jezgro radona-222 emituje u vazduhu alfa-česticu, jezgro koje nastaje je polonijum-218. Budući da ima električni naboj, on prianja uz bilo koju česticu prašine. Prema tome, vazduh koji sadrži radon, sadrži i čestice prašine opterećene izuzetno radioaktivnim potomcima radona. Pokazalo se da su rudari koji su udisali takav vazduh bili izuzetno podložni raku pluća.

Prvi dokaz o ovakvom dejstvu radona dat je 1930. posle medicinskog ispitivanja rudara iz Joakimstala u Nemačkoj. Slične posledice iskusili su rudari koji su radili u jugozapadnom delu SAD, posle drugog svetskog rata. Krivica za smrt preko sto američkih rudara od raka pluća, bačena je na neodgovarajuću ventilaciju i nedovoljno ulaganje u mere bezbednosti. Zdravstvena služba SAD je procenila krajem 60-ih godina da će od nekih 6.000 ljudi koji su radili u rudnicima uranijuma u vreme njegovog buma — tokom 50-ih godina — umreti njih 600—1.100 od raka pluća, zbog izlaganja radijaciji. U Kanadi, Kraljevska komisija za zdravlje i bezbednost rudara je 1976. posvetila čitavo poglavlje svog obimnog izveštaja raku pluća i jonizujućoj radijaciji u rudnicima uranijuma, i dala dvadeset i tri suštinska predloga za poželjna poboljšanja.

Jalovina iz rudnika uranijuma, takođe, predstavlja problem. Vojna trka za uranijumom u SAD dovela je do nagomilavanja ogromnih količina jalovine; procenjuje se da je ima oko 90 miliona tona, od čega je veliki deo ostavljen na obalama reka u jugozapadnom delu SAD. Radioaktivno zagađenje voda, koje je usledilo, izazvalo je ozbiljan problem; u jednom trenutku stanovnici u donjem delu sliva Kolorada bili su izloženi — putem pijaće vode — trostrukoj maksimalno dozvoljenoj dozi radijuma po standardima Međunarodne komisije za radiološku zaštitu (ICRP). Radijum je radionukleid koji prodire u kosti i opasniji je čak i od stroncijuma-90 (vidi: Dodatak B). I kanadska jalovina, isto tako, izaziva zabrinutost — Kraljevska komisija za planiranje razvoja električne energije zaključila je 1978. da jalovina iz rudnika uranijuma može biti najozbiljniji dugotrajni problem od svih ostalih u vezi sa radioaktivnim otpacima. Suva jalovina se i dalje raznosi vetrom po mnogim nastanjenim delovima jugozapadnog dela SAD. Gomile jalovine ostaju opasno radioaktivne čak i nakon desetina hiljada godina.

Šezdesetih godina je otkriveno da je peščana jalovina bila upotrebljavana kao podloga temelja mnogih zgrada, u velikom broju zajednica, naročito u gradu Grend Džankšnu, u Koloradu: u pitanju su bile stambene zgrade, škole i bolnice. Radon koji izbija iz tih zgrada u okolni vazduh sada izlaže lokalno stanovništvo potpuno istom stepenu zračenja potomaka radona, koje je dovelo do smrti hiljada rudara, od Joahimstala do Grend Džankšna, od raka pluća. Vlada se ponudila da rekonstruiše te radioaktivne zgrade, ali veliki broj stanovnika je više voleo da se o tome ćuti, jer bi to oborilo vrednost nekretnina.

OBOGAĆIVANJE URANIJUMA

Kao što je naznačeno u prvom poglavlju, jezgra fisionog uranijuma-235 u prirodnom uranijumu — sedam od ukupno hiljadu jezgara — moraju da se razblaže da bi pomogla lančanoj reakciji. Njihovo dejstvo može da se poveća tako što se uranijumsko gorivo razmesti u moderatoru da bi se povećala ekonomičnost neutrona, kao što je već bilo opisano u odeljku o moderatorima. Pored toga, moguće je i na drugi način povećati proporciju jezgara uranijuma-235 u materijalu. Taj proces se zove „obogaćivanje uranijuma". I zaista, za pravljenje oružja, moguće je, a često i neophodno, imati uranijum koji se skoro isključivo sastoji od izotopa 235. U ovakvim slučajevima, upotrebljeni uranijum sastoji se od najmanje 90 procenata uranijuma-235.

Međutim, postići takvu koncentraciju izotopa 235, nije nimalo lako. Hemijski to je vrlo teško. Sa hemijske tačke gledišta, uranijum-235 i uranijum-238 su praktično istovetni. Samo njihova tanana razlika u masi — tri jedinice prema 235 — može biti upotrebljena kao osnova za razdvajanje. Ima nekoliko fizičkih fenomena u kojima ova mala razlika u masi dovodi do merljivih razlika u ponašanju između ova dva izotopa. Od ovih fenomena najveće interesovanje je najpre pobudila brzina difuzije kroz tanku poroznu membranu. Lakši, uranijum-235 nešto većom brzinom prodire kroz membranu. Ovaj fenomen predstavlja osnovu za možda najveće industrijske institucije na svetu, postrojenja za gasnu difuziju. Postoje tri ovakva postrojenja u SAD, jedno u Velikoj Britaniji, koje je sada zatvoreno, dva u Francuskoj, dva u Sovjetskom Savezu i najmanje jedno u Kini.

Podaci o tehnologiji gasne difuzije su — s obzirom na to da se koriste u vojne svrhe — još uvek u velikoj meri tajna. Osnova postrojenja za gasnu difuziju je veoma jednostavna: ćelija sa metalnim zidovima i tankom membranom od poroznog metala koja deli ćeliju na dva dela. (Proizvodnja takvih membrana koje mogu da podnesu bočni pritisak i hemijsku koroziju, a da i dalje predstavljaju selektivnu difuznu barijeru je oblast o kojoj se još uvek mnogo ne zna u javnosti.) Da bi se iskoristile različite brzine prodiranja dva izotopa uranijuma, neophodno je pretvoriti prvobitni žuti kolač, čvršći uranijum-oksid, u uranijum-heksafluorid, UF_6. Ovo jedinjenje kratko nazvano ,,heks" je najprostije jedinjenje uranijuma koje može lako da isparava. Pored toga, fluor ima samo jedan stabilni izotop, tako da različite brzine difuzije molekula heksa zavise samo od razlike između izotopa uranijuma. Mora se dodati da je heks krajnje korozivan, reaktivan gas, koji zahteva pažljivo rukovanje i visok metalurški kvalitet posuda kroz koje se kreće.

Pod kontrolisanim pritiskom, heks se pušta u jednu od komora ćelija za difuziju. Heks prolazi kroz membranu u drugu komoru. Lakši izotop 235 prodire nešto brže od težeg izotopa 238. U datoj ćeliji koncentracija izotopa 235 može biti povećana, ali samo za jedan hiljaditi deo. Otuda ovaj proces mora biti ponovljen hiljadu puta. Primenjuje se kaskadni postupak: gas iz komore pod visokim pritiskom, nešto siromašniji uranijumom-235 pumpanjem se vraća u prethodne ćelije, dok se gas iz komore pod niskim pritiskom, nešto bogatiji uranijumom-235, pumpa dalje u sledeće ćelije. Na ovaj način, upotrebom hiljada pumpi i gasnih rashlađivača, moguće je povećati proporciju izotopa 235 na više od 99 procenata. Kako pumpanje zagreva gasoviti heks, postrojenje mora da sadrži i veliki rashladni sistem.

Uranijum u kome se smanjila količina jezgara 235, zove se, kao što je ranije pomenuto, osiromašeni uranijum. Faktor koji utiče na učinak postrojenja za gasnu difuziju je „repna faza" — nivo pri kome je procenat izotopa 235 toliko nizak da se više ne isplati i dalje ga dobijati iz heksa. Ova repna faza obično je negde između 0,2 i 0,3 procenta izotopa 235, u odnosu na 0,7 procenata u prirodnom uranijumu. Ako se osiromašeni heks odstrani iz postrojenja, dok još uvek sadrži 0,3 procenta uranijuma-235, biće potrebno da se doda još žutog kolača da bi se proizvela potrebna količina uranijuma obogaćenog do određenog nivoa. S druge strane, ako osiromašeni heks nije odstranjen pre nego što njegova repna faza padne na 0,2 procenta uranijuma-235, jedan deo postrojenja radi sa vrlo osiromašenim heksom iz koga je još teže dobiti upotrebljivu količinu obogaćenog uranijuma.

U početnim fazama obogaćivanja ćelije za difuziju moraju biti srazmerno velike. Jezgra željenog uranijuma-235 praćena su prilično velikim oblakom njegovog saputnika, uranijuma-238. Kako se proporcija obogaćenog uranijuma povećava, tako se ukupna masa heksa, koja mora proći kroz niz uzastopnih ćelija, smanjuje. Ćelije koje se nalaze pri kraju ovog niza, u kojima je obogaćenje najveće, srazmerno su male. U njima se nalazi samo uranijum-235 sa nekoliko zalutalih atoma uranijuma-238. Iz ovog razloga, početne faze obogaćivanja od 3—4 procenta uranijuma-235, zahtevaju isto onoliko pumpanja kao i sve ostale faze zajedno. Napor uložen u proces obogaćivanja meri se jedinicama „separativnog rada"; propusna sposobnost postrojenja meri se jedinicama „separativnog rada godina". Separativni rad je labavo povezan sa ukupnom energijom potrebnom da se obavi određena operacija — energija neophodna za pogon pumpi i sl. Opšte uzev, ista količina separativnog rada će obogatiti srazmerno veliku količinu heksa za nekoliko procenata, kao i srazmerno malu količinu heksa za devedeset i više procenata.

Sva postrojenja za gasnu difuziju iz prve generacije izgrađena su pod pokroviteljstvom vojske. Njihove energetske potrebe su zastrašujuće; postrojenju u Ouk Ridžu, pri punom radu, potrebno je 2.000 megavata električne energije — dovoljno da se zadovolje potrebe povećeg grada. (Energija za postrojenja u Ouk Ridžu se u najvećoj meri dobija iz centrala na fosilno gorivo, koje se dobija iz površinskih kopova — koje li ironije.) Postrojenje za gasnu difuziju, u skladu sa prethodnim, zauzima impresivnu površinu, čak do pola kvadratnog kilometra. Međutim, usled razlika između krajeva postrojenja sa visokim i niskim obogaćenjem, takva postrojenja nije lako prilagoditi da proizvode gorivo za energetske reaktore umesto uranijuma-235, koji se koristi isključivo za naoružanje. Heterogeni nuklearni reaktori kod kojih je obična voda istovremeno moderator i prenosnik toplote i UGR koriste gorivo koje je obogaćeno samo 2—4 procenta. I, mada su postrojenja za gasnu difuziju prve generacije teoretski u stanju da služe sadašnjim energetskim reaktorima, sada pažnju privlače nova rešenja.

Francuska je u saradnji sa još nekoliko zemalja, sagradila veliko postrojenje za difuziju u Trikastinu, u okviru zajedničkog projekta Eurodif, koje je bilo izgrađeno isključivo za proizvodnju reaktorskog goriva i razlikovalo se od vojnog postrojenja u Pjerlatu. Francuska je planirala još jedno postrojenje za difuziju koje je trebalo da obogaćuje uran za strane klijente. Međutim, ovaj konzorcijum pod imenom Coredif doživeo je neuspeh zbog pada iranskog šaha, čija je vlada učestvovala sa 20 procenata u ukupnom ulaganju za ovaj projekat. Finansijske nesuglasice koje su usledile ostale su i dalje nerešene.

U međuvremenu, jedna alternativna tehnologija obogaćivanja dala je svoj doprinos današnjem nuklearnom gorivnom ciklusu. Slično procesu gasne difuzije, ovom rešenju je potrebno na hiljade kaskada. Stepeni kaskada se ovde sastoje od gasnih centrifuga. Kad uranijum-heksafluorid uđe u centrifugu, heks molekuli uranijuma-238 teže da odu ka periferiji centrifugalne komore, ostavljajući lakše heks-molekule uranijuma-235 bliže osovini komore. Lakši, malo obogaćeni heks odvodi se cevima do narednih centrifuga, a teži, malo osiromašeni heks se vraća — baš kao u kaskadama postrojenja za difuziju. Tvrdi se da centrifugalni metod troši samo deseti deo energije potrebne za difuziju, što je njegova velika prednost. Sporazum sklopljen u Almelu 1970. godine između Britanije, Zapadne Nemačke i Holandije, doveo je do stvaranja dva tripartitna konzorcijuma, u kojima je svaka od ovih zemalja učestvovala sa po jednom trećinom: URENCO, za prodaju usluga obogaćivanja uranijuma, CENTEC, za proizvodnju stotine hiljada potrebnih centrifuga. Postrojenja URENCO za centrifugalno obogaćivanje uranijuma u Kejpenherstu u Engleskoj, i u Almelu, u Holandiji, obavila su svoje prve separativne radove krajem 70-ih. Oba postrojenja su nastavila da se šire, u skladu sa zahtevima novih ugovora. Planira se i treće postrojenje u Gronauu, u SR Nemačkoj.

Razvijaju se i neke druge metode. Jedna se zasniva na skretanju gasa koji prska iz mlaznice: lakši heks-molekuli uranijuma-235 lakše skreću. Malo prototipsko postrojenje ove vrste izgrađeno je u SR Nemačkoj, a jedno veće, zasnovano na istom principu, radi u velikoj tajnosti u Valindabiju, u Južnoj Africi. Nema sumnje, najegzotičniji metod za separaciju izotopa zasnovan je na upotrebi lasera. Laser se može tako precizno podesiti da jonizuje atome uranijuma-235 ili heks-molekule, a da ne jonizuje atome uranijuma-238 ili odgovarajući heks. Tu je neophodno, na neki način, delovati električnim nabojem na jonizovane atome ili molekule da bi se atomi ili molekuli uranijuma-235 izdvojili iz oblaka. Obimni istraživački programi odvijaju se u laboratorijama za nuklearno oružje u Los Alamosu, u SAD, u Harvelu, u Britaniji, i moguće Izraelu, i drugde. Veo tajanstvenosti koji obavija lasersko obogaćivanje sličan je onom koji je sakrivao projekat Menhetn. Ali, neodređeni izveštaji ukazuju na to da je ova tehnologija potpuno ostvarljiva. Ova tajnovitost je sasvim razumljiva: za razliku od već pomenutih tehnologija, lasersko obogaćivanje uranijuma u jednom jedinom koraku je najverovatnije u stanju da potpuno izdvoji fisioni uranijum-235 od ne-fisionog uranijuma-238, i moglo bi da predstavlja alarmantno kratak put do neklearnog materijala za naoružanje, čak neposredno iz rude.

PROIZVODNJA TEŠKE VODE

Izotopi uranijuma nisu jedini koje je potrebno razdvajati u nuklearne svrhe. Na jednom kraju tabele elemenata nalaze se izotopi vodonika — od kojih je drugi, deuterijum, najbolji moderator neutrona. Američke i kanadske konstrukcije reaktora se u ovom pogledu prilično razlikuju. Dok Amerikanci obogaćuju gorivo, a nisu probirljivi oko moderatora, Kanađani nisu probirljivi oko goriva, ali zato (da se tako izrazimo) obogaćuju moderator.

Razlika u masi između jezgra običnog vodonika i jezgra teškog vodonika ili deuterijuma je proporcionalno vrlo velika; jezgro deuterijuma ima oko dva puta veću masu od jezgra običnog vodonika. U skladu s tim, izvesne vrste hemijskih izmena mogu biti iskorišćene da odvoje teška i laka jezgra vodonika jedna od drugih. Girdlerov sulfidni proces (GS), koji je sada u velikoj upotrebi, koristi dva hemijski slična molekula: vodu i vodonik-sulfid. Prvi se sastoji od dva atoma vodonika vezana za atom kiseonika, a drugi od dva atoma vodonika vezana za atom sumpora. U smeši molekula vode i vodonik-sulfida, raspored izotopa vodonika između atoma kiseonika i atoma sumpora zavisi od temperature. Na nižim temperaturama — oko 25°C — tečna voda sadrži srazmerno više deuterijuma nego što ga sadrži pri višim temperaturama — oko 100°C. Ovakva promena ravnoteže može se iskoristiti za prebacivanje atoma deuterijuma iz jedne količine vode u drugu, uz korišćenje vodonik-sulfida kao neke vrste prenosne trake.

Prvo se voda i vodonik-sulfid pomešaju pri nižoj temperaturi, deuterijum prelazi iz vodonik-sulfida u okolnu vodu. Deo obogaćene vode se odvodi na dalje obogaćivanje. Ostatak vode se ubacuje u toranj pri višoj tem-

peraturi; deuterijum sada prelazi iz ove vode u vodonik-
-sulfid. Ovaj obogaćeni vodonik-sulfid se zatim vraća da
obogati novu vodu. Osiromašena voda se može odbaciti,
a obogaćena voda sprovesti kroz kaskade, postepeno po-
većavajući svoj sadržaj deuterijuma.

Dok se uranijum što je bogatiji sve lakše obogaćuje,
obogaćivanje vode postaje sve teže, jer reakcija izmene
između vode i vodonik-sulfida postaje neefikasna. Među-
tim, u tom stadijumu moguće je izvršiti frakcionu desti-
laciju, koristeći znatnu razliku u tački ključanja deute-
rijum-oksida — oko 101,4°C — da bi isparilo veći deo pre-
ostale obične vode. Elektrolizom se ovo može prečisti-
ti dok ne sadrži 99,75 procenata deuterijum-oksida; u
ovoj fazi, elektroliza je srazmerno jeftin i efikasan na-
čin za odstranjivanje preostalog običnog vodonika.

U svetu postoji desetak postrojenja za proizvodnju
teške vode — u SAD, Kanadi, Francuskoj, Indiji i na
drugim mestima. Rastuće interesovanje u svetu za reak-
tore s teškom vodom — i visoka efikasnost tih reakto-
ra u proizvodnji plutonijuma — najverovatnije će odr-
žati sadašnji nivo proizvodnje koji iznosi oko 300 tona
deuterijum-oksida godišnje po postrojenju, pri optimal-
nim uslovima. S druge strane, očekuje se da će teška vo-
da postati nerazdvojni deo reaktorskog sistema; za raz-
liku od obogaćenog goriva, ona se ne „troši”. Kad se
reaktor jedanput opremi teškom vodom, jedino što je
potrebno od tada činiti, je nadoknaditi gubitke pri za-
meni goriva i pri neizbežnom curenju. Kako teška voda
sada košta preko 100 funti po kilogramu, tehničari se
bore da ove gubitke svedu na minimum.

PROIZVODNJA GORIVA

Proizvodnja goriva za reaktore sada predstavlja va-
žan i složen industrijski proces. U odeljku o energetskim
reaktorima sa gasnim hlađenjem (poglavlje 2), susreli
smo se sa nekim od odrednica koje utiču na gorivo i
oblogu reaktora: lakoća u otklanjanju toplote, izdržlji-
vost u slučaju oštećenja izazvanih radijacijom, hemijska
stabilnost, kao i fizičke i mehaničke osobine koje pogo-

duju ekonomičnoj proizvodnji. Još jedna dodatna potreba — u svim fazama — je postizanje i održavanje visoke čistoće materijala, da bi se u njima sprečilo prisustvo nečistoća koje apsorbuju neutrone. U skladu s ovim, pogoni za proizvodnju goriva imaju zadatak da obave potrebne industrijske procese u uslovima čistoće jednakim onima u operacionoj sali.

Među postojećim vrstama energetskih reaktora, jedini veliki reaktori koji kao gorivo koriste uranijum u metalnom stanju su britanski Magnoks reaktori i njihovi francuski srodnici. Problematičnu metalurgiju uranijuma smo već pomenuli. Bez obzira na to, uranijum se može proizvoditi uobičajenim metodama za obradu metala.

Uranijumsko gorivo u vodom hlađenim reaktorima — RVP, RKV i KANDU je u obliku uranijum-dioksida. Prah uranijum-dioksida se dobija iz rastora uranil-nitrata koji može da potiče ili iz pogona za preradu rude (iz prirodnog uranijuma), postrojenja za obogaćivanje (iz obogaćenog uranijum-heksafluorida), ili iz postrojenja za regeneraciju (vidi odeljak: Istrošeno gorivo). Metodi za proizvodnju iz praha koriste se da bi se dobili željeni oblici — na primer, kratka cilindrična sačma, opisana u poglavlju 2. Pečenje na visokim temperaturama dovodi do stvaranja stabilne, guste sačme — što gušće to bolje; visoka gustina olakšava lančanu reakciju, poboljšava, opšte uzevši, slabiju toplotnu provodljivost, a, takođe, pomaže da se zadrže gasoviti proizvodi fisije koji se nagomilavaju u gorivnom materijalu.

Ako se za metalurgiju uranijuma kaže da je problematična, metalurgija plutonijuma je bez sumnje satanska. Ovaj metal se javlja u šest različitih kristalnih stanja čije se osobine drastično menjaju sa promenama temperature; u dva od ovih stanja on se čak skuplja pri porastu temperature, umesto da se širi. Njegova toplotna provodljivost je niska, njegova tačka topljenja je niska, u kontaktu s vazduhom naglo oksidira i — kad se svemu ovome doda njegova zlokobna radioaktivnost — on predstavlja materijal sa veoma malim brojem vrlina. Naravno, pri nagloj lančanoj reakciji u fisionoj bombi, većina ovih problema se rešava skoro trenutno. Ali, kad je u pitanju kontrolisana lančana reakcija u reaktoru, stvari ne zavise od metala, već od dioksida. Njegova proizvodnja predstavlja mnogo složeniji proces od procesa dobijanja uranijuma i zahteva mnogo strožu kontrolu. Merama predostrožnosti mora da se spreči ne samo gubljenje toksičnog materijala već i nesmotreno postavljanje u nepoželjnu geometriju; za razliku od uranijuma za energetski reaktor, plutonijum sadrži uglavnom fisiona jezgra, koja mogu lako da se okupe u većem broju na način koji je potreban da bi se postigla kritičnost. Paljba neutrona i gama-zraka, do koje tada dolazi, može ozbiljno da povredi ili usmrti svakoga ko se nalazi u blizini. Ovo predstavlja posebnu opasnost u slučaju vodenih rastvora jedinjenja plutonijuma, jer tu voda deluje kao moderator. Međutim, uz odgovarajuće mere predostrožnosti, plutonijum-dioksid se može obrađivati isto kao i uranijum-dioksid; i zaista, ova dva oksida, pomešana u odgovarajućim razmerama, predstavljaju efikasni gorivni materijal.

Gorivne šipke ili gorivna sačma, pošto su napravljene, oblažu se, kao što je to opisano u odeljku u reaktorima sa gasnim hlađenjem, i onda postavljaju u skupine radi transporta do reaktora.

TRANSPORT

Jedna od glavnih prednosti koju ima proizvodnja električne energije pomoću izvora nuklearne toplote je relativno mala zapremina i masa goriva i otpadaka koji se moraju transportovati do i od centrale. Elektrani na fosilna goriva potrebne su tako velike količine uglja ili nafte da je ekonomski preporučljivo da se ona nalazi u blizini izvora goriva. Nuklearna centrala, s druge strane, zahteva jednu ili dve isporuke goriva nedeljno; pored toga, količina materijala koji odlazi iz centrale je mnogo veća od one koja stiže u centralu. Elementi svežeg goriva, minimalne radioaktivnosti, transportuju se u običnim sanducima, kao i svaki drugi teret. Ali, pošto su ozračeni, oni se moraju dobro zaštititi, tako da je za pošiljku od dve tone ozračenog goriva potrebno čelično bure od pedeset tona. Sveže reaktorsko gorivo i gorivni materijali transportuju se železnicom, putevima, vodom i vazduhom u količinama koje su svake godine sve veće, i koje se nalaze u različitim fazama gorivnog ciklusa. Pored uobičajene zaštite od niske radioaktivnosti, mora se voditi računa da sanduci ne budu suviše blizu jedni drugima jer bi inače moglo da dođe do kritičnosti fisionog materijala (vidi poglavlje: Širenje rizika i rizik širenja). Detaljna uputstva za rukovanje pružaju odgovarajuće tehničke norme.

Transport ozračenog goriva je nešto sasvim drugo. Ozračenim gorivom se mora rukovati, u svim fazama, iz daljine. Kad su u pitanju kratka putovanja, ozračeni gorivni elementi obično putuju u masivnim buradima ispunjenim vodom, koja na spoljnoj strani imaju čunkove, što omogućava rasturanje oslobođene toplote. Pri dužim putovanjima, naročito preko mora, ova burad moraju biti povezana sa rashladnim sistemom. S obzirom na to da nezgoda pri transportu ozračenog goriva može da dovede do oslobađanja opasnih doza radioaktivnosti, burad za transport moraju da prođu stroge testove, kao što je polučasovno izlaganje vatri posle pada sa visine od deset metara.

ISTROŠENO GORIVO

Jedna osobina čini nuklearnu tehnologiju drugačijom od svih ostalih. Na primer, za razliku od pepela iz termoelektrana, upotrebljeno gorivo iz nuklearne centrale sadrži i potencijalno dragoceni materijal, i izuzetno onespokojavajuće otpatke. Setite se da su prvi veliki reaktori bili izgrađeni isključivo da bi se, pod neutronskim bombardovanjem, uranijum-238 pretvarao u gorivu u plutonijum-239. Ovaj plutonijum je morao da se izdvaja iz goriva. Kad su prvi energetski reaktori, sredinom 50-ih godina, počinjali sa radom, uranijuma još uvek nije bilo dovoljno. I zato je imalo smisla da se neiskorišćeni uranijum-235, koji je preostao u gorivu, izdvaja iz njega nakon što je lančana reakcija „zatrovavana" proizvodima fisije, a druga dejstva učinila neophodnim vađenje goriva iz reaktora. I tako je postalo uobičajeno smatrati da se istrošeno gorivo iz energetskih reaktora, poput onog iz reaktora za proizvodnju plutonijuma, treba „regenerisati".

Postrojenje za regeneraciju nuklearnog goriva je hemijsko postrojenje, ali neuobičajeno. S obzirom na to da je njegov sirovinski materijal, ozračeno reaktorsko gorivo, veoma radioktivan, sve operacije se moraju obavljati putem daljinske kontrole, iza masivnog zaštitnika. Oprema koja se tu upotrebljava mora biti izuzetno pouzdana, a zahteva minimum održavanja. Čim počne sa radom, ono je kontaminirano radioaktivnošću, tako da svaki kvar iziskuje mesece, pa čak i godine, dekontaminacije pre nego što se može otkloniti. U skladu s ovim, proizvodna linija sadrži što je moguće manje mehaničkih delova, i, umesto na njih, oslanja se na gravitacioni pad i proste ventile.

Različite vrste goriva traže i različito rukovanje. Britansko postrojenje za regeneraciju u Vindskejlu je prvobitno imalo zadatak da obrađuje elemente goriva u metalnom stanju, korišćenje u proizvodnji plutonijuma i Magnoks reaktorima. Gorivo Magnoks se skladišti u rashladnom bazenu koji se nalazi pored postrojenja za regeneraciju. Kada je spremno za regeneraciju, gorivo se spušta u vodu, dok ga tehničari posmatraju preko interne televizije. Gorivo se stavlja u prvu od niza „pećina" ili „vrelih ćelija", čiji su zidovi napravljeni od dva metra debelog betona, da bi se zaustavila gama-radijacija fisionih produkata u gorivu. Kad je tako smešteno, gorivo se može posmatrati kroz posebne prozore koji su uzidani u zidove pećina. Svaki prozor liči na veliki akvarijum, napunjen rastvorom hemikalije, kao što je cink-bromid, koja praktično propušta svu vidljivu svetlost, ali izuzetno dobro apsorbuje kratke talase gama-radijacije.

Kad gorivni element Magnoks uđe u pećinu za regeneraciju, on se podiže daljinskom kontrolom i zatim spušta na mašinu koja mu odseca krajeve i skida oblo-

96

gu Magnoks tako lako kao da ljušti bananu. Kontaminirana obloga spušta se na pokretnu traku i prenosi u obližnju zgradu koja liči na avionski hangar, ali je, u stvari, masivni betonski skladišni bunker. Ogoljena gorivna šipka se ostavlja u privremeni magacin gde se potapa u bačvu sa azotnom kiselinom, koja je rastvara da bi je pripremila za regeneraciju. Azotna kiselina je pomešana sa rastvorom nekog organskog rastvarača; u Vindskejlu ovaj rastvarač ima višesložno ime koje je nezvanično skraćeno na TBP/OK. Uranijum i plutonijum se izdvajaju iz ove smeše, ostavljajući za sobom 99,96 procenata proizvoda fisije u vodenom rastvoru kiseline. Tok kiseline odnosi produkte fisije iz pogona za regeneraciju. Dalji razvoj događaja biće opisan u sledećem odeljku.

Skoro sav uranijum i plutonijum (ne baš sav — vidi odeljak: Otpaci visoke radioaktivnosti) sada se nalazi u bujici TBP/OK, koja pod uticajem gravitacije teče od jednog ka drugom delu postrojenja. Posle još jednog prolaska kroz sličnu „selektivnu ekstrakciju rastvarača", da bi se uklonili preostali produkti fisije, ova bujica se sada susreće sa još jednim vodenim rastvorom; plutonijum i uranijum se ovde razdvajaju, tako što se plutonijum vraća u vodeni rastvor, ostavljajući za sobom uranijum u TBP/OK. Na putu se odvijaju različiti hemijski manevri da bi se ostvarile ovakve promene postojanosti. Konačno, posle ponavljanja nekih koraka, uranijum se pojavljuje u jednom toku kao rastvor uranil--nitrata, a plutonijum u drugom, kao rastvor plutonijum--nitrata. Uranil-nitrat se ponovo pretvara u čvrsti uranijum-oksid i skladišti za moguću buduću upotrebu; a plutonijum-nitrat se, takođe, može ponovo pretvoriti u čvrsti oksid, ili se može zadržati u azotnom rastvoru, spreman da se od njega napravi gorivo za brze reaktore (ili oružje). Bujice koncentrovanog fisionog materijala — posebno plutonijuma — moraju teći tako da ne dođe do neželjene kritičnosti. Postrojenja za regeneraciju imaju usavršene sisteme za uzbunjivanje koji upozoravaju osoblje u slučaju da dođe do kritičnosti, koja može da bude potpuno nevidljiva, uprkos paljbi neutrona i gama-zraka.

7 Nuklearna moć

Regeneracija oksidnog goriva je teža od regeneracije goriva za Magnoks, kako zbog strukture goriva, tako i zbog toga što je istrošeno oksidno gorivo, sa svojim dužim „stepenom iskorišćenja", obično mnogo radioaktivnije od Magnoksovog goriva u metalnom stanju. Kada je pogon u Vindskejlu bio modernizovan, početkom 60-ih godina, izgradnjom postrojenja za hemijsku separaciju B 205, prvobitni pogon za regeneraciju u zgradi B 204 pretvoren je u pogon „Hed end", u kome se oksidno gorivo priprema za regeneraciju. U toku svog boravka u reaktoru, sačma oksidnog goriva nabrekne i čvrsto se zarije u svoju cevastu oblogu. Prema tome, obloga se ne skida mehaničkim putem. U Hed Endu, u Vindskejlu, ceo gorivni element se postepeno stavljao u pećinu u kojoj su se nalazile zastrašujuće pneumatičke makaze. Ove makaze bi presekle ceo element koji se sastoji od možda i više od sto gorivnih štapina. Posle svakog sečenja dolazio je do navale usitnjene sačme i paljbe prstena obloge koji su padali u azotnu kiselinu. Kiselina je rastvarala ostatke sačme. Prsteni obloge za Magnoks bili su ostavljani u skladištu na neodređeno vreme. Bujica kiseline prelazila je tada u pogon za hemijsku separaciju, u susednoj zgradi B 205.

Septembra 1973, neočekivana hemijska reakcija u Hed Endu dovela je do radioaktivnog curenja koje je blago ozračilo trideset i pet zaposlenih; pogon je zatvoren i na kraju napušten. Nezgodu su izazvala sićušna zrnca proizvoda fisije, nerastvoriva u azotnoj kiselini i veoma radioaktivna, koja su se bila nagomilala u jednom od rezervoara. Rukovanje ovim zrncima je jedan od nekoliko tehničkih problema koji se javljaju pri regeneraciji oksidnog goriva sa visokim stepenom iskorišćenja. Snažna radijacija produkata fisije dovodi do cepanja molekula rastvarača, naročito u prvoj fazi hemijske separacije; a zamena i održavanje ključnih komponenata, kao što su makaze za sečenje goriva, koje se koriste u delovima postrojenja ispunjenim žestokom radijacijom, i dalje dovodi u pitanje opravdanost troškova i mogućnost regeneracije oksidnog goriva. Tehničari u vindskejlskoj fabrici Britanska nuklearna goriva

(BNFL) predložili su sredinom 70-ih da se izgradi veliko novo ,,Postrojenje za toplotnu regeneraciju oksida" (THORP). Nesuglasice do kojih je došlo bile su duge i ogorčene (vidi: poglavlje 6). Nekoliko pokušaja da se regeneriše oksidno gorivo pokazalo se neuspešnim. Jedino civilno postrojenje za regeneraciju oksidnog goriva koje trenutno radi je francusko UP-2 u Kap la Hagu, ali se i ono suočilo sa tehničkim problemima.

Bez obzira na to da li će se istrošeno gorivo regenerisati ili ne, ono mora da odleži neko vreme u skladištu posle vađenja iz reaktora, da bi se raspali kratkovečni produkti fisije. Kao što smo već rekli, uobičajeni postupak dugo je bio da se istrošeno gorivo smešta u rashladni bazen sa vodom. Međutim, odskora, delimično kao posledica rastuće sumnje u poželjnost i mogućnost regeneracije, razvili su se različiti metodi za dugoročno odlaganje istrošenog goriva. U Magnoks centrali Vilfa, koja pripada CEGB, u Velsu, istrošeno gorivo se ne odlaže u bazen, već u skladište hlađeno ugljen-dioksidom — dakle, u potpuno istu sredinu kao što je ona koja okružuje gorivo u reaktorima. Obloga Magnoksa brzo propada u kontaktu s vodom i postaje nepouzdana posle godinu-dve, ali se može ostaviti u skladištu koje se hladi suvim gasom, manje-više, neograničeno. CEGB je nedavno dodala još dva suva skladišta u Vilfi, koja se hlade prirodnim kruženjem običnog vazduha. Kaže se da je ovo uskladišteno gorivo zdravo i čitavo i posle nekoliko godina, a stručnjaci zaključuju da bi takvo skladište moglo biti pogodno ne samo za gasom hlađeno već i za vodom hlađeno gorivo, čak i za razdoblja od nekoliko decenija, ako je to potrebno. Oni još dodaju da je gorivo manje radioaktivno ukoliko duže stoji i da bi njegova regeneracija, ako do nje dođe, bila onoliko lakša koliko je ono duže odležalo.

RADIOAKTIVNI OTPACI

Tokom nuklearnog gorivnog ciklusa, materijali koji učestvuju u njemu imaju jednu zajedničku osobinu: svi su u određenoj meri radioaktivni, tj. emituju radijaciju. Prirodni radioaktivni materijali se sreću u rudarstvu i pogonima za mlevenje rude; ovi materijali ostaju radioaktivni tokom celog procesa obogaćivanja, proizvodnje goriva i transporta — ali njihova aktivnost nije naročito snažna. Međutim, dramatične promene nastupaju kad se ovi materijali nađu u reaktoru: neutroni iz jezgra reaktora čine celu sredinu radioaktivnom. Dokle god ovi materijali u ovoj sredini ostanu u okviru biološkog zaštitnika, sve je u redu; ali radioaktivnost nepogrešivo nalazi nekoliko načina da pobegne iz zarobljeništva u reaktoru, ma koliko bila dobro čuvana. To se najčešće događa prilikom zamene goriva, kada se celokupni radioaktivni inventar istrošenog goriva uklanja iz jezgra reaktora. Uskoro ćemo govoriti o mogućoj sudbini ove koncentrovane radioaktivnosti „visokog stepena". Ali, i manje koncentrovana radioaktivnost može da pobegne iz reaktora, tako da se i o tome mora voditi računa.

OTPACI NISKE RADIOAKTIVNOSTI

Svaka radioaktivnost koja se javlja u okolini izvan biološkog zaštitnika, tokom rutinskog rada reaktora, naziva se „oslobađanje pri radu". Najprostija vrsta oslobađanja pri radu stvara se u samom biološkom zaštitniku. U reaktorima sa betonskim zaštitnikom koji je blizu jezgra, poželjno je da se spreči direktno izlaganje betona toploti iz jezgra. U skladu s tim, izuzev kod posuda pod pritiskom od prenapregnutog betona, tanak sloj vazduha se duva uz unutrašnji zid zaštitnika i ispušta u atmosferu kroz otvor na vrhu reaktorske zgrade. Neka od jezgara u vazduhu apsorbuju neutrone i postaju radioaktivna: proces koji se naziva „neutronska aktivacija". Najpoznatiji „proizvod aktivacije" je argon-41, radioizotop inertnog gasa argona. Neki reaktori mogu da izbace stotine hiljada kirija argona-41 godišnje. Na sreću, argon-41 ima veoma kratak poluživot, samo 1,8 časova, tako da se ta ogromna količina raspada do veoma niske aktivnosti pre nego što dospe do tla. I drugi atomi u vazduhu bivaju aktivirani, ali samo u malim količinama i/ili sa vrlo kratkim poluživotima.

Rasklađivač reaktora može da odvede radioaktivnost van biološkog zaštitnika. Nečistoće u vodenom ili grafitnom moderatoru su podložne neutronskoj aktivaciji. Ugljenik — iz grafitnog moderatora ili ugljen-dioksida koji služi kao rashlađivač — može da postane radioaktivni ugljenik-14. Ali, s obzirom na to da normalni ugljenik ima atomsku težinu 12, ova transmutacija zahteva da se apsorbuje ne jedan, nego dva neutrona, što se retko događa. Teška voda kao rashlađivač može da apsorbuje neutrone, pretvarajući deuterijum (vodonik-2) u vodonik-3, ili tricijum, koji je radioaktivan. Ali jedan rashlađivač koji spremno reaguje na neutronsku aktivaciju je natrijumski rashlađivač u brzooplodnim reaktorima sa tečnim metalom. Kao što je već rečeno, on postaje natrijum-24, tako žestoko gama-aktivan da se mora u celosti držati unutar biološkog zaštitnika.

I obloga goriva može doprineti aktivnosti u rashladnom kolu, jer obloga postepeno korodira od vrelog rashlađivača. Ovo je, opet, pre svega, posledica prisustva nečistoća u oblozi, koja je, naravno, napravljena da bude što manje podložna apsorpciji neutrona, iz razloga ekonomisanja neutronima. Glavni krivci ovde su nečistoće u oblozi od cirklegure u vodom hlađenim reaktorima. Korozija ovakve obloge je pojačana njenim neposrednim kontaktom sa brzoprotočnim fluidom pod visokim pritiskom, koji brzo odnosi površinsku koroziju.

Mnogo ozbiljnija su oticanja iz obloge goriva, kojima su neki reaktori izgleda skloni. Nagomilavanje gasovitih proizvoda fisije unutar gorivnih šipki izlaže oblogu rastućem opterećenju; ako se iz bilo kog razloga u oblozi stvori pukotina, fisioni gas je pronalazi i probija se u rashlađivač. Nešto veća pukotina propušta i nepostojane produkte fisije, među kojima je opasni jod-131 (vidi poglavlje 4). Oprema za otkrivanje oštećenja u Magnoks reaktoru oseti svaku radioaktivnost u rashlađivaču i locira oštećene gorivne elemente. Ako se gorivo u reaktoru može menjati pri radu, onda je mogu-

101

će otkloniti gorivo koje otiče bez njegovog gašenja. Ako se gorivo u reaktoru može zamenjivati samo uz isključenje, kao što je to slučaj sa najvećim brojem vodom hlađenih reaktora, gašenje je neophodno. Pored toga, gorivo koje otiče polako, ponekad je teško locirati. U svakom slučaju, preuranjena zamena goriva prekida gorivni program i deformiše planirani obrazac gustine neutrona u jezgru. Iz svih ovih razloga, dozvoljava se da gorivo i dalje otiče sve dok ne dođe vreme za redovnu zamenu goriva.

Ovakva dejstva čine neophodnom dekontaminaciju rashladnih kola reaktora. Inače, neizbežno oticanje radioaktivnosti kroz zaptivke ventila, i druge propustljive tačke, predstavlja potencijalnu opasnost za osoblje i može da omete održavanje. Dekontaminacija se obično obavlja rutinski, ispuštanjem male količine rashlađivača i njegovim zamenjivanjem svežim, nezagađenim rashlađivačem. Naravno, kad god se mašina za zamenu goriva poveže sa blokom reaktora u cilju zamene goriva pri radu, ova mašina preuzima deo aktivnosti koja postoji u rashlađivaču. Ova aktivnost se mora odstraniti — i pratiti — kad se mašina dekompresuje. Kad se radi o karbon-dioksidnom rashlađivaču, ispušteni gas prolazi kroz niz različitih filtera i faza odlaganja.

Reaktori sa ključalom vodom, koji sprovode primarni rashlađivač direktno kroz turbine, podložni su oticanju aktivnog rashlađivača. Jedan od mogućih postupaka u takvom slučaju je dodavanje rezervoara za smeštaj ispuštenog rashlađivača. U tim rezervoarima rashlađivač se ostavlja po nekoliko meseci da bi opala njegova aktivnost, i da bi se on posle toga mogao odbaciti. Slični sabirni rezervoari mogu se obezbediti za drenažu vode sa podova, za vodu iz sudova koji se koriste za dekontaminaciju, kao i za vodu iz vešernica u kojima se pere kontaminirana odeća. Otpaci koji zahtevaju privremeno odlaganje u sabirne rezervoare nazivaju se srednje radioaktivnim otpacima. Rashladni bazeni za smeštaj ozračenog goriva pre njegovog transporta do mesta dugotrajnijeg smeštaja ili regeneracije, obično primaju deo aktivnosti iz unutrašnjosti gorivnih elemenata, a, isto tako, i od elemenata koji su otekli, tako da se mora voditi računa i o ovoj vodi za rashlađivanje. Uobičajeni postupak je sporo, kružno proticanje vode kroz bazene, uz neprestano odvođenje jednog njenog malog dela i njegovo mešanje i razblaživanje sa mnogo većom masom rashladne vode ispuštene iz kondenzatora turbine, do konačnog vraćanja u reku ili more, odakle je prvobitno i uzeta. Sistemi za obradu vode mogu da koriste i jonske izmenjivače i druge standardne oblike instalacija za prečišćavanje da bi skupili i razdvojili radioaktivna jedinjenja iz mulja.

U toku svakodnevnog rada reaktora izvesna količina čvrstog materijala, takođe, postaje zagađena radioaktivnošću — krpe za pod, papirni peškiri, komadi razbijenih epruveta iz laboratorije, itd. Zapremina zagađenih čvrstih otpadaka može biti smanjena, recimo, spaljivanjem; međutim, danas se oni obično zakopavaju na određenim mestima, ili se bacaju u more u posebnim kontejnerima, isto kao i jonizovani mulj.

Sva radioaktivnost koja prodire u spoljni svet neposredno iz reaktora ovim putevima, može se zajedničkim imenom nazvati „niska" radioaktivnost. Do sredine 70-ih godina ona se nije smatrala posebnim problemom. Ali, od tada, dva aspekta otpadaka niske radioaktivnosti počela su da privlače pažnju. Jedan je sama količina suvog niskoradioaktivnog otpada — odgovarajuća smetlišta, udaljena od površinske vode i u stanju da izoluju radioaktivnost, sve je teže i teže pronaći. Više zabrinjava prisustvo tragova plutonijuma i drugih biološki opasnih transuranskih elemenata u nekim otpacima niske radioaktivnosti, kako čvrstim, tako i tečnim. Uklanjanje ovih tragova je mukotrpno i preterano skupo, ali su oni, bez obzira na to, opasni po okolinu. Ovi otpaci — u Britaniji nazivani plutonijumom kontaminirani materijal (PKM), a u SAD TRU po „transuranski" — obećavaju da postanu problem, pogotovu ako se postrojenja za regeneraciju i brzooplodni reaktori namnože.

IZBACIVANJE IZ UPOTREBE

Isto kao što reaktorsko gorivo u jednom trenutku prestaje da bude upotrebljivo, tako će i sam reaktor u dogledno vreme, iz ovog ili onog razloga, biti zanavek zatvoren. Za razliku od elektrana na fosilna goriva, reaktor se ne može tek tako razmontirati a zemljište raščistiti za neku drugu upotrebu. Kao što je već rečeno, neki delovi reaktora — čvrsti moderator i drugi materijali koji sačinjavaju jezgro u gasom hlađenim reaktorima, komora pod pritiskom i možda neki drugi delovi primarnog rashladnog kola, eventualno betonski biološki zaštitnik i rashladni bazen za istrošeno gorivo — biće kontaminirani radioaktivnošću. Ovo komplikuje kako proces rasklapanja, tako i uklanjanje svega ostalog. Ovaj problem je nedavno, na žalost prilično kasno, počeo da se ozbiljno proučava. Opšti stav je da izbacivanje reaktora iz upotrebe treba obaviti u tri faze. Prva i najjeftinija faza bi uključivala uklanjanje istrošenog goriva i isušivanje rashladnih kola, pri čemu sve čvrste konstrukcije elektrane ostaju na svom mestu; reaktorska zgrada bi bila zaključana a celo postrojenje izolovano od spoljašnjeg sveta, verovatno pod stražom, da bi se sprečio nedozvoljeni pristup. Druga faza bi uključivala demontiranje i rušenje svih čvrstih konstrukcija elektrane izuzev samog reaktora. Treća faza bi okončala proces uklanjanjem samog reaktora — komore pod pritiskom, utrobe jezgra, cevovoda, parnih generatora, svega — i odnošenje preostalog betona da bi se oslobodio teren za neku drugu buduću svrhu: od građenja nove nuklearke do gajenja kupusa.

To je, u grubim crtama, teorijski deo izbacivanja iz upotrebe. Na nesreću, ovo se u velikoj meri ne podudara sa praksom. Još niko, nigde, nikada nije rashodovao veliki energetski reaktor posle njegovog normalnog radnog veka. Neki mali reaktori jesu bili rastureni kao i šačica eksperimentalnih energetskih reaktora. Međutim, energetski reaktori koji su izbačeni iz upotrebe bili su, što nimalo ne iznenađuje, oni koji nisu dugo ni radili. Materijali ugrađeni u njihova jezgra bili su samo kratko izloženi neutronskoj radijaciji i imali su malo vremena da prikupe radioaktivnu kontaminaciju. Pa ipak, njihovo rashodovanje je predstavljalo složen zadatak.

Prvi energetski reaktor koji je bio rashodovan posle perioda skromnog rada bio je Elk River u Minesoti, RKV od 22 MWe koji je radio s prekidima od 1964. do svog konačnog zatvaranja 1968. godine. Prva i druga faza njegovog rashodovanja tekle su po planu, ali je uklanjanje reaktorskog bloka zahtevalo maštovitost. Da bi mogli da raseku na komade glomazni čelični blok, ne izlažući radnike radijaciji od aktivnih proizvoda u čeliku većoj nego što je bilo nužno, ekipa koja je na tome radila napunila je blok vodom i spustila u njega gnjurce sa podvodnim gorionicima za rezanje, poput onih koji se obično koriste u podvodnim operacijama na platformama za naftu. Nije potrebno reći da čitav ovaj poduhvat nije bio jeftin. Da li bi to bilo moguće izvesti sa mnogo većim reaktorom, kod koga je izloženost materijala radijaciji daleko veća, još uvek nije jasno. Dalji važni podaci o postupcima i troškovima biće sakupljeni posle izbacivanja iz upotrebe reaktora Šipingport — prve nuklearne centrale u SAD — koje je otpočelo 1981. Sve dok neko ne demontira industrijski energetski reaktor, ovi problemi će ostati nerešeni — a troškovi čisto nagađanje. Po nekim procenama, troškovi „sahrane" reaktora bili bi jednaki troškovima njegove izgradnje, dok su druge mnogo optimističkije. Može se slobodno pretpostaviti da se nikom neće žuriti da počne sa drugom fazom rashodovanja — a da i ne govorimo o trećoj — pre nego što to postane apsolutno nužno. Nema sumnje da će veliki broj nuklearnih centrala „stavljenih u naftalin" krasiti pejsaž dvadeset i prvog veka.

OTPACI VISOKE RADIOAKTIVNOSTI

S obzirom na to da su planirane emisije radioaktivnih materijala u spoljnu sredinu po pravilu razblažene i ne mnogo radioaktivne, često se kaže da reaktori ispuštaju vrlo malo radioaktivnosti u okolinu. Ovo je, strogo uzevši, tačno, ali pomalo zavaravajuće. Skoro celokupna radioaktivnost koja napušta reaktor je sadržana u istrošenom gorivu, izvađenom iz njegovog jezgra. Kako je reaktor praktično stvorio svu ovu radioaktivnost, preterana je tvrdnja da ova radioaktivnost nema nikakve veze sa reaktorom. Sasvim suprotno: radioaktivnost iz istrošenog reaktorskog goriva predstavlja jedan od najozbiljnijih problema koji nastaju kao posledica rada nuklearnih reaktora.

Kada sveži gorivni elemenat uđe u reaktor, on je gladak i sjajan poput hirurškog implanta. Kada se posle radijacije izvadi, on je izbledeo, eventualno naduven, prekriven onim što nuklearni inženjeri zovu „gruševina". Unutar obloge, gorivo sada sadrži neiskorišćeni uranijum-235 i -238, kao i niz drugih jezgara stvorenih reakcijama fisije, neutronskom apsorpcijom i radioaktivnim raspadanjem: uranijum-237, plutonijum-239, -240, -241 i -242, americijum-241 i ostale tzv. „aktinide" i, doslovno, stotine različitih jezgara produkata fisije i njihovog raspadanja, kao i proizvoda neutronske aktivacije, kao što su kripton-85, stroncijum-89 i -90, jod-129 i -131, i cezijum-137. Neke od ovih vrsta imaju kratke poluživote. Dok ozračeno gorivo leži u rashladnom bazenu ili putuje od reaktora do mesta dugotrajnijeg boravka, ili do postrojenja za regeneraciju, kratkovečni izotopi poput uranijuma-237 i joda-131 se potpuno raspadaju. Posle, recimo, stotinak dana hlađenja, radioaktivnost istrošenog goriva uglavnom dolazi iz radioizotopa nekih desetak elemenata.

Ako se istrošeno gorivo ostavi u dugotrajnom skladištu, procesi raspadanja se nastavljaju, a radioaktivnost se i dalje smanjuje, ali manjom brzinom. Međutim, ako se gorivo regeneriše ubrzo posle vađenja iz reaktora — kao što je slučaj sa većinom goriva za Magnoks — radioaktivni sadržaji tada slede različite staze ka različitim odredištima. Ako pretpostavimo da je obloga bila hermetički zatvorena pre nego što je bila oparana ili rasečena, gasoviti produkti fisije se, naročito kripton-85, nakon toga pojavljuju u atmosferi vrele ćelije. Kripton-85 ima poluživot od oko 10,8 godina. To je hemijski neaktivan, inertni gas i stoga ga je teško ponovo zarobiti. Sadašnja praksa je da se on jednostavno ispusti u spoljašnji vazduh. (Do 1971. američke vlasti su tretirale količinu ispuštenog kriptona-85 iz svojih postrojenja za regeneraciju kao tajnu, jer bi taj podatak mogao da otkrije koliko je fisionog materijala bilo proizvedeno.) Radiobiolozi smatraju da postepeno nagomilavanje kriptona, koji emituje gama-zrake, u atmosferi trenutno ne predstavlja opasnost. Ali ako se nuklearni programi prošire onoliko koliko neki to predviđaju, moraće da se do kraja ovog veka pronađe način da se kripton zadrži u postrojenjima za regeneraciju. (Tečni vazduh već sada sadrži dovoljno koncentrovanog kriptona-85 i predstavlja izvesnu opasnost za one koji ga upotrebljavaju.) Nešto slično važi i za jod-129. Njegov poluživot iznosi 16 miliona godina, pa, prema tome, nije mnogo radioaktivan; ali, s obzirom na to da se on koncentriše, kao i svi izotopi joda, u čovekovoj štitnoj žlezdi, svako njegovo povećanje u okolini mora se obazrivo pratiti.

U okviru postrojenja za regeneraciju, takođe, dolazi do neizbežnog nagomilavanja tečnosti niske radioaktivnosti i čvrstih radioaktivnih otpadaka koji su istovetni sa onima koji se skupljaju u samom reaktoru — i to verovatno u većoj količini. Čvrsti otpaci se sahranjuju ili potapaju u moru, kao i ranije. U pogonu za regeneraciju u Vindskejlu, tečni otpaci niske radioaktivnosti ispuštaju se u ušće reke Solvej, kroz dvostruki cevovod, na tri kilometra od obale — oko 500.000 litara dnevno.

Sva ova rutinska ispuštanja radioaktivnosti obavljaju se u skladu sa standardima koje su odredile državne vlasti, obično zasnovanim na uputstvima Međunarodne komisije za radiološku zaštitu (vidi Dodatak B). U Velikoj Britaniji, na primer, ispuštanja radioaktivnog otpada prati Ministarstvo za poljoprivredu, ribarstvo i ishranu kao i oni koji to čine, da bi se utvrdilo da li se poštuju propisani standardi koji se primenjuju na uslove rada koji su odobreni, između ostalih, od strane Inspek-

107

torata za nuklearna postrojenja, u skladu sa britanskim zakonom. Kao što je rečeno u Dodatku B, ovi standardi su i dalje predmet beskrajnih prepirki.

Pri regeneraciji goriva, gorivo se, osim gasovitih ili nestabilnih proizvoda fisije i obloge — a u nekim postrojenjima za regeneraciju uključujući i oblogu — rastvara u azotnoj kiselini za prvu fazu separacije. Veštičja čorba koja preostaje pošto su uranijum i plutonijum prešli u organski rastvarač predstavlja „visokoradioaktivni otpad". Bez ikakve sumnje, to je najopasniji otpad koji može da nastane u nekom industrijskom procesu. U Vindskejlu, regeneracija jedne tone goriva stvara oko pet kubnih metara visokoradioaktivnog otpada — tj. dovoljno da se njime napuni pet-šest kada. Ovaj otpad sadrži azotnu kiselinu, produkte fisije, koji su vreli i žestoko radioaktivni, gvožđe nastalo korozijom posuda postrojenja, hemijske nečistoće iz prvobitnog goriva i primese zaostalog organskog rastvarača. Kao što se može pretpostaviti, ovde se zahteva pažljivo rukovanje da bi se izbegli nepoželjni sporedni efekti, kao što su reakcije između organskog rastvarača i azotne kiseline pri visokim temperaturama. Zapremina otpada se smanjuje isparavanjem u vakuumu, da bi se održale niže temperature. Ovaj postupak mora biti obavljen pod strogom — naravno, uvek daljinskom kontrolom — da bi se sprečila kristalizacija ili taloženje tamo gde to može da bude nepoželjno (kao u proizvodnim linijama) i da bi se produkti fisije držali na niskoj koncentraciji, tako da količina nastale toplote ne nadjača rashladni sistem.

Posle isparavanja, koncentrovani otpad se odvodi u skladište koje je u blizini glavnog postrojenja za regeneraciju. U Vindskejlu ovo je betonska zgrada u kojoj se nalazi niz specijalnih rezervoara, od kojih osam imaju kapacitet od 70 kubnih metara, a šest od 150 kubnih metara. Manji rezervoari opremljeni su rashladnim spiralama; svi veći rezervoari imaju sedam nezavisnih rashladnih kola, spoljašnje vodene omotače sa detektorima za oticanje i ugrađeni sistem koji sprečava da se čvrste čestice talože na dnu rezervoara. Rashladna kola na jednom od većih rezervoara mogu da odvedu do

2 megavata toplote — tj. oko 13 vati po litru. Ovo, zauzvrat, ograničava dopustivu koncentraciju produkata fisije u rezervoaru. Temperatura u rezervoaru se održava na oko 50°C. Postepeno isparavanje vode iz rastvora je praćeno postepenim padom proizvodnje radioaktivne toplote; isparavanje se može uskladiti sa proizvodnjom toplote, da bi se održala dovoljno niska koncentracija. Isto tako, neophodno je sprečiti nagomilavanje vodonika, nastalog raspadanjem molekula vode pod dejstvom radijacije — tzv. „radiolitičkog vodonika". Rezervoari mogu biti međusobno povezani da bi se sprečilo preopterećenje rashladnih kola nadolazećim otpadom koji stvara srazmerno veliku količinu toplote i da bi se obezbedila mogućnost pretakanja u slučaju ako jedan od njih curi. Rezervoari u upotrebi su zanavek hermetički zatvoreni u masivnim, čelikom optočenim, betonskim zaštitnim lagumima. Program izgradnje novih rezervoara uključuje i mogućnost rezervnog kapaciteta. Krajem 1981. ukupna zapremina tečnog otpada u Vindskejlu iznosila je oko 1.000 kubnih metara.

Slični rezervoari postoje i pri postrojenjima za regeneraciju i u SAD, Francuskoj, Belgiji, SSSR-u, Indiji, Kini i drugde. Najpoznatiji je u rezervatu Hanfordu u državi Vašington. Tamo su, u 150 velikih rezervoara, uskladišteni visokoradioaktivni tečni otpaci — skoro 250.000 kubnih metara — nastali prilikom izdvajanja plutonijuma iz proizvodnih reaktora u Hanfordu za američki program nuklearnog naoružanja. Uglavnom se računa da je koristan život rezervoara za skladištenje visokoradioaktivnog otpada između dvadeset i dvadeset i pet godina, a možda i nešto duži za rezervoare od nerđajućeg čelika. Mnogi od rezervoara u Hanfordu su od običnog ugljeničnog čelika. Bilo je više od deset oticanja, uključujući i najmanje jedno zaista vrlo veliko. Između 20. aprila i 8. juna 1973. rezervoar 106 T ispustio je 435.000 litara visokoradioaktivnog tečnog otpada u zemlju ispod sebe, dok je osoblje nastavilo da sipa još tečnosti u rezervoar nesvesno da instrumenti beleže pad nivoa tečnosti. Otekla tečnost oslobodila je približno 40.000 kirija cezijuma-137, 14.000 kirija stroncijuma-90 i 4 kirija plutonijuma. Istražna komisija je kasnije izjavila da radioaktivnost neće dopreti do površinske vode ispod rezervoara; ali program bušenja koji je imao za cilj da locira ove opasne otpatke morao je biti zaustavljen, jer bi inače nove bušotine olakšale dublje prodiranje radioaktivnosti. Ovaj slučaj je bio jedanaesti po redu te vrste u Hanfordu; ali ne i poslednji.

Jasno je da opasni životni vek nekih od sastavnih delova visokoradioaktivnog otpada daleko nadmašuje životni vek rezervoara. Stroncijum-90 ima poluživot od 28 godina, cezijum-137 od 30 godina. Potrebno je deset poluživota da bi se radioaktivnost uzorka smanjila hiljadu puta ($\frac{1}{2} \times \frac{1}{2} \times \frac{1}{2} \times \frac{1}{2} \times \frac{1}{2} \times \frac{1}{2} \times \frac{1}{2} \times \frac{1}{2} \times \frac{1}{2} \times \frac{1}{2}$ jednako je 1/1024). Prema tome, potrebno je oko 300 godina da se radioaktivnost jednog kirija stroncijuma-90 ili cezijuma-137 spusti na jedan milikiri. Visokoradioaktivni otpad iz jedne tone ozračenog goriva sadrži po oko 100.000 kirija od jednog i drugog elementa. Jedan RVP od 1.000 MWe proizvodi najmanje 25 tona ozračenog goriva godišnje — što će reći, mnogo više od 2 miliona kirija stroncijuma-90 i 2 miliona kirija cezijuma-137. Za nekih 300 godina od danas, ova količina će se smanjiti hiljadu puta, na samo po 2.000 kirija jednog i drugog: sem što 2.000 kirija stroncijuma-90 nije baš „samo". Pomnožite ove cifre sa brojem reaktora koji sada rade, koji se grade ili su planirani i veličina ovog problema postaje zapanjujuće očigledna. Pored toga, današnjim metodama — iz ekonomskih, ako ne iz tehničkih razloga — ne odstranjuju se svi aktinidi iz otpadaka fisionih produkata: oko 1 procenat plutonijuma sa poluživotom od 24.400 godina, ostaje da bi još više zagorčao stvari.

Očigledno da takve količine potencijalno opasne radioaktivnosti zahtevaju odgovorno rukovanje. Dok se skladištenje u rezervoarima smatra zadovoljavajućom privremenom merom, čine se napori da se smisli dugoročno rešenje ovog problema. Da bi se ovaj teret bar malo olakšano, sada je opšteprihvaćeno da visokoradioaktivni otpad treba da bude u čvrstom, a ne u tečnom obliku, da bi se lakše smestio i da bi se smanjila mogućnost njegovog oticanja ili isparavanja. Mada se regeneracija dugo smatrala suštinskim postupkom u tretiranju istrošenog goriva, sada su mišljenja o njenoj svrsishodnosti podeljena. Neki sada smatraju da istrošeno gorivo, onakvo kakvo je — stabilne strukture i napravljeno tako da podnese surove uslove unutar reaktora — može da se pokaže kao najbolja vrsta otpada za konačno odlaganje. Takođe se ističe da čak i ako se regeneracija u dogledno vreme pokaže poželjnom, biće je sve lakše i lakše obaviti što gorivo duže stoji, zbog opadanja njegove radioaktivnosti. U svakom slučaju, skladištenje istrošenog goriva je de facto važna međufaza u postupku sa otpacima, jer regeneracija oksidnog goriva, kao što ćemo opisati u narednim poglavljima, nije ni jeftina ni lako izvodljiva.

Bilo kako bilo, znatna zaliha visokoradioaktivnog otpada u tečnom stanju je već tu i zahtevaće odgovarajući tretman pre konačnog uklanjanja. Nekoliko postupaka za njegovo pretvaranje u čvrsto stanje se upravo usavršavaju. U SAD, u Hanfordu, otpaci se jednostavno ukuvavaju dok se ne isuše u rezervoarima i u njima ostaju nalik na čvrste kolače. U Državnom institutu za testiranje reaktora u Ajdahu visokoradioaktivni otpaci se „žare" (peku na visokim temperaturama) da bi se dobila zrnca nalik na grubi beli pesak, koja se skladište u ogromnim podzemnim buradima od nerđajućeg čelika zaštićenim betonskim omotačem. Jedan drugi postupak, koji se praktikuje u Britaniji i Francuskoj, sastoji se u isparavanju i stapanju visokoradioaktivnog otpada u gusto staklo — proces koji se zove ostakljivanje. Francuski AVM (Atelier Vitrification Marcoule), počeo je da krajem 70-ih proizvodi stubove od bor-silikatnog stakla impregniranog visokoradioaktivnim otpadom. BNFL gradi u Vindskejlu probno postrojenje zasnovano na francuskoj tehnologiji. Stakleni stubovi će se odlagati za neko dogledno vreme i čekaće na izgradnju konačnih grobnica u obe zemlje — a i drugde, jer će deo ostakljenog otpada biti na kraju vraćen zemljama mušterijama, u skladu sa postojećim ugovorima.

Najomiljenije rešenje za konačno odlaganje dugo je bilo ubacivanje očvrsnutih visokoradioaktivnih otpadaka u stabilne geološke formacije. Međutim, naći takvu idealnu formaciju nije nimalo lako. Neko vreme, naslage ili antiklinale kamene soli bile su omiljeno mesto za tu svrhu. Najpre se bušila rupa u podu podzemne galerije kamene soli. Kontejner sa otpadom se spuštao u rupu — naravno putem daljinske kontrole — potom se u nju natrpavala rastresita so. So je postajala mekana pod uticajem vreline iz kontejnera i pribijala se uz njega, definitivno ga zaptivajući i odvodeći toplotu odgovarajućom brzinom da bi se sprečilo topljenje čvrstog otpada. Međutim, iskustvo je bacilo senku sumnje na pogodnost soli u ovakve svrhe. Probni projekat za skladištenje otpada u formacijama soli — ,,Lagum-soli" — odvijao se u SAD krajem 60-ih godina u blizini Lajonsa u Kanzasu. Ali, uprkos početnim zvaničnim najavama, čitava stvar je na kraju napuštena kao neprikladna. Jedna firma koja je iskopavala so u neposrednoj blizini, upumpala je nekoliko hiljada kubnih metara vode u bušotinu da bi izvukla rastvorenu so; međutim, voda je iščezla, što je dovelo u sumnju nepropustljivost formacija soli. Na sreću, u tu bušotinu pre toga nije bio stavljen otpad. Potraga za pouzdanijim formacijama i mestima se nastavlja — naravno ne bez nesuglasica.

Vredi, uzgred, pomenuti da nuklearna industrija govori o ,,rukovanju otpacima", kao o stvari koja se podrazumeva. Izgleda da će to biti zanimanje budućnosti — zanimanje s velikom budućnošću.

DRUGI DEO

SVET I NUKLEARNA FISIJA

4. POČECI

Kao čisto fizički fenomen, nuklearna fisija predstavlja širok prostor različitih intelektualnih problema. Kad ne bi podrazumevala ništa drugo, ona bi mogla biti prepuštena onim stručnjacima koji bi našli zadovoljstvo u samom intelektualnom izazovu, dok bismo svi mi ostali mogli da se bavimo drugim gorućim problemima. Na nesreću, nuklearna fisija — kao što to svako zna — podrazumeva mnogo više od teško razumljivih matematičkih argumenata i akademskog cepidlačenja. Skoro od samog trenutka kada je otkrivena, 1938. godine, nuklearna fisija je podrazumevala ne samo članke u naučnim časopisima nego i bitne odluke koje su se ticale globalne politike. Društveni, ekonomski i politički kontekst nuklearne fisije je od početka predstavljao suštinski faktor u njenom razvoju. Zauzvrat, ona je izvršila izuzetan društveni, ekonomski i politički uticaj. Da bi se jasno sagledali obrisi nuklearne budućnosti, neophodna je istorijska perspektiva. Nužno je znati ne samo kako se nuklearna fisija izaziva već i ko je izaziva, pod kojim okolnostima i u koje svrhe. Već smo donekle nagovestili neke od aspekata ove teme. Sada je vreme da se vratimo i da ih detaljnije ispitamo. Kao što ćemo videti, nuklearne aktivnosti su od samog početka bile obeležene nepredvidljivošću i tajnovitošću. Tokom čitave nuklearne istorije ili se o svemu veoma malo znalo, ili se o onom što se znalo veoma malo govorilo.

Godine 1896. Anri Bekerel je otkrio radioaktivnost. Ubrzo posle toga, noseći bočicu radijuma u džepu i opekavši se, otkrio je najneugodniju osobinu radioaktivnosti: njena biološka dejstva, stvarna i potencijalna. Jedan događaj, koji se odigrao više od pedeset godina kasnije, karakterističan je za situaciju koja je preovladavala od vremena Bekerelovih otkrića. Zainteresovane organizacije su raspravljale o nacrtu za međunarodni simbol koji je trebalo da prenese upozorenje „OPASNOST: RADIJACIJA". Jedna grupa učesnika, uključujući predstavnike sindikata, predlagala je iskeženu lobanju sa oreolom od talasastih linija koje izbijaju iz nje. Međutim, predstavnici vlade i industrije su glatko odbili da prihvate takav nacrt, jer su ga smatrali previše zastrašujućim. Zbog toga, nacrt koji je konačno bio prihvaćen, sastojao se od jednog kruga i tri kraka koji lepezasto izlaze iz njega. On je bio razumljiv samo onima kojima je bio unapred objašnjen, jer je bio potpuno lišen logičnih asocijacija, kako dobronamernih, tako i zlonamernih.

Ovo predstavlja očit primer razjedinjenosti stavova o radijaciji. Kao što je ranije rečeno, sama biološka suština ovog pitanja je krajnje kontroverzna. Međutim, njeno razmatranje ćemo ograničiti uglavnom na Dodatak B. Ono što je, na neki način, još kontroverznije je razvoj društvenog konteksta radijacije, naročito one proizvedene radioaktivnošću. (Moglo bi se govoriti i o strahu od drugih oblika jonizujuće radijacije, naročito o dijagnostičkim X-zracima. Međutim, ovde ćemo reći samo to da bi rendgenske zrake trebalo koristiti jedino kada to medicina izričito nalaže, i to isključivo pomoću dobro zaštićenih aparata, uz što kraće izlaganje njihovom dejstvu.) Pre nego što se nađemo u metežu nuklearnih nesuglasica, važno je naglasiti — jer se to kasnije može lako prevideti — da je glavni zdravstveni problem onaj izazvan radijacijom, da je radijacija sama po sebi nevidljiva i da se može otkriti samo posebnim uređajima, da različiti oblici radijacije predstavljaju različite opasnosti (vidi Dodatak B) i da se pogubne posledice izlaganja radijaciji mogu manifestovati tek posle niza godina. Iz ovih razloga, teško je sa pouzdanjem govoriti o poznavanju dejstva radijacije. U skladu s tim, izuzetno je teško proceniti čovekovo baratanje radioaktivnošću sa zdravstvene tačke gledišta. Ono se, takođe, teško može vrednovati i na osnovu niza drugih kriterijuma, što ćemo kasnije videti.

Posle Bekerelovog, usledila su otkrića Pjera i Marije Kiri, koji su iz pehblende uranijumove rude izolovali izuzetno radioaktivne elemente: polonijum i radijum. Ispada da su Kirijevi, ma koliko to paradoksalno izgledalo, imali sreće što su bili siromašni. Njihova laboratorija se nalazila u promajnom potkrovlju, te je ta, inače nepoželjna, ventilacija najverovatnije spasla Mariju Kiri prerane smrti od udisanja radona nastalog iz materijala s kojim je eksperimentisala. (Međutim, vetroviti tavan nije spasao njenog muža, koji je žrtva sasvim različite tehnologije — nastradao je pod točkovima zaprege u jednoj pariskoj ulici.)

Naučno oduševljenje novootkrivenim radioaktivnim supstancama bilo je gotovo paralelno propraćeno istraživanjima o njihovoj praktičnoj primeni. Rentgenovi X-zraci bili su, već u roku od nekoliko meseci, primenjeni u medicini, ali su u roku od tri godine X-zraci — kojima je, naravno, potreban aparat da ih emituje — naišli na konkurenciju u zračenju radijuma i njegovih srodnika. Avaj, pioniri radioterapije, uključujući i Mariju Kiri, bili su među prvima koji su iskusili podmukle, naknadne posledice radijacije. To važi i za njihove pacijente, od kojih su neki umrli, ali ne od raka ili neke druge bolesti, već od radijacionih opekotina nanesenih u procesu lečenja. Radijum je jedno vreme bio veoma u modi. „Radijumske banje" su počele da cvetaju u različitim delovima Evrope, a doktori su prepisivali lekove koji su sadržavali radijum. Ušli su u modu „svetleći" ručni satovi; cifre na brojčanicima bile su prekrivene smešom cink-sulfida i radijuma, te su svetlele u mraku. Žene koje su radile u fabrikama satova upotrebljavale su fine četkice da nanesu ovu svetleću boju, a da bi zašiljile vrh četkice, one su ga obično lizale. Posle nekog vremena, svi ovi „iluminati" su se razboleli; desni su počele da im krvare, postali su anemični i na kraju je najveći broj njih oboleo od raka kostiju, usled nagomilavanja radijuma u njihovim telima. Jedna mala fabrika u Nju Džersiju je isporučila više od četrdeset žrtava u razdoblju između 1915. i 1926. godine.

Radijum koji je tada izgledao sveprisutan, vadio se na mestima poput starog rudnika srebra u Joahimstalu, kome je postojeća ruda uranijuma udahnula novi život. Ali, rudari u Joahimstalu, kao što smo već rekli, bili su podložni „brdskoj bolesti" — raku pluća, izazvanog udisanjem radona i njegovih potomaka. Medicinska istraživanja su do 1930. utvrdila poreklo ove bolesti i jasno stavila do znanja da se može sprečiti samo obezbeđenjem dobre ventilacije u rudniku, što je bezobzirno previđano u vreme američke uranijumske groznice 50-ih. Tokom 20-ih godina, svest o tome da radijacija ima neke neugodne osobine je rasla među istraživačima u oblasti medicine, radijacije i biologije. Međutim, tokom čitavog ovog perioda, nije bilo većeg uznemiravanja javnosti, ni nekih većih polemika o radioaktivnim materijalima i njihovom korišćenju. Kao da su ove rasprave oko radijacije imale čak duži latentni period od same radiogene bolesti.

Od 1939. do 1945. nije bilo ni prilike, ni interesovanja da se postave pitanja o posledicama do kojih može doći pri proizvodnji i upotrebi radioaktivnih materijala: nije bilo prilike zato što je najveći deo mahnitih napora koji su se tada odvijali bio pod velom tajne, a ni interesovanja, jer su oni koji su u ovome učestvovali bili opsednuti mnogo konkretnijim i aktuelnijim strahom da će nacistička Nemačka prva imati u rukama nuklearno oružje. SAD su prve došle do ove tehnologije i oružja i prve ih upotrebile, naglo i razorno okončavši drugi svetski rat.

Posle bombi u Hirošimi i Nagasakiju, američka vlada je osnovala Komisiju za žrtve atomske bombe (ABCC). Ona je imala dvojaku ulogu. Ova komisija je predstavljala — što se tiče japanskih žrtava — izvor medicinske pomoći za one koji su preživeli nuklearnu eksploziju, a već su trpeli, ili se očekivalo da će trpeti od posledica radijacije. Ona je takođe bila — što se tiče samih SAD — agencija koja je obavljala obimna istraživanja i prikupljala dokumentaciju o dejstvima radijacije na ljudska bića. Očigledno je da ove njene dve funkcije nisu mogle da budu u potpunom skladu. Mnogi Japanci duboko su se gnušali uloge za koju su osećali da im je nametnuta — uloge zamorčića u filmu o daljem prosvetljenju onih koji su prvi i jedini u svetu upotrebili nuklearno oružje.

Uz sve ovo, američki istraživači u oblasti medicine, koji su proučavali dejstva radijacije, našli su priliku da se time bave kod kuće. Samo petnaest dana posle Hirošime, 21. avgusta 1945, Hari Daglijan, fizičar u Los Alamosu, slučajno je dopustio da uzorak fisionog materijala dostigne kritičnost dok je njime rukovao. Njegove ruke i telo bile su izrešetani silovitom provalom radijacije — gama-zracima i neutronima. Primljen u bolnicu, posle pola sata, Daglijanu su se oduzeli prsti, a onda je počeo da se žali na unutrašnje bolove i pao u bunilo. Kosa mu je otpala. Broj belih krvnih zrnaca mu je naglo porastao, dok su se njegova razorena tkiva uzaludno borila. Umro je u roku od dvadeset i četiri dana.

Daglijanova smrt suočila je čitavu zajednicu u Los Alamosu sa strašnim etičkim konfliktom u kome su se nuklearni fizičari — „atomski naučnici" — odjednom našli. Sada, četrdeset godina posle svega toga, važno je naglasiti da su prvi koji su shvatili ovu dilemu nuklearne energije — sukob između njenog konstruktivnog i destruktivnog potencijala — bili sami nuklearni naučnici.

Čak i pre nego što je bačena bomba na Hirošimu, grupa onih koji su učestvovali u njenoj izgradnji, potpisala je jedan memorandum, kasnije poznat kao Frankov izveštaj, i podnela ga američkom ministru rata 11. juna 1945, predskazujući sa zapanjujućom preciznošću trku u nuklearnom naoružavanju, u slučaju da se atomska bomba upotrebi u vojne svrhe. Džejms Frank i njegove kolege su predlagali da se, umesto toga, bomba demonstrira na nekom udaljenom mestu, pustinji ili ostrvu, pred predstavnicima Japana i drugih naroda i da se posle toga SAD odreknu upotrebe ovog oružja, pod uslovom da se i ostale države slože da učine isto. Međutim, Frankovi predlozi, kao što je poznato, pali su u vodu — za razliku od bombi bačenih na Hirošimu i Nagasaki. Kasnije, tokom 1945, inicijatori ovog izveštaja, zajedno sa drugim istomišljenicima, osnovali su „Bilten atomskih fizičara". Od svog postanka „Bilten", koji izlazi u Čikagu, predstavlja jedan od najperceptivnijih i najdoslednijih glasova koji se čuju povodom kontroverznih nuklearnih pitanja.

Na dan 21. maja 1946, Luis Slotin, kanadski fizičar koji je radio u Los Alamosu, izvodio je jedan eksperiment koji je nazivao „čačkanje mečke". On ga je pre toga izveo veliki broj puta, pokušavajući da eksperimentalnim putem odredi detalje u vezi sa brzom kritičnom masom hemisfera uranijuma-235 koje je trebalo da se naglo spoje da bi se proizvela željena nuklearna eksplozija. Na ovaj način, Slotin je eksperimentalno odredio kritičnu masu za bombu u Hirošimi. Slotinov eksperiment uključivao je dve hemisfere koje su postepeno klizile jedna prema drugoj po jednoj šipki. On je koristio dva odvijača pri pomeranju hemisfera i posmatrao približavanje kritičnosti uz pomoć neutronskih detektora. 21. maja Slotin je pokazivao ovaj fenomen grupi kolega i u jednom trenutku mu je iskliznuo jedan od odvijača. Prostorija se ispunila plavom svetlošću. Slotin je razdvojio hemisfere golim rukama i tako, verovatno, spasao živote svojih kolega. Međutim, on je bio izgubljen i to je dobro znao. Umro je devet dana kasnije, dok je njegovu neizlečivu bolest pedantno pratilo bespomoćno medicinsko osoblje. Slotinovim kolegama iz Los Alamosa bilo je, iz razloga bezbednosti, zabranjeno da menjaju bilo šta u svojim svakodnevnim poslovima ili da otkriju bilo šta o toj nesreći. Jedino što su mogli, bilo je da budu svedoci njegove agonije.*

Naprava koja je ubila Luisa Slotina bila je namenjena drugoj od dve bombe za eksperimente koje je američka mornarica pripremala da izvede na atolu Bikini, u Maršalskim ostrvima. Maršalska ostrva su pre drugog svetskog rata bila nemački protektorat; njih su pod zaštitu uzele SAD krajem rata, ali ova „zaštita" je posle toga sve više počela da liči na „zaštitu" u svetu mafije. Opiti — „Sposobni" i „Mamac" — izvršeni su 30. juna i 25. jula 1946. „Sposobni" je bila atmosferska nuklearna eksplozija, a „Mamac" je eksplodirao duboko pod vodom u laguni Bikinija. Oba eksperimenta su izazvala ogorčene proteste mnogih naučnika, a posebno onih iz Saveza atomskih fizičara — novoosnovanog udruženja lokalnih grupa naučnika zabrinutih za posledice svog rada. Od njega je kasnije nastao Savez američkih naučnika, koji je i u 80-im još uvek izuzetno angažovan i glasan kad je u pitanju nuklearna problematika. Pričalo se da je američka mornarica obavila opite na Bikiniju najviše zbog toga da bi pokazala da kopnena vojska nije jedina koja poseduje nuklearnu moć. Oko 42.000 posmatrača stiglo je sa 250 brodova i 150 aviona — vojska, štampa, političari, diplomati, pored hiljada naučnika koji su učestvovali u ovoj predstavi. Naučnici koji nisu bili uključeni u nju, tvrdili su da ovi testovi imaju mali eksperimentalni značaj i da će oni predstavljati samo „zveckanje oružjem" u doba kad se Ujedinjene nacije rvu sa problemom međunarodne kontrole nuklearne tehnologije. Njima, i mnogim drugima, čitav ovaj poduhvat delovao je kao sablasna reklama o najnovijem američkom proizvodu.

Bilo koji da je bio njihov *raison d'être*, eksperimenti na Bikiniju su imali jedan aspekt o kome tada javnost nije ništa znala. Da bi obezbedila neophodan prostor za svoj poduhvat, američka mornarica je u martu 1946. bezočno isterala 167 stanovnika Maršalskih ostrva sa Bikinija i prebacila ih na Rongerik, veoma udaljeno ostrvo, sa mnogo siromašnijom vegetacijom, nekvalitetnijim zemljištem i sa manje ribe, obećavajući ostrvljanima zlatna brda i doline — na šta je vrlo brzo zaboravila. Mornarica je uporno uveravala domoroce da će uskoro svi moći da se vrate svojim domovima. Ono što su izostavili da im kažu, bilo je to da su ovi opiti ostavili za sobom pustoš u nekad plodnoj laguni Bikinija, ispunili je radioaktivnim blatom i zatrovali sav život u moru u krugu više od 150 kilometara. Tek je 1968. dozvoljeno devetorici ostrvljana da se vrate na Bikini, koje je pod dejstvom nuklearnih eksplozija i njihovih naknadnih dejstava bilo izmenjeno do neprepoznatljivosti. Raskomadani ostaci američkih vojnih magacina i tornjeva nadvijali su se nad ostrvskom vegetacijom. Nova vegetacija bila je siromašna i neproduktivna; čak su i rakovi koji žive na kokosovim palmama — ogromni zglavkari koji su se smatrali delikatesom Maršalskih ostrva — bili u sebi nagomilali toliko stroncijuma-90 da je ostrvljanima moralo biti zabranjeno da ih jedu. I tako su 1980, s obzirom na to da su i sami nagomilali u sebi toliko radioaktivnosti, ostrvljani morali biti ponovo evakuisani sa Bikinija. Američke vlasti su na kraju bile prisiljene da priznaju da ovaj atol neće biti podoban za život čoveka još najmanje jedan vek. Prvi testovi na Bikiniju pompezno su nazvani „Operacija raskršće". Međutim, za ostrvljane oni su više ličili na ćorsokak.

Nije prošlo mnogo vremena od Hirošime i Nagasakija, kojima je šokantno završen drugi svetski rat, do prvih manifestacija nuklearne paranoje. Bombe su bile, naravno, napravljene zajedničkim naporom američkih i kanadskih naučnika i inženjera, ali je Inženjerijsko područje Menhetna — šifrovano ime za projekt građenja bombe — imao sva svoja glavna postrojenja u Americi. Do sredine leta 1945, Amerikanci su praktično bili preuzeli ovaj projekt, uključujući rukovođenje i, što je još važnije, kontrolu informacija. Samo nekoliko dana posle Nagasakija, Kongresu je predložen zakon čiji je krajnji cilj — Zakon o atomskoj energiji, tj. Mak Mahonov zakon — bio da se Amerikancima zabrani da svojim dotadašnjim saveznicima daju bilo kakav dalji uvid u informacije o nuklearnoj energiji. Razgovori na najvišem nivou, uključujući i one između trojice šefova vlada, bili su puni kontradikcija i bezuspešni. Na kraju, tri ratna druga odlučila su se za različite programe. Ionako male nade za efikasnu međunarodnu kontrolu nuklearne energije bile su mrtvorođene. I umesto toga, američke vojne probe na Bikiniju, izvedene 1946, i prvi sovjetski nuklearni eksperiment, 1949, otpočeli su nuklearnu trku. Oduvek je izgledalo da u njoj neće biti pobednika.

Čak ni Britanci ni Kanađani — a još manje njihove američke kolege — nisu smatrali Mak Mahonov zakon posebno pogrešnim korakom. Istina, naučnici su prekasno shvatili razdorne implikacije ovog zakona. On je, u početku, bio pozdravljen kao pobeda razuma, posebno zbog toga što je odbacio zahtev vojske da ima kontrolu nad nuklearnim naoružanjem. Umesto toga, Mak

122

Mahonov zakon je osnovao dva civilna organa koja je trebalo da preuzmu tu odgovornost i kontrolu: Komisija za atomsku energiju SAD (AEC) i Zajednički kongresni komitet za atomsku energiju (JCAE). Ovaj zakon je predao AEC potpunu kontrolu nad finansiranjem i upravljanjem posleratnog nuklearnog istraživanja i razvoja, kako vojnog, tako i civilnog. JCAE je trebalo da nadgleda rad AEC, kako bi odabrani predstavnici naroda mogli da prate i imaju uvid u američke aktivnosti na nuklearnom polju.

Mak Mahonov zakon je odmah zaveo red u nuklearnoj situaciji koja je usledila posle Nagasakija, ako nigde drugde onda bar u SAD. 1. januara 1947, AEC je i zvanično oformljena. Dobila je dobro parče federalnog budžeta i preuzela je sva postrojenja izgrađena za projekt Menhetn. Od tog datuma američki nuklearni razvoj dobio je novu dimenziju.

Osnovni zadatak AEC bio je, naravno, razvoj sve moćnijeg i efikasnijeg nuklearnog oružja, kao i obezbeđivanje infrastrukture, da bi se ono moglo proizvoditi u većim količinama. Bez sumnje, najžešća polemika, tokom prvih godina postojanja AEC, vodila se oko toga da li razvijati jedan novi oblik nuklearnog oružja, koji se već duže vremena nazivao „Super". Postoji granica kad je u pitanju količina fisionog materijala koji se može naglo spojiti da bi se uspešno postigla brza kritična konfiguracija. Prema tome, postoji granica ukupne količine energije koja se može osloboditi u čistoj fisionoj bombi. Kako je ovo oslobađanje energije jednako onom do kog dolazi prilikom eksplozije nekoliko stotina hiljada tona TNT — nekoliko stotina „kilotona" — moglo bi se pomisliti da je to dovoljno za većinu potreba. Ali, sovjetski i američki konstruktori oružja bili su drugačijeg mišljenja.

Ili, barem, neki od njih. Robert Openhajmer, briljantni direktor laboratorije u Los Alamosu za vreme rata, smatrao je da je Super loša zamisao i to mišljenje nije skrivao. Posle izvesnog vremena to je dovelo do jedne od najsramnijih epizoda u istoriji američke nauke, do „procesa" Openhajmeru u aprilu 1954, posle koga mu je bio potpuno uskraćen pristup nuklearnoj tehnologiji u čijem je dotadašnjem razvoju on bio ključna figura. Slučaj Openhajmer je razotkrio stav AEC, koji je ostao nepromenjen još dugo pošto je AEC proširila svoje sfere interesovanja i na civilnu primenu nuklearne energije. Jedno od izuzetnih ovlašćenja koje je Mak Mahonov zakon dao AEC sastojalo se u tome da AEC može da traži usluge od ogranaka izvršne vlasti — kao što su FBI i CIA. AEC je svake godine trošila milione dolara na iscrpnu kontrolu svojih službenika, navodno iz razloga „državne bezbednosti". Kontrola pristupa informacijama koju je sprovodila AEC uspostavila je praksu koju je kasnije bilo teško promeniti, pa čak i u slučajevima koji nisu imali veze sa vojskom.

Princip Supera bio je jednostavan. Ako je fisiona bomba okružena materijalom koji sadrži jezgra teškog vodonika — deuterijuma, ili, još bolje, tricijuma (vodonika-3, s jednim protonom i dva neutrona u jezgru) — paklena energija fisione eksplozije ubrzava laka jezgra tako da se ona sudaraju i stapaju u jezgra helijuma. Svaka „fuzija" dva jezgra vodonika u jedno jezgro helijuma dovodi do vatrometa neutrona i dodatne nuklearne energije — i opet, masa se pretvara u energiju.

Kako ne postoji neposredna gornja granica kad je u pitanju količina „stopljivog" materijala koji se može na ovaj način „upaliti", oslobađanje energije u fisiji-fuziji ili „termonuklearnoj" bombi — poznatijoj pod nazivom hidrogenska bomba — praktično je neograničeno. Dalja poboljšanja — ako je to prava reč — takođe su moguća. Reakcija fuzije, kao i reakcija fisije, otpušta slobodne, brze neutrone. To omogućava pravljenje „trospratne" bombe: fisiona bomba je okružena stopljivim vodonikom okruženim običnim uranijumom — što je mnogo jeftinije od teškog vodonika i neograničeno sa stanovišta kritičnosti. Spoljni sloj uranijuma presreta paljbu neutrona koji dolaze iznutra i podleže fisiji, još više povećavajući ukupnu količinu energije — i, uzgred, stvarajući dodatne, ogromne količine produkata fisije, mnogo veće nego kod malog fisionog „okidača".

Krajem 40-ih i početkom 50-ih godina svetom je dominirao strah od sve brže trke u naoružanju između SAD i SSSR-a. Špijunaža, kontrašpijunaža i atmosfera hladnog rata, učinile su da nuklearna tajanstvenost i nuklearne tajne postanu izvorište kolektivne paranoje. Ma kakvo da je bilo dejstvo Mak Mahonovog zakona u SAD, dotadašnji partneri SAD shvatili su to kao izdajstvo. Bes i negodovanje koji su usledili i dalje se provlače u vrhovima britanskih i kanadskih nuklearnih zajednica. Čak i zvanično američko saopštenje o bombi na Hirošimu shvaćeno je u Britaniji kao preterano veličanje američkih „zasluga". Britanski premijer je 6. avgusta 1945. dao jetku izjavu ističući ključne uloge Britanije i Kanade u projektu Menhetn. Međutim, kad su se početna negodovanja stišala, britanska i kanadska strana reagovale su sasvim različito. Kanađani su odlučili da niti žele, niti mogu da prave nuklearno oružje. Britanski naučnici koji su radili u laboratoriji u Montrealu, na ratnom projektu, bili su opozvani sa svoje dužnosti. S druge strane, oni su se osećali kao da im je neko uvalio preskupu, ali neupotrebljivu igračku, s obzirom na to da su dotad bili izgradili znatna postrojenja.

Britance je Mak Mahonov zakon duboko pogodio, te zbog toga nije bilo sumnje da će morati da započnu sa svojim sopstvenim programom za proizvodnju nuklearnog naoružanja. Britanska javnost — uključujući skoro ceo Parlament — nije o svemu ovome znala gotovo ništa. Samo jedan uzgredni komentar, dat u odgovoru ministra odbrane u Donjem domu 12. maja 1948, nagovestio je besomučnu aktivnost koja se tada odvijala: „Istraživanje i razvoj i dalje imaju najveći prioritet u odbrani zemlje i razvijaju se sve vrste oružja, uključujući i atomsko." To je bilo sve; ministar nije hteo ništa više da kaže, jer to nije bilo „u interesu javnosti". Organizacija koja je dobila zadatak da razvija britansko nuklearno naoružanje, bilo je Odeljenje za proizvodnju atomske energije, Ministarstva za rezerve, od koje je kasnije nastalo Nadleštvo za atomsku energiju Ujedinjenog Kraljevstva (UKAEA).

U roku od samo dve i po godine, Odeljenje za proizvodnju završilo je izgradnju postrojenja za proizvodnju uranijuma i uranijumskog goriva u Springfildsu. Prva vindskejlska gomila, napravljena od goriva iz Springfildsa, dostigla je kritičnost jula 1950. U to vreme, izgradnja pogona za regeneraciju još uvek nije bila počela; prvo ozračeno gorivo ušlo je u pogon za regeneraciju krajem februara 1952. Prva britanska nuklearna bomba je 3. oktobra 1952, pretvorila u prah fregatu „Plim" u vodama ostrva Monte belo, u blizini severozapadne obale Australije.

Još nekoliko zemalja, pored Britanije, SAD i Kanade, došlo je do ranih saznanja o nuklearnoj tehnologiji. Nemačka, Poljska, Mađarska i druge istočnoevropske zemlje dale su veliki broj naučnika koji su otišli u Britaniju i SAD posle dolaska nacista — a, naravno, i neke koji nisu. Francuski naučnici su učestvovali u ratnim savetovanjima koja su dovela do projekta Menhetn. Norveška je imala svoje postrojenje za proizvodnju teške vode u Vemorku — sve dok ga norveški partizani nisu digli u vazduh 1943. Sovjetski Savez je bio veoma zainteresovan za nuklearnu tehnologiju još mnogo pre drugog svetskog rata.

Sovjetski Savez je bio prva od ovih zemalja koja je započela ozbiljna nuklearna istraživanja i razvojni program. Kao i sve druge nacije, i tada kao i od tada, Sovjeti su smatrali da se nuklearna problematika tiče samo države, i da je ne treba prepuštati industriji ili naučnim krugovima. Još 1943, dok su nemačke trupe bile duboko unutar sovjetske teritorije, vlada SSSR-a je osnovala institut za istraživanje nuklearnog naoružanja u Moskvi, kojim je rukovodio Igor Kurčatov, po kome je ovaj institut kasnije dobio ime. Sovjetski nuklearni program bio je isto toliko intenzivan kao i američki. Prva sovjetska fisiona bomba eksplodirala je avgusta 1949, a termonuklearna tačno četiri godine kasnije.

Kad je 1950. predsednik Truman dao zeleno svetlo za razvoj Supera, podignuto je još jedno ogromno postrojenje AEC: kompleks Savana River u Južnoj Karolini, sa više reaktora za proizvodnju plutonijuma (ovog puta sa teškom vodom kao moderatorom), sa samostalnim pogonom za regeneraciju, skladištem za otpatke i svim ostalim. Ali Super nije bio baš super. Obično se Amerikancima pripisuje da su izvršili prvu termonuklearnu eksploziju na Enivetoku, na Maršalskim ostrvima, 1. novembra 1952. Međutim, to ni slučajno nije bila prava „H-bomba". Bila je to eksplozija ogromnog eksperimentalnog uređaja, teškog skoro 60 tona — bilo bi podjednako lako baciti na neprijatelja neku fabriku. U sovjetskoj termonuklearnoj eksploziji od 12. avgusta 1953. bila je upotrebljena prava H-bomba, prenosiva i ispustiva. Dobar deo AEC imao je druge stvari na umu kad se 8. decembra 1953. predsednik Ajzenhauer obratio Ujedinjenim nacijama, predlažući program „Atomi za mir".

Namučeni atol Bikini doživeo je 1. marta 1954. svoju prvu H-bombu, nazvanu Kasl Bravo. Očekivalo se da će eksplozija imati jačinu od 7 miliona tona — megatona — TNT. Međutim, ona je imala snagu od 15 megatona. Jedan američki razarač našao se na putu radioaktivne prašine i njegova posada je obavila odgovarajuće mere zaštite: zatvorili su sve otvore na palubi, smestili sve ljude u potpalublje i sačekali da automatski šmrkovi speru kontaminaciju sa spoljnih površina broda. Međutim, 236 stanovnika Rongelapa, Rongerika i Uterika, na Maršalskim ostrvima, i dvadeset i tri člana posade japanskog ribarskog broda „Fukurju Maru" nisu znali ništa o eksploziji, a još manje o merama zaštite.

Uterik, Rongerik i Rongelap nalaze se oko 160 kilometara istočno od Bikinija. Ipak, vetar koji je duvao iz pravca koji nije bio očekivan, preneo je radioaktivnu prašinu sve do ova tri ostrva. AEC je 11. marta, izdala sledeće saopštenje za štampu:

Tokom rutinskog atomskog eksperimenta na Maršalskim ostrvima, dvadeset i osam službenika SAD i 236 stanovnika prebačeno je sa obližnjeg atola na ostrvo Kvadžalejn, po planu, u okviru mera bezbednosti. Ovi pojedinci bili su neočekivano izloženi izvesnoj radioaktivnosti. Nije bilo nikakvih opekotina. Izvešteni smo da se svi osećaju dobro. Posle završetka atomskih proba, domoroci će biti vraćeni svojim kućama.

Rodžer Rapaport, pronicljivi američki reporter, sarkastično je primetio da se evakuacija zaista odvijala po „planu", međutim, da je taj plan napravljen tek pošto je došlo do nesreće:

Žrtve su pretrpele beta-opekotine, mestimično opadanje kose, kožne povrede, promene u pigmentu i ožiljke. Mnogim domorocima je bilo veoma loše. Patili su od anoreksije (gubitka apetita), muke, povraćanja i iscrpljenosti, zbog nastalih promena u krvi. Tokom sledećih šesnaest godina, kod dvadeset i jednog domoroca sa Rongelapa došlo je do poremećaja štitne žlezde, a tiroidektomija je izvršena kod njih osamnaest. Samo kod dvoje od devetnaestoro dece, koja su bila mlađa od deset godina u vreme nesreće, nije došlo do poremećaja štitne žlezde, a dvoje su ostali kepeci.

Još tri godine posle Kasl Brava, Rongelap je bio previše radioaktivan da bi ostrvljani mogli da se vrate na njega.

Intervencija helikopterske službe američke mornarice na Kvadžalejnu nesumnjivo je imala dvostruku svrhu barem što se tiče pogođenih stanovnika Maršalskih ostrva. Posvećena im je pažnja koja im je bila toliko potrebna, ali je istovremeno obezbeđeno da ova pažnja ne bude propraćena i nečijom tuđom pažnjom, koja bi mogla da dovede one koji su izveli ovaj test u još neprijatniji položaj. Američka mornarica nije znala da je njen patrolni avion previdio japanski ribarski brod „Fukurju Maru", koji je 1. marta lovio tunu istočno od Bikinija, izvan radijusa obeležene test-zone. U jednom trenutku ribarima se učinilo da se sunce rađa na zapadu. U roku od nekoliko sati, brod i posada bili su zasuti belim pepelom. Iste večeri, dva člana posade su povraćala i pala u nesvest. 3. marta su i ostali počeli da pate od istih simptoma, bolele su ih oči i svrbela ih je koža. Očigledno, nešto nije bilo u redu. „Fukurju Maru" se okrenuo i zaplovio ka matičnoj luci Jaizu. Tamo je stigao dve nedelje kasnije; celokupna posada je patila od radijacione bolesti, a brod je još uvek bio kontaminiran radioaktivnošću. I posle šest meseci neki članovi posade su još uvek bili u bolnici. 23. septembra 1954. telegrafista Aitiki Kubojama je umro.

Sudbina broda „Fukurju Maru" došla je na prve stranice novina u celom svetu. Ironija je htela — „Fukurju Maru" znači „Srećni zmaj" — da cela ova tužna priča bude još tužnija. Japanci su bili prve žrtve atomske bombe; a jedan Japanac je bio prvi čovek koji je umro od dejstva hidrogenske bombe. Bolna sudbina „Fukurju Maru" još više je pojačala duboku psihološku odbojnost koju su Japanci osećali prema nuklearnoj energiji. Četiri decenije posle Hirošime i Nagasakija, i tri decenije posle „Fukurju Maru", japansko nepoverenje prema nuklearnoj energiji ostalo je duboko usađeno kao i ranije.

Radioaktivni povratak „Fukurju Maru" uzbudio je svet i šokirao ga mogućim posledicama radioaktivnih padavina. Samo mesec dana kasnije, aprila 1954, Indija je tražila obustavu nuklearnih proba; nije potrebno naglašavati da nije naišla na veće razumevanje. 1955. Generalna skupština UN usvojila je rezoluciju o osnivanju naučnog komiteta koji bi istraživao dejstva radijacije i nuklearnih testova — Naučni komitet UN za dejstva atomske radijacije (UNSCEAR). Igra velikih sila, koje su obavljale nuklearne probe, nastavila se istim tempom, kao i testovi i padavine, a napori naučnika i javnosti da se u sve ovo unese trunka razuma ostajali su bez rezultata. Bertrand Rasel je napisao apel, koji je potpisao i Albert Ajnštajn dva dana pre svoje smrti, koji je poznat kao Rasel—Ajnštajnov manifest. Njime su se pozivali naučnici svih zemalja da se ujedine u traženju izlaza iz ćorsokaka u koji su svet dovela nuklearna otkrića. Profesor Džozef Rotblat, koji je napustio Los Alamos kad je postalo jasno da nacistička Nemačka neće biti u stanju da proizvede nuklearno oružje, prihvatio se organizovanja jedne takve nezvanične naučne konferencije. Jedan američki milionar prihvatio je da bude domaćin prvog skupa u svom rodnom mestu Pagvošu, u Novoj Škotskoj. Pagvoški pokret je od prvog sastanka izrastao u jednu od najefikasnijih i najuticajnijih međunarodnih organizacija koje su omogućavale kontakte između vodećih naučnika SAD, SSSR-a i drugih zemalja. Njegov osnovni cilj bio je — i ostaje — pronalaženje puteva za kontrolu nuklearnog naoružanja i smanjivanje dosad najveće pretnje čovečanstvu.

Već 1956. godine, AEC je bio spreman da prizna da će, ako neka životinja, recimo krava, pase travu poprskanu stroncijumom-90, koji je hemijski sličan kalcijumu, ne samo njene kosti i njeno mleko sadržati ovaj radioizotop. AEC je sa zakašnjenjem priznala da mleko predstavlja najopasniji izvor stroncijuma-90 u ljudskoj ishrani. Savetodavni komitet AEC za biologiju i medicinu, nasuprot svojim ranijim tvrdnjama, zaključio je 1957. da su padavine nastale kao posledica nuklearnih testova do kraja 1956. već verovatno dovele do 2.500—13.000 većih genetskih poremećaja godišnje, u globalnim razmerama. U međuvremenu, oni koji nisu pripadali AEC ukazivali su na opasne radioizotope koje je AEC prethodno ili propustila da ozbiljno shvati, ili ih je potpuno ignorisala — radioizotope kao što su ugljenik-14 i jod-131. Postalo je očigledno da su ispitivanja padavina koja je vršila AEC, obično potpuno previđala jod-131, zbog njegovog kratkog, osmodnevnog poluživota, uprkos činjenici da se jod-131 koncentriše, kao svi ostali izotopi joda, u štitnoj žlezdi i da je u stanju da bude mnogo opasniji (pogotovu po decu) nego što bi se to dalo zaključiti po njegovoj koncentraciji u spoljašnjoj sredini.

Uglavnom zbog pritiska javnosti i naučne zajednice van AEC, američka Zdravstvena služba je 1957. organizovala sistem za praćenje radioaktivnih padavina, koji se uskoro razvio u široku mrežu stanica gde su se često uzimali uzorci. Ubrzo su otkriveni stroncijum-89 i 90, jod-131 i drugi opasni radioizotopi u količinama koje su bile obespokojavajuće. Klasična studija Ralfa Lepa, *Putovanje Srećnog zmaja*, pokazala je da je AEC sve samo ne skrupulozna u odnosu prema opštoj dobrobiti.

Od sredine 50-ih godina naovamo, kao posledica problema padavina, svetska javnost je počela da poklanja više kritičke pažnje aktivnostima nuklearnih organizacija. Briga javnosti sve više je obuhvatala ne samo nu-

130

klearno oružje već i rastući zvanični entuzijazam za civilne primene nuklearne energije.

Predsednik Ajzenhauer je u svom predlogu „Atomi za mir" naslutio dalji razvoj događaja na američkoj nuklearnoj sceni. Novi Zakon o atomskoj energiji iz 1954. omogućio je privatnim licima da grade reaktore i da poseduju fisioni materijal sa dozvolom AEC, a takođe je obelodanio čitav niz korisnih podataka. Međutim, amečka industrija, u to vreme, nije bila preterano zainteresovana za proizvodnju nuklearne električne energije. Ova tehnologija je svakako obećavala, i relativno trezvene procene mogućih proizvodnih troškova bile bi možda prihvatljive da nije bilo jeftine nafte i — još isplatljivijih — ogromnih rezervi domaćeg prirodnog gasa i uglja.

Bilo je malo sumnje da se snažni reaktori nekoliko različitih konstrukcija mogu izgraditi i da će oni proizvoditi električnu energiju po razumnoj ceni. Međutim, samo najveći optimisti su očekivali da će energetski reaktori biti u stanju da se ekonomski takmiče u SAD sa postrojenjima za proizvodnju električne energije na fosilna goriva, pre sredine 60-ih. S druge strane, bilo je jasno da ukoliko se ova tehnologija uvede, ona neće moći da bude ekonomski isplativa od samog početka. U skladu s tim, AEC je započela rad na Projektu za zajednički razvoj energetskog reaktora, a američka industrija počela da pokazuje prve znake interesovanja.

Američka superiornost u nuklearnom iskustvu i objektivnim mogućnostima, pružala im je obilje izbora kad se radilo o njenom korišćenju u civilne svrhe. Međutim, isto ovo obilje mogućnosti i izbora učinilo je ovaj ekonomski kontekst nepovoljnim. Situacija u Velikoj Britaniji bila je sasvim suprotna. Njihove skučene mogućnosti primoravale su ih da usredsrede svoje napore na jedno veoma usko polje tehnologije. Situacija u kojoj su se našle posleratne evropske ekonomije, sa ograničenim zalihama klasičnih goriva, po relativno visokim cenama, dovela je do toga da proizvodnja električne energije uz pomoć nuklearne tehnologije deluje primamljivo. Krajem četrdesetih godina Britanski institut za istraživanje atomske energije u Harvelu počeo je sa uživanjem da rešava konstruktivne probleme koje su nametali energetski reaktori.

Avgusta 1952. šefovi generalštaba izdali su naredbu da se u velikoj meri poveća proizvodnja plutonijuma za oružje. Energetski reaktor koji je do tada proizvodio plutonijum kao nusprodukt, od tada bi se smatrao reaktorom za proizvodnju plutonijuma koji proizvodi energiju samo kao nusprodukt. Projekti za takav dvonamenski reaktor već su bili u toku pod nazivom „Pipa" (gomila pod pritiskom koja proizvodi energiju i plutonijum). Pipa je marta 1953. dobila zeleno svetlo. Ona je sada poznata kao prvi reaktor u Kalder Holu. U nekom smislu njegova konstrukcija bila je jedna vrsta „Hobsonovog izbora" *(prim. prev.*: situacija u kojoj nema nikakvog izbora) — nije bilo ni dovoljno obogaćenog uranijuma, niti dovoljno teške vode za neka druga povoljnija rešenja, a brzooplodni reaktor nije spadao u kategoriju proizvodnih reaktora za kratkoročne svrhe. U to vreme već je postojala iscrpna i ozbiljna studija o ekonomskom položaju energetskog reaktora na prirodni uranijum, koju je izradio R. V. Mur sa instituta u Harvelu, u jesen 1950. U njoj je Mur upoređivao efikasnost nuklearne centrale od 90 MWe sa sličnom centralom na ugalj (vidi poglavlje 7). Ona je odredila suštinsku osnovu ovog ekonomskog poređenja, koja je ostala važeća tokom niza godina: ugalj zahteva niske kapitalne troškove i visoke troškove održavanja, dok nuklearna energija zahteva visoke kapitalne troškove i niske troškove održavanja. Murova analiza je pokazala da se tačka ukrštanja, na kojoj nuklearni elektricitet dobijen iz prirodnog uranijuma postaje jeftiniji od onog koji je dobijen sagorevanjem uglja, nalazi u okviru onoga što se tada moglo lako dostići postojećom tehnologijom.

U 80-im godinama neke od Murovih tvrdnji izazivaju u nama izvesnu dozu gorčine, međutim, suština njegovih postavki je i dalje izuzetno relevantna. Otkako je svetska cena nafte započela svoj spektakularni rast, naglo se povećalo interesovanje za proizvodnju nuklearne električne energije. Tačka na kojoj postaje jeftinije (kako u pogledu kapitalnih troškova, tako i u pogledu troškova održavanja) proizvesti jedinicu električne energije od uranijuma nego od nafte, znatno se pomerila u korist uranijuma. Problemi u vezi sa ekologijom i radnom snagom u industriji uglja doveli su do slične promene u ravnoteži između uranijuma i uglja. Naravno, pitanja u vezi sa troškovima ne čine celu nuklearnu priču — niti je na njih tako lako odgovoriti, kao što ćemo videti u poglavlju 7.

5. REAKTORI U POGONU I VAN POGONA

Odlučivanje o nuklearnom razvoju bilo je od samog početka prerogativ države. Sve dok su nuklearne aktivnosti bile usmerene isključivo u vojne svrhe, ovo je bilo na mestu. Međutim, kako su civilne primene nuklearne energije dobijale sve više u značaju, odnos između vlade, naučne zajednice, industrije i trgovine progresivno je postajao sve kompleksniji. Konkretni detalji razlikovali su se od države do države, kao što ćemo to videti. Ali, međunarodna saradnja na ovom planu se razvijala na način koji se nije mogao uporediti sa saradnjom ni u jednoj drugoj oblasti ljudske aktivnosti, naročito kad je ciklus nuklearnog goriva, korak po korak počeo da ispoljava svoje, kako civilne, tako i vojne, aspekte.

Prva nacija koja je dala prednost civilnim nad vojnim aspektima nuklearnih aktivnosti, bila je Kanada. Kao treći partner, sa Velikom Britanijom i SAD, u projektu Menhetn, Kanada je izabrana za mesto izgradnje velikih eksperimentalnih postrojenja, uključujući tu i prvi reaktor izvan SAD. Međutim, posle drugog svetskog rata, Britanija je opozvala većinu svojih naučnika iz Kanade da bi preuzeli britanski nuklearni program. Kanadska vlada nije videla nikakvog smisla u razvoju sopstvenog nuklearnog naoružanja; ovaj stav ona je zadržala sve do danas. Pa ipak, Kanada je započela izgradnju nuklearnog postrojenja u Čok Riveru, nekih 200 kilometara severno od Otave, na kojem su radovi već bili dosta odmakli kad su Britanci otišli.

Prva dva kanadska reaktora, izgrađena u Čok Riveru, bili su mali ZEEP reaktor i znatno veći NRX, koji su postali kritični 1947, a dostigli svoj pun kapacitet od

40 MWt maja 1948. NRX je bio istraživački reaktor i, u nekim pogledima, prvi prethodnik KANDU reaktora. Kao i većina reaktora sa teškom vodom, NRX je bio efikasan u proizvodnji plutonijuma, koji je Kanada prodavala SAD i Britaniji. Ova praksa je kasnije nastavljena i proširena sa narednim kanadskim reaktorima. Prodaja plutonijuma ovim oružanim silama pomogla je da se finansira prva decenija mirnodopskog nuklearnog istraživanja u Kanadi. Rad Čok Rivera zasnivao se uglavnom na korišćenju NRX za široki opseg fundamentalnog istraživanja. On je uskoro postao najuspešniji eksperimentalni reaktor na svetu. I onda, ironija je htela, prva zemlja koja je, nakon drugog svetskog rata, odlučila da razvija svoje nuklearne kapacitete isključivo u istraživačke svrhe bila je prvi domaćin reaktorske nesreće.

Jedan tehničar je 12. decembra 1952. u podrumu zgrade NRX greškom otvorio tri ili četiri ventila (tačan broj nikad nije bio ustanovljen) koji su podigli tri ili četiri od 12 reaktorskih šipki za gašenje iz jezgra. Nadzornik, videvši crvena svetla na kontrolnoj tabli, ostavio je svog pomoćnika da ga zamenjuje i otišao da vidi šta se događa. Kad je stigao u podrum, istog trenutka je shvatio šta se dogodilo, podesio je ventile i telefonirao svom pomoćniku da pritisne dugmad 4 i 3 da bi uspostavio normalni rad reaktora. U žurbi, on je pogrešno rekao „4 i 1"; pre nego što je stigao da se ispravi, njegov pomoćnik je spustio slušalicu i postupio onako kako mu je rečeno. Ono što nisu znali ni jedan ni drugi, bila je činjenica da su se podešavanjem ventila ugasila crvena svetla, ali da se šipke nisu u potpunosti vratile u jezgro — pomoćnik nije imao razloga da sumnja u naredbu da pritisne dugme 1. To je dovelo do toga da su još četiri šipke za gašenje bile podignute iz jezgra; energetski nivo reaktora počeo je da raste. U roku od dvadeset sekundi, pomoćnik je shvatio da nešto nije u redu i pritisnuo dugme: GAŠENJE. Posle ovoga, sve izvučene šipke za gašenje trebalo je da se vrate u jezgro, ali do toga nije došlo. Samo se jedna od sedam ili osam izvučenih šipki spustila i to veoma polako — trebalo je oko 90 sekundi da se spusti za preko tri metra. Tehničari su odlučili da je neophodno izbaciti tešku vodu iz kalandrije — poslednja mera predostrožnosti za gašenje fisione reakcije. Teškoj vodi je bilo potrebno 30 sekundi da iscuri iz rezervoara i instrumenti su pokazali da je energetski nivo reaktora pao na nulu.

Međutim, u podrumu, nadzornik i još jedan tehničar videli su kako voda ističe iz sistema. Pritrčali su sa kofom, misleći da je to teška voda — ali, to je, u stvari, bila radioaktivna laka voda koja je služila kao rashlađivač. Iznad njih se čula tutnjava i voda je u mlazu šikljala iz reaktora. Alarmi za radioaktivnost su se začuli, kako u reaktorskoj zgradi, tako i u zgradi za hemijsku ekstrakciju na drugom kraju postrojenja Čok River. Sirene su upozorile prisutno osoblje da se skloni unutra; nekoliko minuta kasnije došlo je do naređenja da se evakuiše čitavo postrojenje. Ostalo je samo osoblje u kontrolnoj sobi, sa navučenim gas-maskama. Od početka do kraja, čitava nesreća je trajala samo 70 sekundi.

Slučajno podizanje kontrolnih šipki omogućilo je lančanoj reakciji da se do te mere ubrza, da je oslobođena toplota dovela do topljenja jednog dela uranijumskog goriva. Fisiona energija nije bila ta koja je dovela do eksplozije. Međutim, toplota koja je dovela do toga da proključa jedan deo rashladne tečnosti, stvorila je mehuriće pare koji su mnogo slabije apsorbovali neutrone, što je fisionoj reakciji omogućilo da se još više ubrza. U roku od nekoliko sekundi, istopljeno uranijumsko gorivo i aluminijumska obloga počeli su da reaguju sa vodom i parom; vreli uranijum je odstranio kiseonik iz molekula vode ostavljajući slobodni vodonik; ovaj vodonik, pomešan sa bujicom spoljašnjeg vazduha koji je prodirao kroz naprsli cevovod, i eksplozija do koje je došlo bacili su četvorotonski rezervoar helijuma i nabili ga do svoda prostorije.

Skok temperature i pritiska, hemijske reakcije i eksplozije u velikoj meri su oštetili jezgro reaktora i rasuli radioaktivnost u svim pravcima. Oko 10.000 kirija dugovečnih produkata fisije dospelo je u podrum isticanjem 4 miliona litara rashladne vode. Srećom, mere bezbednosti u ovom postrojenju bile su efikasne. Kasnije je javljeno da niko od osoblja nije bio izložen prekomernoj radijaciji tokom same nesreće, a da je u toku čišćenja — dugotrajnog i prljavog posla, koji traje mesecima — najveća primljena doza iznosila samo 17 rentgena, dok je kod većine drugih bila ispod 4 rentgena. Mada znatno iznad dozvoljenih nivoa, one su u ovakvim uslovima predstavljale relativno nisku ozračenost. Kad se uzme u obzir da je ova nesreća obuhvatala skoro potpuno otkazivanje sistema za gašenje, osoblje zaposleno u ovom reaktoru se može smatrati čak i srećnim.

Nema potrebe naglašavati da je dugotrajna radioaktivna kontaminacija predstavljala jednu od najtežih prepreka za one koji su bili zaduženi da srede sav taj lom. U stvari, bila je to neka vrsta podviga: oni su uspeli da za kratko vreme usavrše metod pomoću koga su izvukli čitavu kontaminiranu kalandriju iz unutrašnjosti reaktorskog zaštitnika i zamenili je novom. Mali broj onih u Čok Riveru bi se te večeri, 12. decembra 1952, usudio da pomisli da će NRX opet proraditi posle ovog žestokog štucanja. Međutim, u roku od samo 14 meseci, NRX je opet bio onaj stari — na vreme da krajem 50-ih godina odmeni svog naslednika, 200 MWt NRU, kad je on tokom čitava dva meseca bio intenzivno dekontaminiran. Njegova dekontaminacija je postala neophodna 25. maja 1958, kad se jedan ozračeni gorivni element slomio i izazvao požar unutar mašine za zamenu goriva NRU. U jednom trenutku, metar dugački, snažno radioaktivni gorivni element, ispao je iz mašine za zamenu goriva i zapalio se. Na sreću, on se zaustavio u kanalu za održavanje; doza radijacije u kanalu je procenjena na čak 10.000 rentgena na sat. Oko 600 ljudi učestvovalo je u čišćenju, a 400.000 kvadratnih metara oko zgrade NRU bilo je kontaminirano.

Kao i Kanađani, i Francuzi su učestvovali u ranim fazama projekta Menhetn, a onda su polako ispali iz kombinacije. Kao i Kanađani, Francuzi su, odmah posle drugog svetskog rata, započeli vladin nuklearni poduhvat, koji je imao čisto istraživačke svrhe: Commissariat à l'Energie Atomique (CEA). Kao i Kanađani, Francuzi su imali na raspolaganju znatne zalihe uranijuma. Međutim, za razliku od Kanađana, Francuzi su sredinom 50-ih počeli da se pitaju da li bi ipak možda bilo poželjno nastaviti sa razvojem nuklearnog naoružanja. Njihov prvi reaktor, ZOE ili — manje poetično — EL-1, dostigao je kritičnost 1948. u istraživačkom centru u blizini Pariza. Do 1952. god. prvi francuski nuklearni energetski program bio je potpuno razrađen. Vazduhom hlađeni reaktog G-1 sa grafitnim moderatorom, u Markulu, dvonamenski energetski reaktor od 3 MWe, koji je bio namenjen i proizvodnji plutonijuma, dostigao je kritičnost 1956, poput svog većeg britanskog rođaka u Kalder Holu. Kao i u Britaniji, prve komercijalne nuklearne centrale u Francuskoj bile su potomci reaktora za proizvodnju plutonijuma. Centrala od 70 MWe, Šinon-1, koja je izgrađena na Loari za Elektricité de France, dostigla je kritičnost septembra 1962.

Posle početka rada Obnjinska, „Prve atomske centrale" APS-1, i sa postepenim popuštanjem zategnutosti Istok—Zapad, sovjetski nuklearni napori takođe su se proširili sa vojnih na civilne primene. Prva sovjetska industrijska nuklearna centrala izgrađena u Troitsku, u jugozapadnom Sibiru, počela je da radi 1958. Njeni reaktori, kojih je ukupno bilo šest, bili su potomci obnjinskog postrojenja sa snagom od po 100 MWe. U pitanju je bio poseban sovjetski projekt, nazvan RBMK, sa grafitnim moderatorom, koji oblaže cevi pod pritiskom, ispunjene lakom vodom koja služi kao rashladno sredstvo. Radovi su, takođe, otpočeli i u sovjetskoj verziji reaktora sa vodom pod pritiskom — „WWR" na ruskom. Prvi RVP od 265 MWe startovao je u Novovoronježu oktobra 1963. godine.

UKAEA je osnovano 1. januara 1954. godine, a vladina Bela knjiga, objavljena 1955, postavila je osnove programa razvoja nuklearne energije u civilne svrhe. Bela knjiga je istakla očekivani rast potražnje električne energije u Britaniji, nesposobnost industrije uglja da izađe nakraj sa ovom potražnjom i verovatnoću da će se nuklearna električna energija, na kraju, pokazati jeftinijom od one koja se dobija sagorevanjem uglja. Bela knjiga se nije upuštala u to da li će nuklearni elektricitet biti odmah konkurentan uglju, već je samo tvrdila da se ne sme dozvoliti da Britanija izgubi vođstvo u tehnologiji. Na osnovu pretpostavke da će električna energija dobijena nuklearnim putem biti po ceni jednaka onoj dobijenoj od uglja, britanska vlada je dala zeleno svetlo programu od 12 nuklearnih centrala koje je trebalo izgraditi tokom nastupajuće decenije. Ovaj program je kasnije dva puta revidiran, oktobra 1957, i juna 1960, kao preambiciozan. Čak i pre nego što je počeo rad Kalder Hola, CEGB je počeo da naručuje prvu generaciju komercijalnih centrala Magnoks, počevši sa reaktorskim centralama-blizancima u Berkliju, u Glosteršajru i Bredvelu u Eseksu.

Osmog oktobra 1957. fizičar koji je bio zadužen za Vindskejlski reaktor za proizvodnju plutonijuma — Broj jedan — prerano je pritisnuo jedan prekidač. On je obavljao rutinsku operaciju, poznatu kao „oslobađanje Vignerove energije", koja se sastoji u dizanju i spuštanju energetskog nivoa. Uz pomoć svojih uređaja, on je zaključio da je temperatura jezgra opadala, a da nije u potpunosti došlo do željenog oslobađanja Vignerove energije. Pri sebi nije imao ni uputstva za upravljanje reaktorom, sa posebnim odeljcima o oslobađanju Vignerove energije, niti druge dovoljno detaljne instrukcije. Bez obzira na to, ovaj fizičar je odlučio da malo poveća energetski nivo da bi tako podigao temperaturu i završio oslobađanje Vignerove energije. Ono što on nije znao, bilo je da se termoparovi, koji registruju temperaturu jezgra ne nalaze u najtoplijem delu. Na nekim mestima u jezgru temperature su bile znatno više nego što je to ovaj fizičar pretpostavljao. Kad je on tog dana, u 11.05 pre podne, izvukao kontrolne šipke da bi ponovno podigao energetski nivo, nastalo povećanje temperature dovelo je do paljenja barem jedne gorivne šipke.

Mislio je da je sve u redu. Sve do 5.40 ujutru, 10. oktobra — tj. posle 42 sata i 35 minuta — nije bilo nikakvih spoljašnjih znakova da nešto nije u redu unutar jezgra reaktora Broj jedan, u Vindskejlu. A tada su instrumenti počeli da pokazuju da radioaktivnost dopire do filtera na vrhu dimnjaka za izbacivanje rashladnog vazduha. Ovi filteri bili su poznati pod imenom „Kokroftova budalaština"; ser Džon Kokroft je insistirao da se oni postave, nakon izgradnje dimnjaka, kao mera bezbednosti — što je naišlo na podsmeh kod nekih od njegovih kolega. Ispalo je da je „Kokroftova budalaština" verovatno sprečila da se jedna veća nezgoda pretvori u katastrofu. Kad su zaposleni u Vindskejlu shvatili da nešto nije u redu, paklena vatra se već širila na sve strane.

Na žalost, niko nije znao šta da radi. Istopljeni uranijum i obloga, natopljeni produktima fisije, pomamno su goreli u oko 150 gorivnih kanala, potpomognuti bujicom vazduha koji tada već više nije bio u stanju da hladi jezgro. I grafit je bio sav u plamenu. Tom Tuhi, kasnije generalni direktor Vindskejla, seća se kako je stajao na kapku iznad gomile sa maskom na licu i posmatrao kroz otvor iznad rashladnog bazena plamenove koji su izbijali iz jezgra i poigravali po betonskom štitniku spoljnog zida — čije su specifikacije zahtevale da se njegova temperatura održava na određenom nivou, da ne bi oslabio i srušio se. Na vrhuncu požara, u vatri se našlo 11 tona uranijuma.

Osoblje Vindskejla je vrlo dobro znalo da voda i istopljeni metal u međusobnom kontaktu mogu da reaguju, pri čemu bi metal oksidisao, a vodonik bi se pomešao sa spoljašnjim vazduhom i eksplodirao. Niko nije mogao biti siguran da takva eksplozija ne bi razorila zaštitnik i oslobodila pakleni oblak smrtonosne radioaktivnosti. Pojedinci su insistirali da se mora najpre pokušati sa ugljen-dioksidom, uprkos Tuhijevoj nepokolebljivoj tvrdnji da će — pri ovakvoj temperaturi — kiseonik iz ugljen-dioksida hraniti plamen isto tako dobro kao i vazduh.

Jedna cisterna svežeg, tečnog ugljen-dioksida upravo je bila stigla u Kalder Hol. Tuhijevo predviđanje pokazalo se potpuno tačnim; kada je na njega sipan ugljen-dioksid, plamen se samo još više razbuktao. Jedini preostali izlaz bila je voda. U ranu zoru, 11. oktobra, doneta je odluka: šef policije u Kamberlandu je upozoren na mogućnost uvođenja vanrednog stanja. Vatrogasną creva dovučena su do strane s koje se reaktor puni gorivom. Mlaznice na šmrkovima bile su odsečene i šmrkovi su uvučeni u otvore za punjenje gorivom, koji su se nalazili na oko jedan metar od centra požara. Do tog trenutka, vatra je već nekontrolisano besnela preko 24 časa. Tuhi je naredio svima da napuste postrojenje; ostali su samo on, jedan njegov saradnik i šef lokalne vatrogasne službe. U 8.55 ujutru odvrnuli su slavine.

Uspeli su. Vatra se polako stišala i ugasila. Ali to nije bio kraj njihovim nevoljama. Osoblje se borilo sa vatrom već jedan dan, pre nego što su štampa i javnost, uključujući i lokalno stanovništvo, saznali da se u Vindskejlu nešto čudno događa. Još dok su Tuhi i njegovi saradnici pokušavali da savladaju požar, bilo je jasno da je došlo do oslobađanja ogromnog oblaka radioizotopa iz istopljenog goriva. Filteri u odžacima su zaustavili veliki deo radioaktivnosti, ali ne svu. Postavilo se pitanje — koliko je radioaktivnosti promaklo kroz dimnjak i spustilo se na Vestmorlend i Kamberlend? Da li se ona širila i dalje? Koje je vrste i koliko je opasna? I, što je najvažnije od svega — šta treba učiniti, i to brzo?

Odmah je identifikovan jedan od najopasnijih radioizotopa — jod-131, koji ima kratak poluživot, visoku aktivnost i instinkt da se nastanjuje u ljudskoj štitnoj žlezdi. (Posle izvesnog vremena, procenjeno je da je nekih 20.000 kirija joda-131 otišlo u atmosferu.) Donete su odgovarajuće odluke. S obzirom na to da će stoka koja pase na poljima zagađenim radioizotopima dati mleko koje sadrži radioaktivni jod, takvo mleko se ne sme piti. U skladu s dogovorom između AEA, lokalne policije, Udruženja proizvođača mleka i Ministarstva za poljoprivredu, ribarstvo i prehrambene namirnice, mleko sa površine veće od 500 kvadratnih kilometara — oko 2 miliona litara — bačeno je u reke i more. Pričalo se da je najgora posledica požara u Vindskejlu bio kiseli zadah mleka koji se nedeljama širio po okolini. Farmeri su dobili odštetu od vlade; takođe se pričalo da, sudeći po zahtevima za odštetu, lokalna goveda mora da daju mnogo više mleka nego bilo koja druga u zemlji.

Nikad nije objašnjeno zašto se vlada odlučila za dramatični potez bacanja mleka, umesto da ga je jednostavno pretvorila u prah, i ostavila da odleži nekoliko nedelja do raspada radioaktivnog joda. Mora da je vlada očekivala žestoko javno negodovanje ukoliko bi se „radioaktivno mleko" ipak pojavilo na tržištu. Takođe je razumno pretpostaviti da je vlada, ovim grandioznim gestom prosipanja mleka, želela da odvrati pažnju od drugih mogućih posledica koje bi se mogle manifestovati tek mnogo godina kasnije. Izgleda da nije bilo pokušaja da se vode podaci o ljudima koji su bili u blizini Vindskejla za vreme požara. On se odigrao pre više od dve decenije; sredinom 80-ih postoje još samo neprestana lokalna govorkanja da danas veliki broj ljudi umire od raka. Za ovakve priče možda nema apsolutno nikakvog medicinskog ili statističkog osnova. Izgleda da nije bilo vredno truda prikupljati ovakve podatke.

Posle požara u Vindskejlu, proizvodni reaktor Broj dva bio je ugašen tokom čitave istrage. Kompletan izveštaj o ovoj istrazi nikada nije bio objavljen. Njegova objavljena verzija jasno je stavila do znanja da bi konstruktivne promene u reaktoru Broj dva, koje bi sprečavale pojavu požara, bile preterano skupe. Posle nekog vremena oba ova reaktora zalivena su betonom i sahranjena. Srećom, centrale Magnoks — Kalder Hol i vojne instalacije u Čepelkrosu, kao i komercijalna postrojenja novog civilnog programa — radila su pri temperaturi dovoljno visokoj da otkloni potrebu za oslobađanjem Vignerove energije. Požar u Vindskejlu bio je događaj do koga dolazi jedanput u životu. Međutim, za one od kojih su neki, kasnije, postali vodeće ličnosti britanskog nuklearnog establišmenta, ovaj jedan jedini put bio je dovoljan.

Britanski parlament je 1959. godine doneo Zakon o nuklearnim instalacijama i osnovao Inspektorat za nuklearne instalacije, odgovoran za bezbednost komercijalnih nuklearnih centrala i istraživačkih reaktora. Od samog trenutka predlaganja izgradnje neke nuklearne centrale, tokom njenog projektovanja i izgradnje, njenog radnog života i, konačno, njenog izbacivanja iz upotrebe, Nuklearni inspektorat je u to bio uključen — u svojstvu tehnički kvalifikovanog predstavnika javnosti. Ovaj zakon je, takođe, uveo odredbe koje su strogo ograničavale odgovornost treće strane u slučaju nuklearne nesreće — što je ulivalo vrlo malo poverenja u efikasnost novoosnovanog inspektorata.

Dok je AEA gradila Kalder Hol i Čepelkros, ona je, takođe, gradila svoje udaljeno postrojenje u Daunreju, u najsevernijem delu Škotske. Daunrejski brzi reaktor dostigao je kritičnost 14. novembra 1959. Prvi reaktori CEGB, u Magnoks centralama u Berkliju i Bredvelu, postali su kritični avgusta 1961. Vindskejlski UGR od 32 MWe, prvi svoje vrste, dostigao je kritičnost avgusta 1962, dok je AEA nastavljala da razvija različite reaktore. Tokom narednih godina, Berkli i Bredvel su postali glavni oslonci sistema CEGB.

U SAD, u okviru zajedničkog projekta koji je finansirala AEC, Duquesne Co. iz Pensilvanije preuzela je nuklearnu centralu Šipingport, prvu nuklearnu centralu u SAD. Od centrale Šipingport — koja je koristila transplantirani podmornički reaktor — nije se ni očekivalo da se isplati. Kao što je rečeno u poglavlju 4, SAD su imale izobilje nafte i gasa po cenama koje su bile mnogo povoljnije od nuklearnih, ali je odlučeno da se ide naporedo sa nuklearnim razvojem u Evropi.

AEC je 1955. osnovala Zajednički program za demonstraciju energetskih reaktora, koji je nudio znatnu vladinu finansijsku pomoć firmama koje su bile voljne da se pridruže AEC u izgradnji nuklearnih centrala. Uprkos finansijskoj podršci, nedostatak entuzijazma kod ovih firmi bio je u ovom slučaju potpuno opravdan. Od ranih eksperimentalnih centrala koje je potpomagala AEC, jednu deceniju su preživele samo one sa lakom vodom — Šipingport, Drezden 1, Jenki rou, Indijen point 1, Big rok point, Humbolt bej, La kros — i mali VTGR Pič botom. Svi ostali su bili ubrzo zatvoreni, ili zato što nisu radili, ili zato što su i suviše koštali, ili zato što su se pokazali kao nepouzdani susedi. Enriko Fermi 1 (brzooplodni reaktor sa natrijumskim hlađenjem), Halam (natrijum-grafit), CVTR (teška voda pod pritiskom), Pika (organski moderator) i tri reaktora sa ključalom vodom (Elk river, Patfajnder i BONUS) potrajali su od trenutka dostizanja kritičnosti do svog zatvaranja, najviše osam godina, a u jednom slučaju (Halam) samo dve godine. U Sjedinjenim Državama, više nego u bilo kojoj drugoj zemlji, porođaj nuklearne energije bio je dugotrajan i bolan.

Ono što iznenađuje, bilo je da je EBR-1, prvi izvor nuklearne energije na svetu, bio pozornica nuklearnih sukoba u SAD. 29. novembra 1955, prilikom jedne provere bezbednosti, tehničar je greškom uvukao sporodelujuće kontrolne šipke umesto šipki za gašenje. Usled naglog rasta temperature, oko pedeset procenata gorivnih šipki od visokoobogaćenog uranijuma istopilo se u bezobličnu grudvu na dnu sigurnosne kupole reaktora. Bila bi to loša vest za konstruktore prve elektrane sa brzooplodnim reaktorom u SAD — da je kojim slučajem Luis Straus, predsednik AEC, saznao bilo šta o ovoj nezgodi.

Fisioni materijal u toplotnom reaktoru je pomešan sa tačno onoliko materijala koji nije fision — uranijum-238, sastavni materijal, moderator, rashlađivač — da se radna konfiguracija reaktorskog goriva nalazi blizu optimalnog stanja potrebnog za reaktivnost. Svaki poremećaj jezgra samo dovodi do smanjenja reaktivnosti. Isto se sa sigurnošću ne može reći da jezgro koje ne sadrži moderator, a napravljeno je od visokokoncentrovanih fisionih materijala, čistog uranijuma-235 ili plutonijuma. Konstruktori su morali da priznaju, u skladu sa znanjem kojim su raspolagali, da bi istopljeno jezgro brzog reaktora moglo da dovede do stvaranja još reaktivnije konfiguracije — ta dodatna reaktivnost bi možda mogla da bude toliko visoka da čak ni potpuno spuštanje kontrolnih šipki ne bi bilo dovoljno da zaustavi lančanu reakciju. U tom slučaju, došlo bi do nekontrolisane lančane reakcije — tj. do male nuklearne eksplozije.

Ova mogućnost nije se mogla potpuno isključiti. Jedini izlaz za neke konstruktore bio je, u tom slučaju, građenje takvih reaktora na udaljenim lokacijama, da bi se smanjile posledice u slučaju da se nešto nepredviđeno dogodi. Baš to su i uradili Britanci, smeštajući svoj prvi veći, brzi reaktor na severnu obalu Škotske. Ali firma Edison iz Detroita imala je dobre argumente da ne prihvati takvo gledište. Oni su tražili od AEC da im pomogne u izgradnji elektrane sa brzim reaktorom u okolini Detroita. Rekli su da će, naravno, zaštititi reaktor sigurnosnom kupolom dovoljno snažnom da podnese svaku moguću eksploziju i da spreči bilo koje oticanje radioaktivnosti. U svakom slučaju, takva nesreća bila je krajnje neverovatna.

Topljenje goriva u EBR-1 opovrglo je gornju utešnu pretpostavku. Međutim, neki od najzainteresovanijih partnera su doznali za ovaj događaj tek posle nekoliko meseci. Tek 5. aprila 1956. „Wall Street Journal" je Strausu, kao predsedniku AEC, postavio direktno pitanje u vezi sa EBR-1, na koje je on odgovorio da „o tome nije ništa čuo". Iste te večeri, na Strausov lični zahtev, AEC je izdala specijalno saopštenje priznajući da je do te nezgode zaista došlo. To baš nije bila prijatna vest za firmu Detroit Edison, koja je tada bila na čelu konzorcijuma od nekih trideset i pet fabrika i proizvođača — Korporacija za razvoj energetskih reaktora — čiji je cilj bila izgradnja prototipske elektrane sa brzim reaktorom. Savetodavni komitet za mere bezbednosti kod reaktora je verovatno registrovao događaj u EBR-1; 6. juna 1956. on je podneo izveštaj u kome se tvrdilo da se ne zna još dovoljno da bi se mogla garantovati javna bezbednost, u slučaju da takvo postrojenje radi u blizini nekog urbanog centra. Pa ipak, pomenuta Korporacija je sa puno žara zatražila 4. avgusta 1956. od AEC dozvolu za izgradnju elektrane sa brzim reaktorom od 60 MWe u Laguna Biču, na jezeru Iri, blizu Monroa, u državi Mičigen, na pola puta između Detroita i Toleda — na četrdeset kilometara od ovih gradova, kao i od En Arbora, i na pedeset kilometara od Vindzora, u državi Ontario, s one strane kanadske granice. Ova centrala trebalo je da dobije ime po konstruktoru prvog reaktora, Enriku Fermiju.

Planirano postrojenje Fermi stanovnici okolnih gradova nisu dočekali sa oduševljenjem. Da su oni znali

10 Nuklearna moć

za sumnje koje je izrazio napred pomenuti Savetodavni komitet, njihov entuzijazam bio bi još manji. Međutim, ovaj skeptični izveštaj nije prodro u javnost, već je jednostavno bio zabašuren.

Prva ženevska Konferencija o korišćenju atomske energije u mirnodopske svrhe, održana 1955. godine, već se bila uhvatila ukoštac sa škakljivim problemom bezbedosti reaktora. Na zahtev Kongresnog komiteta, 6. jula 1956, AEC je naložila jednoj grupi stručnjaka, od kojih je većina radila u laboratoriji u Brukhejvnu, da pripremi detaljnu analizu mogućih posledica reaktorskih nesreća, i njihovih zdravstvenih implikacija. Ovaj Komitet se, u stvari, brinuo o neizvesnosti po pitanju odgovornosti u slučaju nesreće koja bi mogla da odvrati kompanije od građenja nuklearnih centrala. Ova analiza, zavedena pod brojem WASH-740, pod naslovom *Teoretske mogućnosti i posledice većih nesreća u velikim nuklearnim elektranama*, objavljena je marta 1957. AEC je očigledno očekivala da će ovaj izveštaj, koji je naglašavao krajnju neverovatnoću takvih nesreća, pomoći da se smire duhovi na zapadnoj obali jezera Iri. Ukoliko je to bio slučaj, očekivanja AEC su se u potpunosti izjalovila.

Iz nekih razloga, neupućeni čitaoci bili su skloni da previde procene dokumenta WASH-740 po kojima je verovatnoća veće nesreće iznosila 1 prema 100.000, i 1 prema 1.000,000.000 na godinu po reaktoru. S obzirom na to da su ove procene bile zasnovane na skoro potpunom odsustvu stvarnog radnog iskustva, njihov neuspeh da impresioniraju javnost bio je sasvim razumljiv. Ova „najverovatnija moguća nesreća", kako su je nazvali, dogodila bi se pod sledećim uslovima: maksimalna proizvodnja reaktora je 200 MWe, približava se trenutak za zamenu goriva i jezgro, u skladu s tim, sadrži najveću količinu fisionih produkata; centrala se nalazi na pedeset kilometara od grada sa milion stanovnika; predviđa se pucanje sigurnosne reaktorske kupole koje može da dovede do ispuštanja polovine ukupne količine fisionih produkata iz jezgra u spoljašnju sredinu, u trenutku kada vetar koji duva može da odnese radioaktivni oblak u pravcu grada. Međutim, ono što je javnosti palo u oči, bile su razmere posledica koje su se očekivale u slučaju da se jedna ovakva, krajnje neverovatna, nesreća ipak dogodi: u najgorem slučaju, 3.400 smrtnih slučajeva, 43.000 povređenih i materijalna šteta od 7 milijardi dolara. WASH-740 je naglašavao da je takva nesreća zaista veoma malo verovatna. Ova pretpostavljena mala verovatnoća, s jedne strane, i moguće katastrofalne posledice, s druge strane, predstavljale su za osiguravajuće kompanije izuzetno tvrd orah. Upravo ova neizvesnost naterala je Kongresni komitet da naruči izradu dokumenta WASH-740. Međutim, nisu ga dočekali; neposredno posle davanja naloga za izradu ovog dokumenta, članovi Komiteta Melvin Prajs i Klinton Anderson podneli su predlog zakona u oba doma Kongresa, koji je pod njihovim imenima ušao u nuklearne anale kao Prajs-Andersonov zakon.

Prajs-Andersonov zakon stupio je na snagu 1957. godine. Njegov cilj, kao i njegove odredbe bili su jednostavni. U suštini, on se svodio na sledeće: „Privatnim kompanijama se neće dozvoliti izgradnja i upravljanje nuklearnim centralama ukoliko bi one mogle da bankrotiraju u slučaju zahteva za odštetom, koji bi usledili nakon veće reaktorske havarije. Stoga se savetuje svim zainteresovanim kompanijama da obezbede što je moguće veće pokriće od privatnih osiguravajućih društava, koje bi zadovoljilo zahteve za odštetom treće strane u slučaju nuklearne nesreće. Nakon toga, vlada bi učestvovala sa dodatnih 500 miliona dolara iz saveznih rezervi. Za štetu koja bi prevazilazila ovu ukupnu sumu, niko ne bi snosio finansijsku odgovornost." Ovo praktično znači da bi se u slučaju materijalne štete od 7 milijardi dolara — najveća moguća nesreća po WASH-740 — moglo obezbediti najviše 500 miliona dolara od vlade i 60 miliona dolara od privatnih osiguravajućih društava. Potražnja za preostalih 6.440,000.000 dolara neće se uzimati u obzir.

Uprkos dokumentu WASH-740, Prajs—Andersonov zakon — propraćen skrivenom pretnjom da će i sama

AEC ući u „električni" biznis — ubedio je kompanije Commonwealth Edison, Consolidated Edison, Pacific Gas & Electric i druge veće proizvođače električne energije da naprave prve korake na nuklearnom putu. U saradnji sa AEC oni su započeli izgradnju prve generacije reaktora koji su kasnije stekli svetsku popularnost — reaktora sa vodom pod pritiskom i reaktora sa ključalom vodom. RKV Drezden 1 dostigao je kritičnost oktobra 1959, RVP Jenki rou u avgustu 1960, a RVP Indijen point 1, u avgustu 1962.

Već krajem 50-ih godina nuklearno iskustvo više nije predstavljalo ekskluzivno vlasništvo nuklearnih sila i njihovih partnera iz drugog svetskog rata. Jedno je sigurno, međunarodna saradnja u nuklearnim pitanjima imala je klimav početak. Jedno kratko vreme postojala je Komisija za atomsku energiju Ujedinjenih nacija. Ona je osnovana od strane Generalne skupštine UN, januara 1946, prvom rezolucijom UN koja se odnosila na nuklearnu energiju. Međutim, ona nije ni dugo postojala, niti je mnogo postigla. Onda se, 8. decembra 1953, kako je hladni rat već popuštao, predsednik Ajzenhauer obratio Generalnoj skupštini UN, izjavljujući da je vreme da se osnuje nova međunarodna organizacija pri UN koja bi se posvetila ideji „atomi za mir": Međunarodna agencija za atomsku energiju.

Nacrt statuta ove agencije nije usvojen sve do 26. oktobra 1956. Zamršena pitanja obuhvatala su problem kontrole korišćenja fisionog materijala, načine na koje inspektori ove agencije treba da obavljaju ovu kontrolu i, u opštim crtama, celo kompleksno pitanje, „bezbednosti": garancije da će „atomi za mir" ostati baš to.

Ostale aktivnosti Agencije, možda manje značajne, ali, takođe, i manje kontroverzne, bile su mnogo uspešnije. Posle prve konferencije Atomi za mir, koja je održana u Ženevi 1955, usledila je druga 1958. godine i naredne dve, 1964. i 1971, svaka uspešnija od prethodne u razmeni tehnoloških informacija i uzajamnog razumevanja. Sedište Agencije u Beču postalo je centar međunarodnih nuklearnih aktivnosti i veliki propagator korišćenja nuklearne energije za dobrobit čovečanstva.

Decembra 1957, pod pokroviteljstvom Organizacije za evropsku ekonomsku saradnju (OEEC), osamnaest evropskih zemalja je osnovalo Evropsku agenciju za nuklearnu energiju (ENEA), u cilju unapređenja razvoja i usklađivanja civilnih primena nuklearne energije. U kratkom roku, osnovana su tri zajednička projekta: projekt Zmaj (vidi odeljak o VTGR), projekt za reaktor sa ključalom teškom vodom u Haldenu, u Norveškoj, i postrojenje za regeneraciju goriva Eurokemik u Molu, u Belgiji. Razmena naučnih i tehničkih informacija je unapređena, osnovane su međunarodne radne grupe stručnjaka za izučavanje specijalističkih oblasti i pokušalo se da se uskladi nuklearno zakonodavstvo i radiološka zaštita. Godine 1960. OEEC je postala Organizacija za ekonomsku saradnju i razvoj (OECD), obuhvatajući i SAD, Kanadu i Japan. Kad je Japan postao njen punopravan član, ENEA je izbacila reč „evropska" i postala Agencija za nuklearnu energiju OECD.

Prvi veći rezultat posleratne ekonomske saradnje u Evropi bila je Evropska zajednica za ugalj i čelik, čije su aktivnosti postavile temelje za Evropsku ekonomsku zajednicu. Zemlje članice buduće EEC odlučile su da krenu sa zajedničkim poduhvatom, po ugledu na Evropsku zajednicu za ugalj i čelik, pod nazivom „Evroatom". Međutim, grandiozni program istraživanja, razvoja i internacionalnog rukovođenja nuklearnim pitanjima Evroatoma se raspao kad se suočio sa tvrdoglavim nacionalnim interesima.

Umesto na međunarodnim, nuklearna aktivnost je započela na isključivo bilateralnim osnovama između parova zemalja koje su videle obostrani interes u razmeni informacija i tehnologije. Takvoj saradnji su u početku znatno doprinele, ma koliko to bilo čudno, SAD koje su smatrale da zemlje sa manjkom energije mogu predstavljati veliko tržište. Upravo ovo je dovelo do inače neekonomičnih investicija u nuklearne centrale u SAD; smatralo se da će strani kupci oklevati da kupe tehnologiju koja se još nije dokazala na domaćem, američkom tržištu.

SAD su potpomagale strani nuklearni razvoj nudeći obogaćeni uranijum po najnižim cenama i tehničku pomoć. Posledica svega ovoga bio je snažni razvoj reaktora sa vodom pod pritiskom i reaktora sa ključalom vodom u Švedskoj, Zapadnoj Nemačkoj i Švajcarskoj. Na taj način, vodeće evropske firme postale su oštra konkurencija američkoj industriji. Zapadna Nemačka je bila prva od zemalja bez nuklearnog naoružanja koja je podigla nuklearnu elektranu — RKV od 15 MWe, zvanu VAK, u Kalu, novembra 1960. U međuvremenu, Velika Britanija je prodala dva Magnoks reaktora Italiji i Japanu. Centrala Latina Magnoks dostigla je kritičnost decembra 1962, a centrala Tokai Mura Magnoks, maja 1965. To su bili jedini britanski energetski reaktori koji su našli strane kupce. Elektrana Ogesta od 12 MWe u Švedskoj, sa domaćom konstrukcijom TVP reaktora, dostigla je kritičnost jula 1963.

Kanada i Britanija su doživele svoje prve ozbiljne reaktorske havarije na samom početku svojih nuklearnih programa. Za razliku od njih, SAD su progurale skoro dve decenije sa samo srazmerno manjim kvarovima reaktora. Nezgoda sa EBR-1 Mark II do koje je dovelo topljenje jezgra ni u kom slučaju nije bila beznačajna, ali je ozračenost osoblja do koje je došlo bila minimalna. Ostale nezgode uključuju uništenje eksperimentalnog reaktora BORAKS 1954. godine, oštećenje goriva u jednom od Hanfordovih proizvodnih reaktora i topljenje goriva pri eksperimentu u reaktoru sa toplotnim transferom, eksperimentu sa natrijumskim reaktorom i u test-reaktoru firme Vestinghaus. U nekoliko slučajeva nastala šteta i troškovi naknadnog čišćenja bili su veliki. Međutim, sve pomenute epizode, iako ne baš utešne — s obzirom na to da su bile raznolike i učestale — bile su uglavnom manjeg obima.

Prva veća nuklearna nesreća u SAD, kad je do nje došlo, bila je ne samo veća već i ružna. 3. januara 1961. u četiri časa po podne, Džon Bernz, Ričard Mek Kinli i Ričard Leg, tri mlada mehaničara, došli su na svoje radno mesto u Stacionarnom niskoenergetskom reaktoru br. 1 (SL-1) u Ajdahu. SL-1 je bilo prototipsko vojno nuklearno postrojenje od 3 MWt. Ono je prethodno bilo zatvoreno zbog radova na instrumentima, tako da su i vođice kontrolnih šipki bile isključene. Bernz, Mek Kinli i Leg su imali zadatak da ih ponovo povežu. Ovo je zahtevalo da se centralna šipka podigne za samo deset santimetara i onda poveže sa mehanizmom za daljinsko upravljanje — uobičajeni postupak koji su ova trojica već mnogo puta obavili. Niko tačno ne zna šta se zapravo dogodilo tog dana. Kasnija rekonstrukcija fatalne četiri sekunde, pokazala je da je postupak, u stvari, bio okončan. I onda, iz razloga koji će zauvek ostati nepoznati — nemar ili poigravanje — centralna kontrolna šipka br. 9 bila je izvučena iz jezgra. Zvanični izveštaj inspektora AEC kaže da se ta šipka zaglavila i da su Leg i Bernz pokušali da je podignu golim rukama. Kad se oslobodila, ona se podigla ne za deset, nego za skoro pedeset santimetara. Posledice su bile katastrofalne. Jezgro je skoro trenutno postalo superkritično, gorivo se spržilo i eksplozija pare je bacila pravu vodenu granatu ka krovu reaktora. Reaktorski blok se podigao za tri metra, prošavši direktno kroz kapak gomile. Leg i Mek Kinli su poginuli na licu mesta; Mek Kinlijevo telo je bilo nabijeno u konstrukciju svoda izbačenom ručkom za kontrolnu šipku. Bernz je presečen ubistvenim talasom radijacije. Automatski alarmni sistemi doveli su spasilačke ekipe, ali čak i pre nego što su se one približile reaktoru, igle na njihovim brojačima su već podivljale, registrujući više od 500 rentgena na čas, što je smrtonosna doza radijacije. Nivo radijacije unutar reaktorske zgrade bio je još viši — preko 800 rentgena na čas. Bez obzira na to, dva spasioca su uletela u ruševine i izvukla Bernza. Međutim, Bernz je umro u ambulantnim kolima na putu za bolnicu.

Izvlačenje ostala dva tela iz reaktorske prostorije bilo je dugotrajno i teško i moralo se obaviti uz pomoć uređaja sa daljinskom kontrolom. U toku ovog poduhvata, još četrnaest ljudi je bilo ozračeno sa preko pet rentgena, a neki od njih i znatno više. Sva tri tela su ostala u tolikoj meri radioaktivna da je tek posle dvadeset dana moglo da dođe do njihove bezbedne sahrane. Ona su morala da budu sahranjena u kovčezima zalivenim olovom i postavljenim u grobnice takođe zalivene olovom.

Moralo je proći mnogo meseci dok nivo kontaminacije u objektu SL-1 nije dovoljno opao da bi omogućio istragu o onome što se dogodilo.

Od 1954. pa naovamo AEC je obavljala dve funkcije određene Zakonima o atomskoj energiji, koje su bile u suštinskom konfliktu. S jedne strane, ona je bila zadužena da upravlja svojim sopstvenim nuklearnim postrojenjima kao i da unapređuje druga; s druge strane, ona je bila jedina odgovorna za propisivanje i pridržavanje propisa koji su se ticali bezbednosti osoblja i javnosti od nuklearne energije i radijacije. Marta 1961, da bi preduhitrila sveobuhvatniju akciju spolja, AEC se samovoljno podelila u dve sekcije. Prva je imala zadatak da vodi postrojenja AEC i da unapređuje druga, dok je druga sekcija bila zadužena za pravne i ostale poslove. Iako je ovaj sistem funkcionisao čitavih trinaest godina, on je sve više i više postajao meta kritike. Ova nominalna podela aktivnosti AEC mnogim posmatračima je delovala neubedljivo, pogotovo posle plime privatnih nuklearnih aktivnosti koja je otpočela 1963. godine.

Decembra 1963, kompanija Central Power & Light iz Nju Džersija, objavila je da od firme General Electric naručuje reaktor sa ključalom vodom od preko 500 MWe — više nego dvostruko veći od bilo kog ranijeg nuklearnog postrojenja. Ovo postrojenje u Ojster Kriku bi se gradilo bez ikakve savezne pomoći. Činilo se da je nuklearna energija konačno napravila ekonomski proboj koji je tako dugo bio prorican. Ojster Krik je predstavljao potočić koji će dovesti do poplave.

Kompanija Southern California Edison naručila je reaktor sa vodom pod pritiskom. San Onofre, od 430 MWe, marta 1964. postao je prvi u novoj generaciji postrojenja koji je dobio građevinsku dozvolu. Kompanija Yankee Atomic Power iz Konektikata, naručila je RVP Hadam nek; firma Commonwealth Edison je dodala drugi RKV svojoj centrali Drezden; korporacija Niagara Mohawk Power naručila je RKV Najn majl point; Rochester Gas & Electric naručila je RVP Robert Emet Džina; Connecticut Light & Power naručila je RKV Milstoun; Consumers Power iz Mičigena, poručila je RVP Palisejds.

Commonwealth Edison je dodala treći RKV, Drezden 3, blizanac Drezdena 2, i posle toga još jednu celu novu centralu u neposrednoj blizini, Kvod sitis 1 i 2. Sredinom 1965. broj narudžbi nuklearnih centrala u SAD naglo je porastao. Do trenutka kad je centrala San Onofre već radila punom snagom (januar 1968), kapacitet svih naručenih centrala iznosio je blizu 50.000 MWe, a navala je i dalje rasla; još 22.000 MWe naručeno je tokom 1968. godine.

Svi ovi projekti nisu baš naišli na dobrodošlicu u sredinama koje je trebalo da izigravaju njihove domaćine. Od 1961. naovamo među stanovništvom je počeo da se širi otpor koji je već bio nagovešten prilikom suprotstavljanja centrali Enriko Fermi 1. Planovi za nuklearne centrale u Bodega Hedu u Kaliforniji (nasred poznate pukotine San Andreas), u Rejvensvudu, u srcu Kvinza, u Njujorku i na čuvenoj kalifornijskoj plaži Malibu, bili su svi povučeni nakon žestokog otpora. Međutim, 12. juna 1961. sudija Vrhovnog suda Brenan preneo je odluku većine članova sudskog veća o davanju dozvole za izgradnju centrale sa brzim reaktorom, Enriko Fermi 1, korporaciji Power Electric Development. Ova odluka nije ni u kom slučaju bila jednoglasna, sudije Vrhovnog suda, Daglas i Blek doveli su do žestokog razilaženja u mišljenju. Ali, AEC i korporacija Power Reactor Development su dobile zeleno svetlo.

Postrojenje Enriko Fermi 1, južno od Detroita, završeno je na vreme i dostiglo je kritičnost avgusta 1963. Od samog početka, zbog čitavog niza problema, ono je radilo daleko ispod svojih planiranih kapaciteta, pa je čak bilo isključivano. Bubrenje i izobličavanje goriva, korozija natrijuma u jezgru, teškoće sa opremom za rukovanje gorivom i beskrajne nevolje sa parnim generatorima, podigli su troškove do neba i sveli proizvodnju električne energije na minimum. Međutim, konačno, izgledalo je da je problem buke u parnim generatorima savladan; tehničari su se pripremali da reaktor stave u pogon. 4. oktobra 1966. kontrolne šipke su postepeno izvučene iz jezgra i temperatura natrijumskog rashlađivača počela je da raste. Tokom noći, reaktor je održavan na niskom energetskom nivou. Sledećeg jutra, 5. oktobra, energetski nivo je počeo da raste. Kvar na jednom ventilu otklanjan je celog tog jutra; od ručka do tri posle podne, energetski nivo je podignut na 20 MWt, uz još jedan prekid za opravku kvara na pumpi. Nešto pre tri po podne, tehničar na reaktoru je primetio da jedan neutronski monitor šalje čudne signale iz jezgra. Prebacio je kontrolu sa automatske na ručnu. Kad su čudni signali prestali, energetski nivo je ponovo počeo da se diže. Pet minuta kasnije, pri 34 MWt, nepravilni signali su se ponovili. Ostali instrumenti su pokazivali da su kontrolne šipke izvučene više nego što je to normalno i da je temperatura na dva mesta u jezgru neuobičajeno visoka. Ali, pre nego što je osoblje iz kontrolne prostorije bilo u stanju da otkrije šta se događa, oglasio se alarm.

U 3.20 časova, šest šipki za gašenje ubačeno je u reaktor, a prisutni tehničari su utvrdili odakle potiče radijacija i zašto se reaktor čudno ponaša. Otkriveno je da su uzorci natrijumskog rashlađivača i argona krcati visokoaktivnim proizvodima fisije. Jasno — iz razloga koji su potpuno nepoznati — deo goriva u jezgru bio je istopljen.

Posledice ovakve situacije mogle su da budu zastrašujuće. Fermi je bio brzooplodni reaktor: njegovo jezgro je bio kompaktni valjak visine oko 73 santimetra, i prečnika 75 santimetara — veličine baš bubnja — koji je bio projektovan da proizvodi više od 200 MWt. Da bi se ostvarila ova neverovatna proizvodnja, njegovi gorivni štapini (ukupno 14.700), napravljeni od 28-procentnog obogaćenog uranijuma obloženog nerđajućim čelikom, morali su da budu poređani sa krajnjom preciznošću i udaljeni jedan od drugog ne više od jednog milimetra. Pored toga, ovaj raspored je morao da se zadrži pri temperaturi od preko 400°C, potopljen u bujicu tečnog natrijuma koji je proticao kroz uske kanale između štapina. Svaki poremećaj u geometriji Fermijevog jezgra, mogao je da omete tok rashlađivača, što bi dovelo do neujednačenog širenja toplote i daljeg izobličavanja.

Geometrija Fermijevog jezgra imala je još jednu osnovnu karakteristiku, zajedničku za sve brzooplodne re-

aktore. Za razliku od toplotnog reaktora, čije gorivo
obično ima optimalni geometrijski raspored, da bi se
maksimizirala reaktivnost, raspored goriva u brzom re-
aktoru može znatno da zaostaje za maksimalnom teo-
retskom reaktivnošću koju on može da postigne. Kad bi
se Fermijevo jezgro izobličilo i istopilo, ono bi posle to-
ga moglo da bude podložno lokalnim talasima reaktiv-
nosti, mestima izuzetne vreline, koja bi, zauzvrat, mog-
la da dovedu do hemijskih reakcija između goriva, oblo-
ge i rashlađivača, pa čak i do snažnih hemijskih eksplo-
zija. Takve hemijske eksplozije koje se odigravaju u ma-
si visokoobogaćenog fisionog goriva što se obrušava, mo-
gu čak da dovedu do prave nuklearne eksplozije.
    Niko u postrojenju Fermi nije imao konkretan pre-
dlog šta da se radi. Svaki pokušaj da se uđe u reaktor
uz pomoć opreme sa daljinskim upravljanjem mogao bi
da poremeti nesigurnu ravnotežu u raspuklom jezgru. U
čitavoj ovoj opasnoj neizvesnosti samo jedna jedina stvar
je bila izvesna: ne raditi ništa brzopleto. Jedna od onih
ironija kojima, čini se, nuklearna istorija obiluje, umalo
da je dovela do zastrašujućeg ishoda na koji su neki gra-
đani prethodno upozoravali, čak i na Vrhovnom sudu.
    Kada su prave razmere ove nesreće postale jasne,
upućen je poziv celokupnoj lokalnoj policiji i organima
civilne odbrane da se pripreme za hitnu evakuaciju De-
troita i okolnih naselja. Tako bar tvrde neki od onih
koji su primili taj poziv. U zvaničnim podacima danas
nema nikakvih tragova o bilo kakvoj uzbuni; jedini na-
čin da se usklade ove kontradiktorne priče je da se pret-
postavi da je došlo do naknadne direktive da se uništi sva
dokumentacija o ovom slučaju. Bilo kako bilo, osoblje
u postrojenju Fermi pustilo je da prođe nekoliko nedelja
pre nego što se upustilo u prvi oprezni poduhvat da is-
pita jezgro. Konačno, posle skoro jedne godine, oni su
ustanovili, pomoću sonde za osmatranje, specijalno na-
pravljene da savlada neprovidnost natrijuma, da se ne-
što otkačilo na dnu reaktora. Kad su inženjeri Fermija
ustanovili šta je bilo u pitanju, pobesneli su.
    Nekoliko godina pre ovog događaja, Savetodavni
komitet o bezbednosti reaktora je nevoljno premišljao
o predlogu firme Detroit Edison, jer je posvećivao mno-

155

go vremena mogućnosti topljenja jezgra u takvom brzom reaktoru. Oni su se posebno plašili toga da topljenje može da dovede do rušenja koncentrovanog fisionog materijala u brzu kritičnu skupinu. Tako naglo dodavanje reaktivnosti i oslobođena energija mogli bi da raznesu sigurnosnu reaktorsku kupolu i rašire radioaktivnost po okolini. Ova mogućnost ih je toliko uporno proganjala da je ACRS — kad je reaktor bio u završnoj fazi izgradnje — zahtevao posebne mere predostrožnosti kojima bi se sprečilo da se gorivna masa, koja se ruši, nagomila u središnjem delu kupole ispod jezgra. Oni su naredili da se na podu kupole izgradi metalna piramida, tako da se istopljeno gorivo sliva niz njene strane i širi. Inženjeri koji su projektovali ovaj reaktor burno su protestovali što ih neko u poslednjem trenutku primorava da u reaktor ugrade jedan takav neobičan predmet. Ispalo je da su bili u pravu. Jedan od šest trouglova od cirkonijuma koji su sačinjavali strane piramide — „hvatača jezgra", nije bio dobro pričvršćen. U jednom trenutku, bujica tečnog natrijuma podigla je ovaj cirkonijumski trougao, dužine od oko 20 santimetara, i odnela ga u precizno strukturirano jezgro, delimično blokirajući sopstveni tok. Temperatura neodgovarajuće hlađenih gorivnih štapina je porasla; oni su se istopili kriveći ostale gorivne štapine i tako još više onemogućavali protok rashlađivača. Tako je došlo do progresivnog izobličavanja čitave skupine koje je — na sreću — prekinuto pre nego što je došlo do potpunog topljenja.

Niko ne bi sa sigurnošću mogao da tvrdi kakve bi mogle da budu posledice svega ovoga da je došlo do potpunog topljenja. Jedna mogućnost je ironično nazvana „Kineski sindrom". Istopljena masa visokoradioaktivnog goriva, oslobađajući svoju paklenu toplotu, koju bi bilo nemoguće smanjiti ili kontrolisati, mogla bi da se probije kroz sve zaštitne slojeve, kroz stene pod temeljima reaktora, topeći, sagorevajući i raznoseći sve na svom putu, pravo do Kine. Istovremeno širenje radioaktivnosti, pod pretpostavkom da se nesreća proširila na okolinu, pretvorila bi zauvek čitav kraj u ničiju zemlju.

Ipak, do toga nije došlo. Ne sasvim.

156

U Velikoj Britaniji sva četiri reaktora Magnoks centrala u Berkliju i Bredvelu dostigle su pun kapacitet krajem 1962. Centrala Trozfinid je svojim kapacitetom prestigla centralu Hinkli Pointa početkom 1965; Dandženes A i Sajzvel A počele su da rade početkom 1966. Centrala u Oldberiju, naručena početkom 1961, bila je poluzavršena početkom 1965, skoro na vreme; džinovska centrala Vilfa, naručena sredinom 1963, nešto je sporije napredovala. Severno od granice, nuklearna centrala Hanterston A, u Škotskoj, dostigla je pun kapacitet krajem 1964. Nuklearni doprinos britanskoj proizvodnji električne energije je u to vreme bio daleko najveći u svetu, uključujući tu i SAD.

Međutim, Magnoks kao da je odigrao svoju ulogu do kraja. Ulaganja u ogromne reaktore u Vilfi bila su vrlo neprimamljiva, a kompaktnije konstrukcije koje koriste obogaćeni uranijum, sada su više obećavale: posebno američki sa vodom pod pritiskom i reaktor sa ključalom vodom, kao i britanski usavršeni gasom hlađeni reaktor — u to vreme postojao je samo njegov prototip u Vindskejlu od 32 MWe. Krajem 1964. CEGB se pripremao da naruči drugu generaciju nuklearnih centrala koja bi zamenila seriju Magnoks.

Tri različite industrijske grupacije su se pripremale da učestvuju u licitaciji; dve su nudile verzije UGR, RVP zajedno sa firmom Westinghouse, ili RKV zajedno sa firmom General Electric. Treća grupa, predvođena kom. panijom Atomic Power Constructions, nudila je rešenje UGR, najbliže onom koje je imalo UKAEA, i koja je — ne prezajući ni od čega — uspela da ubedi CEGB i vladu da je njihova ponuda najpovoljnija. 25. maja 1965. ministar za energetiku saopštio je Donjem domu da će drugi nuklearni energetski program biti zasnovan na rešenju UGR. U leto 1965, Atomic Power Construction je potpisala ugovor za izgradnju centrale Dandženes B, prvu CEGB dvoreaktorsku UGR centralu, pored njegove pouzdane Magnoks centrale, Dandženes A.

Posledice svega ovoga su bile traumatične za britansku nuklearnu industriju. Atomic Power Constructions se pokazala nesposobnom da izađe nakraj kako sa organizacionim problemima, tako i sa akutnim inženjerijskim teškoćama, te je 1969. godine propala. Ugovori za centralu Hinkli point B i dvoreaktorsku UGR centralu Hanterston B otišli su konzorcijumu Nuclear Power Group, jednom od preostala dva britanska konzorcijuma; firma British Nuclear Design and Construction dobila je ugovore za izgradnju centrala Hartlpol i Hejlšem. Britanski impresivni nuklearni start se u tolikoj meri oslanjao na UGR, da više nikad nije bio u stanju da se oporavi. Krajnji ishod je još uvek neizvestan; dalji nuklearni razvoj biće opisan u narednom poglavlju.

U Švedskoj, reaktor Ogesta sa teškom vodom pod pritiskom, od 10 MWe, koji je projektovala i izgradila švedska firma ASEA, dostigao je kritičnost sredinom 1963, a pun kapacitet početkom 1964. On je trebalo da bude prethodnik u nizu energetskih reaktora sa teškom vodom švedske konstrukcije. Međutim, njegov prvi industrijski naslednik, reaktor u Norkjepingu, nikad nije dostigao kritičnost. Naredne modifikacije nisu uspele da savladaju nepovoljne karakteristike jezgra, što je konačno nateralo konstruktore da napuste ovaj projekt. Izgrađena je termoelektrana na fosilno gorivo koja je radila na turbogenerator, što je lokalno stanovništvo navelo da postrojenje Marviken nazovu „jedina nuklearna centrala u svetu na naftu". Srećom po ASEA, u to vreme je bio usavršen reaktor sa ključalom vodom; Oskarshamn-1 naručena je 1965, njena izgradnja je počela 1966, a dostigla je kritičnost krajem 1970.

Švajcarska je takođe napravila prve nuklearne korake sa domaćim rešenjem i sa podjednako neuspešnim rezultatima. Reaktor Lucens, prvi švajcarski energetski reaktor, bio je eksperimentalnog tipa — hlađen ugljen-dioksidom pod pritiskom i sa teškom vodom kao moderatorom. Srećnim sticajem okolnosti, ovaj reaktor sa cevima pod pritiskom bio je sagrađen u jednoj pećini pod bregom. 21. januara 1969. jedna od cevi pod pritiskom je pukla, teško oštetila ostatak jezgra, raznela kalandriju i dovela do prodora radioaktivnog rashlađivača i teške vode u zaštitnu kupolu reaktora. Kada je ova cev prsla, automatski uređaj za blokiranje hermetički su zatvorili ulaz u pećinu, sprečavajući da radioaktivnost prodre u okolinu ovog postrojenja; srećom, niko od zaposlenih tada nije bio u pećini. Reaktor je posle toga bio otpisan. Dekontaminacija pećine je bila dugotrajna i komplikovana; početkom 70-ih odlučeno je da se pećina koristi za deponovanje radioaktivnih otpadaka — koji bi pravili društvo metalnom kršu i drugim ostacima Lucensa.

Do kraja 60-ih godina došlo je do većih reaktorskih havarija u Kanadi, Velikoj Britaniji, SAD i Švajcarskoj. U pitanju su bili reaktori sa gasnim, vodenim i natrijumskim hlađenjem; sa moderatorima od grafita, lake vode, teške vode i bez moderatora; reaktori bez pritiska, pod pritiskom i sa cevima pod pritiskom; esperimentalni, reaktori za proizvodnju plutonijuma i za proizvodnju energije: kombinacije doslovno svih poznatijih vrsta reaktora. Industrija je naglašavala da nikada nije došlo ni do jedne nesreće u komercijalnom reaktoru koja bi predstavljala javnu opasnost. Vindskejlski reaktor Broj jedan bez sumnje je predstavljao opasnost za javnost, ali, naravno, on nije bio komercijalan. Reaktor SL-1 je ubio trojicu ljudi, ali, naravno, oni nisu pripadali javnosti. Nesreća u centrali Enriko Fermi nije dovela do širenja radioaktivnosti van postrojenja — bar ne u velikoj meri. Logika argumenata nuklearne industrije bila je besprekorna. Međutim, početkom 1970. javnost je uprkos svemu ovome počela da pokazuje znake opšte uznemirenosti. Da ironija bude još veća, reaktori koji su naišli na najveće protivljenje javnosti bili su reaktori sa lakom vodom — reaktori sa vodom pod pritiskom i reaktori sa ključalom vodom — koji su tek tada počeli da dominiraju svetskim tržištem.

6. JURIŠ LAKE BRIGADE

Tokom prve četiri decenije svog postojanja reaktori sa lakom vodom — reaktori sa vodom pod pritiskom (RVP) i reaktori sa ključalom vodom (RKV) — bili su samo dva od mnogih rešenja koja su dolazila iz projektantskih biroa. Krajem 60-ih prešli su u vođstvo i ubrzo više nisu imali konkurencije. Italija i Japan su počeli sa centralama Magnoks uvezenim iz Britanije; Švedska i Švajcarska su započele sa domaćim rešenjima koja su se pokazala neuspešnim. Do 1970. sve četiri zemlje su potpuno promenile dotadašnji nuklearni kurs i definitivno se opredelile za reaktore sa lakom vodom, bilo uvezene, bilo domaće proizvodnje. Iste godine tako je postupila i Francuska. Uprkos tome što je po broju gas-grafitnih reaktora bila odmah iza Britanije, Francuska je digla ruke od svih svojih gasom hlađenih reaktora. Porudžbina Fesenhajma-1, RVP od 930 MWe, otvorila je vrata pravoj poplavi vodenih reaktora. Od tada naovamo reaktori sa lakom vodom su se tako brzo raširili po svetu da su skoro potopili dva ostala nuklearna toka — britanska rešenja sa gasnim hlađenjem i kanadska rešenja sa teškom vodom. Međutim, sve veća popularnost koju su sticali reaktori sa lakom vodom u industriji, bila je propraćena rastućom nepopularnošću na svim drugim mestima.

Bila je cela istina, uporno je tvrdila industrija, da nikada nije došlo do veće nesreće u reaktoru sa lakom vodom. Ali, malo je nedostajalo da do njih dođe. 5. juna 1970, na primer, tehničari su izgubili kontrolu nad RKV Drezden 2, u blizini Čikaga, tokom dva časa. Igle na brojčanicima su ispale, pisač se zaglavio, drugom pisaču je nestalo papira, nivoi vode i temperature su rasli i opadali dok su tehničari neprekidno kršili propise koji važe u vanrednim okolnostima, boreći se da uspostave kontrolu nad jogunastim reaktorom. 8. decembra 1971. Drezden 3, blizanac Drezdena 2, bio je mesto reprize iste ove predstave.

Ovakve nezgode ubrzo su postale deo nuklearnog folklora SAD. Neprestano su dospevale do sudnica, naročito posle iznenađujuće zakonske inovacije koja je stupila na snagu 1. januara 1970: Savezni zakon o zaštiti životne sredine. Osnovna karakteristika ovog zakona bio je zahtev da svaki veći razvojni projekt mora sadržati „Izjavu o uticaju na životnu sredinu", koja sadrži sva očekivana dejstva na životnu sredinu dotičnog projekta, novoosnovanoj Agenciji za zaštitu životne sredine. Ova izjava je, takođe, morala da sadrži moguće alternative predloženog projekta, kao i da navede razloge za i protiv samog projekta. Sudovi su bili zatrpani slučajevima koji su proistekli iz ovog zakona; za protivnike nuklearne energije, ovaj zakon kao da je bio bogom dan, jer im je konačno omogućio da AEC i američku nuklearnu industriju otrgnu iz zagrljaja zajedničkog interesa.

Jula 1971. doneta je istorijska presuda na štetu AEC, a u korist onih koji su se usprotivili izgradnji postrojenja Kalvert Klifs u Merilendu. Ova presuda je pokazala da novi zakon nije mlaćenje prazne slame, već da predstavlja nedvosmisleni zahtev za uvođenje reda u procese donošenja odluka — uključujući posebno one koje donosi AEC. Presuda o Kalvert Klifsu predstavljala je prekretnicu za američko sudstvo, kao i za zaštitu čovekove sredine. Pored toga, ona je u velikoj meri digla moral protivnicima nuklearne energije u SAD i — zbog velikog publiciteta koji je dobila — ohrabrila postepeno povezivanje različitih antinuklearnih grupa.

Skoro u isto vreme, takođe u SAD, nerazumljive nesuglasice oko reaktorske tehnike, počele su da izbijaju na videlo i da privlače pažnju kritički raspoloženih građana. Ove nesuglasice su bile usredsređene na određene pomoćne sisteme kod dva glavna tipa američkih reaktora, RVP i RKV. Ovi pomoćni uređaji služili su kao vanredni sistemi za hlađenje jezgra (ECCS). Današnji reaktor sa lakom vodom, jednog ili drugog tipa, ima srazmerno visoku energetsku gustinu (vidi odeljak: Energija iz reaktora). Pretpostavimo da jedna od cevi u primarnom rashladnom kolu procuri, ili zato što je pukla cev, ili zato što se ventil zaglavio u otvorenom položaju. Visoki pritisak unutar ovog kola (do 150 atmosfera kod RVP) veoma lako izbacuje skoro svu rashladnu vodu kroz naprslinu, dok se voda između gorivnih štapina u jezgru pretvara u paru, što se naziva „ispust" ili „gubitak rashlađivača". Para ima mnogo manji toplotni kapacitet od vode i mnogo slabije odvodi toplotu koju jezgro i dalje zrači. Čak i ako automatski sistemi za gašenje odmah ugase reaktor i zaustave reakciju fisije, proizvodnja toplote iz nagomilanih proizvoda fisije — tzv. „toplota raspadanja" — može iznositi, kad je u pitanju veliki reaktor, i više od 200 MWt; ovakva toplota se ne može ugasiti. Ukoliko se ne nađe neki način da se ova toplota odstrani, temperatura u jezgru reaktora će naglo skočiti, a obloga i jezgro će omekšati i istopiti se, dok će jezgro početi da se ruši. Kad bi se ovo dogodilo, posledica — kao što smo već rekli, pominjući slučaj sa reaktorom Fermi — mogla bi da bude katastrofalno oslobađanje radioaktivnosti u okolinu. Zbog toga su reaktori sa lakom vodom opremljeni nizom različitih vanrednih sistema za hlađenje jezgra (ECSS) konstruisanih tako da rade automatski i reaguju veoma brzo, u slučaju da dođe do dekompresije primarnog rashladnog kola u reaktoru sa lakom vodom.

Sve spoljašnje veze sa komorom pod pritiskom RVP nalaze se iznad nivoa jezgra. Današnji RVP modeli imaju tri sistema ECSS, jedan „pasivan" i dva „aktivna". Pasivni sistem je, u stvari, akumulatorski sistem za ubrizgavanje: dva ili više velikih rezervoara iznad reaktora, povezanih sa primarnim cevovodom i napunjenih hladnom vodom pod pritiskom koja sadrži element bor. Ukoliko dođe do dekompresije primarnog kola, pad pritiska otvara ventile i hladna voda ulazi u reaktor. Dva aktivna sistema sastoje se od jednog sistema sa niskim pritiskom, koji dovodi dodatnu vodu u slučaju da zbog veće

162

naprsline dođe do drastičnog pada primarnog pritiska, i jednog sistema sa visokim pritiskom, koji dovodi dodatnu vodu u slučaju da zbog manje naprsline primarni pritisak ostane visok. Oba sistema za ubrizgavanje sadrže električne pumpe i ventile, koji se aktiviraju preko mernih instrumenata, a reaguju na nenormalne pritiske ili nivoe u rashladnim kolima.

RKV uključuje jedan suvi bunar koji vodi do bazena za suzbijanje pritiska koji je do polovine ispunjen hladnom vodom. Rani modeli RKV imaju sistem pod visokim pritiskom za polivanje jezgra, a kasniji sistem pod visokim pritiskom za ubrizgavanje rashlađivača. Oba sistema aktiviraju se u slučaju niskog nivoa vode u bloku reaktora, niskog pritiska u primarnom kolu, ili u slučaju visokog pritiska u suvom bunaru (što ukazuje na gubitak pare u primarnom kolu). Ako ubrizgavanje pod visokim pritiskom i pumpe za dodavanje vode ne mogu da snabdeju blok reaktora dovoljnom količinom vode, dolazi do njegove potpune dekompresije, tako što se ispušta para u bazen za suzbijanje pritiska; sistem pod niskim pritiskom za polivanje jezgra se tada uključuje da bi jezgro odozgo zalio vodom, a sistem pod niskim pritiskom za ponovno potapanje puni blok reaktora odozdo.

Sve bi to bilo u redu kad bi ovi različiti ECCS sistemi zaista radili ono što treba. Međutim, 1971. sumnje koje su postojale u okviru industrije, našle su odjeka među stručnjacima van nje, posebno među članovima Saveza zainteresovanih naučnika iz Bostona. Pitanja o sistemima ECCS su sve češće iskrsavala u raspravama oko davanja dozvola za rad, i AEC je odlučila da održi specijalnu raspravu o standardima za rad ECCS sistema. Ove rasprave su otpočele u januaru 1972. u Betesdi, u Merilendu, i trajale su, s prekidima, više od godine dana. Rezultat ovih rasprava je dokument AEC, Docket RM-50-1, od 22.000 strana, i još duži dodatni materijal, koji su već sredinom leta 1972. nosili u masivnim kolicima kroz salu u kojoj se ova rasprava održavala. Ovi dokumenti sadrže neke zapanjujuće činjenice. Oni predstavljaju hroniku izjava koje su dala različita odeljenja same AEC, četiri prodavca reaktora sa lakom vodom — Westinghouse, Combustion, Engineering, Babcock & Wilcox (RVP) i General Electric (RKV), udruženi proizvođači električne energije i Consolidated National Intervenors — savez od preko šezdeset antinuklearnih grupa širom SAD, koje su podržavale stručno svedočenje Saveza zainteresovanih naučnika.

Rasprave u Betesdi otkrile su duboki razdor u AEC oko adekvatnosti ECCS sistema, u skladu s onim što se o njima tada znalo. Iskusniji stručnjaci u okviru AEC bez prestanka su davali izjave o svojoj dubokoj sumnjičavosti u pogledu efikasnosti ECCS sistema u slučaju gubitka rashlađivača i o površnosti podataka na kojima je bilo zasnovano poverenje u ECCS sisteme. Još veće uznemirenje donelo je otkriće da su visoki predstavnici AEC imali običaj da cenzurišu informacije do kojih je AEC došla u svojim proučavanjima sigurnosti rada ovih sistema, ukoliko bi ih smatrali nepogodnim. Serija članaka Roberta Džileta u časopisu „Nauka", objavljenih septembra 1972, još više je potkrepila optužbe da AEC redovno prikriva „kućne" informacije o problemima bezbednosti reaktora koje bi mogle da dovedu u nepriliku njihove graditelje i da preti svojim službenicima da će ih izbaciti s posla ukoliko prekrše zvanični, umirujući stav AEC.

I tako, u proleće 1973, AEC je uvela nova pravila. Posle sveg protraćenog novca, vremena i truda, odlučeno je da su prvobitni AEC kriterijumi o prihvatljivosti ECCS sistema, sa malim prepravkama, potpuno odgovarajući. Međutim, priča o ovim sistemima se ovde nije završila, a igra s vatrom se nastavila. Uprkos tome, narudžbine za reaktore sa lakom vodom i dalje su pristizale. Posle čudne pauze tokom 1967—1968. godine, kada je broj aktivnih energetskih reaktora u SAD, pao sa 22 na 18 — usled zatvaranja — njihov broj je počeo da raste (sve sami RVP i RKV). Do 1972, prema Međunarodnoj agenciji za atomsku energiju, u SAD su radila 33 energetska reaktora, sa kapacitetom proizvodnje od skoro 15.000 MWe. Do 1973. ovaj broj se popeo na 56 reaktora, sa ukupnim kapacitetom od preko 35.000 MWe. Nuklearna ekspanzija u SAD bila je najdramatičnija, ali se ova pojava odvijala širom sveta. Do 1973. sedamnaest zemalja je imalo 167 nuklearki sa kapacitetom od skoro 61.000 MWe. Ogromna većina njih pripadala je jednom od tipova reaktora sa lakom vodom, što je davalo međunarodnu draž debati o bezbednosti reaktora sa lakom vodom, koja je u SAD postajala sve žešća.

Četvrtog avgusta 1972. AEC je naručila obimnu Studiju o bezbednosti reaktora, pod rukovodstvom profesora Normana Rasmusena sa Instituta za tehnologiju u Masačusetsu. Ovu studiju od 3 miliona dolara, koju je finansirala AEC, obavilo je osoblje AEC i konsultanti u ograncima AEC, u Dženmantaunu u Merilendu, kao i laboratorije AEC i izvođači radova, uključujući tu Battelle, Oak Ridge, Brookhaven i Lawrence Livermore. Neki od prvih rezultata našli su se u dokumentu WASH-1250, *Bezbednost nuklearnih energetskih reaktora sa hlađenjem pomoću lake vode i pripadajućih postrojenja*, koji je AEC objavila jula 1973. Bio je to obiman zbornik tehničkih podataka i organizacionih i poslovnih detalja koji je prosto razgrabljen od strane brojnih organizacija koje su u to vreme bile uključene u nuklearne konfrontacije, uključujući tu Prijatelje Zemlje, Savet za zaštitu prirodnih bogatstava, Ralfa Nadera, Naučni institut za javne informacije, Sijera klub i sve veći broj novih lokalnih grupa.

Ove antinuklearne grupe su postale marljivi skupljači nuklearnog folklora. Bio je tu Milstoun-1, sa svojim izjedenim kondenzatorima i morskom vodom koja je procurila u primarno rashladno kolo; Kvod Sitiz-2, koji je radio sa zaboravljenim priborom za zavarivanje koji je tumarao po komori pod pritiskom, Vermont Jenki, u kome su kontrolne šipke bile montirane naopačke i koji je kasnije kombinacijom genijalnih propusta stavljen u pogon sa otvorenim kapkom na komori pod pritiskom, Indijen Point-2, u kome se glavna cev za paru bila napola raspukla i omogućila pari da savije čelični prsten sigurnosne kupole reaktora za više od 12 metara, Palisejds, u kome se deo podupirača jezgra otkačio i igrao žmurke po unutrašnjosti reaktora i konačno doveo do gašenja ovog reaktora na neodređeno vreme, kao i parnice od 300 miliona dolara koju su podigli Consumers Power protiv njegovog graditelja firme Combustion Engineering, itd.

Međutim, reaktori sa lakom vodom prolazili su jeftino u poređenju sa britanskim usavršenim reaktorima sa gasnim hlađenjem. 1969. godine, usred sve veće tehničke, organizacione i finansijske zbrke u Dandženesu B, firme Atomic Power Constructions je bankrotirala. CEGB je bio primoran da je preuzme i da ubedi jedan od dva preostala konzorcijuma da nastave rad na ovoj nesrećnoj centrali. Krajem 1982 — posle neverovatnih sedamnaest godina od vremena kada je bila naručena — Dandženes B je najzad dostigla kritičnost. Kasnije verzije UGR — Hinkli point V i Hanterston B, posle kojih su došle Hartlpul i Hejšem — su, takođe, preživele duga odlaganja i česte tehničke probleme, ali ne tako tragične kao u slučaju Dandženes B. Nije bilo iznenađujuće kad je krajem 1973 — s obzirom na to da su svi AGR bili u velikom zakašnjenju i nijedan u pogonu — CEGB izjavio da predlaže napuštanje generacije gasom hlađenih reaktora u korist RVP. Ono što je predstavljalo iznenađenje — pravi grom iz vedra neba — bio je obim predloženog programa RVP: trideset i dva reaktora od po 1.300 MWe koji bi trebalo da budu naručeni u periodu od 1974. do 1983. Bio je to program čije su dimenzije zaprepastile većinu posmatrača, posebno zbog nereda koji je zavladao u britanskoj nuklearnoj industriji posle debakla UGR.

Vlada se bila upravo dogovorila da celokupnu industriju reaktora uključi u jedan konzorcijum — Državna korporacija za nuklearnu energiju — i da upravljanje ovim konzorcijumom poveri britanskoj kompaniji General Electric koja bi istovremeno bila vlasnik većine akcija. General Electric Company delila je entuzijazam CEGB za prelazak na reaktore sa lakom vodom, ali su zajedno precenili svoje mogućnosti. Uskoro su se među protivnicima ovog plana našli — pored britanskog ogranka Prijatelja Zemlje — Odabrani komitet Parlamenta koji je u februaru 1974, objavio jezgroviti i neprijateljski raspoložen izveštaj, Udruženje državnih slu-

166

žbenika, razni sindikati, veliki broj ljudi iz britanske nuklearne industrije, uključujući i arhitektu i osnivača britanske industrije, lorda Hintona, ser Alana Kotrela, metalurga međunarodne reputacije i, do aprila 1974, vladinog vodećeg naučnika, kao i brojne dobro informisane i uticajne medijske komentatore.

Njihove primedbe su bile raznovrsne. Pitanja koja su oni postavljali, odnosila su se na bezbednost reaktora sa lakom vodom, saglasnost javnosti o korišćenju nuklearne energije, verodostojnost tvrdnje da je konstrukcija 1.300 MWe „dokazana" — s obzirom na to da nijedan takav reaktor još nigde nije bio u pogonu, uticaj uvoza potrebnih komponenata na britanski platni bilans, preciznost prognoza o potrebama za električnom energijom koje iziskuju tako ogroman program i uticaja na britanski „nuklearni moral" u slučaju da se odbaci dvadeset godina iskustva u korist transatlantske tehnologije. Situaciju su dalje komplikovali izbori od februara 1974, nakon kojih je Hitovu vladu — koja je očigledno bila za reaktore sa lakom vodom — nasledila Vilsonova vlada, sa drugačijim opredeljenjima.

Bilo koji razlozi da su bili u pitanju, vladina odluka, koja se naslućivala od juna 1974, bila je da odbaci predloge CEGB. Umesto RVP rešenja, Britanija se opredelila za reaktore sa teškom vodom koji proizvode paru (RTVPP), koji neće biti ni tako veliki ni tako brojni. Dozvola je data za samo šest reaktora od 660 MWe, četiri za CEGB za Elektrodistribuciju južne Škotske (koja je od početka bila za ovo rešenje), s tim što bi se ponovo razmatranje obavilo 1978. Uprkos vladinoj opreznoj formulaciji ove dozvole, u kojoj se naglašavalo da odluka ni u kom smislu ne podrazumeva negativan stav prema reaktorima sa lakom vodom, bio je to veliki korak unazad. Skopčano sa nešto zakasnelim međunarodnim priznanjem impresivne kanadske elektrane Pikering, tipa KANDU, od 2.000 MWe, ova britanska odluka je dala novu mogućnost reaktorima sa teškom vodom i učinila svetsku dominaciju reaktora sa lakom vodom nešto manje neizbežnom.

Pobornici reaktora sa lakom vodom nisu gubili vreme i odmah su uzvratili udarac. 21. avgusta 1974, objav-

167

ljena je preliminarna verzija Studije o bezbednosti američkih reaktora u okviru dokumenta WASH-1.400, pod naslovom *Procena mogućnosti nesreće u američkim komercijalnim nuklearnim elektranama*, u kojoj se tvrdilo da su ove mogućnosti minimalne. Ona je sadržavala i jedan kratak pregled — u stvari, dečiji vodič o bezbednosti reaktora u obliku katehizisa — kao i glavni deo izveštaja, zajedno sa deset tomova dodatnog materijala, u ukupnoj težini od preko deset kilograma.

Na bazi metode poznate kao „šema u obliku drveta", ovaj izveštaj je zaključio da je mogućnost ozbiljne nesreće u američkoj nuklearnoj elektrani sa reaktorom sa lakom vodom zaista veoma niska — jedan prema milion po reaktoru za godinu da se dogodi nesreća pri kojoj bi nastradalo najviše 70 ljudi. Slične niske brojke bile su navedene i za širok niz drugih mogućnosti. Uz pomoć ove metode, najpre se utvrđuje eventualni kvar, zatim se utvrđuju sve moguće posledice ovog kvara i posle toga sve moguće alternative ovih posledica, i tako dalje. Kad se dobije ovakva šema u obliku „razgranatog drveta", na kojoj mnogobrojne grane predstavljaju moguće redoslede posledica, utvrđuju se verovatnoće svake od ovih posledica ponaosob, a zatim se izračunava zajednička verovatnoća svih posledica. Ova metoda je bila žestoko kritikovana posle objavljivanja dokumenta WASH-1.400; slične metode koje se koriste u svemirskom programu i drugim projektima visoke tehnologije nisu postigle upadljiv uspeh. Međutim, studija o bezbednosti reaktora je detaljno razradila postavke koje leže u osnovi filozofije bezbednosti američke industrije i tako omogućila da se mnogo preciznije utvrde one oblasti čije se postojeće analize mogu smatrati zadovoljavajućim, kao i one koje još uvek zahtevaju dalje istraživanje.

Usred ove halabuke nagrnule su porudžbine za reaktore sa lakom vodom. Neko vreme je izgledalo da će samo dva člana ratnog tima biti u stanju da se uzdrže — Kanada sa svojom porodicom KANDU reaktora sa teškom vodom i Britanija sa porodicom gas-grafitnih reaktora. Naravno, kad je u pitanju proizvodnja ener-

168

gije, Britanija je razvila svoje gas-grafitne reaktore skoro uzgredno. Uprkos razmerama Magnoks i programa UGR i paralelnog razvoja RTVPP, Britanija je zapravo tragala za brzooplodnim reaktorom sa tečnim metalom (BORTM).

Od najranijih dana britanskih nuklearnih napora, velike nade su polagane u BORTM kao idealan nuklearni energetski reaktor. Posle malog brzog reaktora u Daunreju, došao je prototipski brzi reaktor, takođe u Daunreju. Ovaj drugi je bio naručen 1966, ali problemi — posebno sa složenim krovom reaktora — prouzrokovali su kašnjenje radova na prototipskom brzom reaktoru. I tako ga je pretekao njegov suparnik, s one strane Lamanša — brzooplodni reaktor Feniks u Markulu. Feniks je dostigao kritičnost avgusta 1973, a svoju punu snagu na dan zatvaranja značajne međunarodne konferencije o elektranama sa brzim reaktorima, koja se održavala u Londonu marta 1974. Sam prototipski brzi reaktor, dostigao je kritičnost uoči samog otvaranja ove konferencije.

Tada su i SAD već bile u žestokoj trci za svojim BORTM, doduše u zaostatku za Britancima, Francuzima i Sovjetima. Eksperimentalni oplodni reaktor-2 od 16,5 MWe dostigao je kritičnost u leto 1963. i vrlo postepeno je doveden do svog punog kapaciteta sredinom 1969. Avgusta 1972. AEC i dva industrijska konzorcijuma najavili su planove o onome što je AEC sa zadovoljstvom nazvala prvim prototipom elektrane sa brzooplodnim reaktorom — verovatno u nadi da su ljudi već zaboravili na centralu Enriko Fermi-1. Nova centrala je trebalo da se gradi u Klinč Riveru, blizu Ouk Ridža u Tenesiju i na nju se gledalo kao na remek-delo AEC dugoročnog programa BOR. AEC je ovom programu dala jednu četvrtinu ukupnog saveznog fonda namenjenog svim energetskim istraživanjima i razvoju u SAD: oko 500 miliona dolara godišnje. Planirani troškovi ovog projekta su ubrzo skočili sa 400 miliona na 2.000 miliona dolara. 340 firmi, koje su se prethodno dogovorile da zajednički učestvuju sa 250 miliona dolara — prosečno 700.000 dolara po firmi — nisu povećale svoje učešće.

Sovjetska centrala BN-350 u Ševčenku na Kaspijskom moru, bila je prva u novoj generaciji elektrana sa brzim reaktorom koja je dostigla kritičnost (novembra 1972). Ona je, takođe, imala izvesne poteškoće, posebno sa parnim generatorima. Uprkos tome, sovjetske vlasti nastavile su rad na centrali BN-600 u Belojarsku. Francuzi, zadovoljni činjenicom da se ovaj međukorak može preskočiti, pripremali su se za izgradnju Super-Feniksa i Feniksa od 1.200 MWe u Krej-Malvilu, a u UKAEA su nastavili da troše više od 30 miliona funti godišnje — znatno više od polovine svog godišnjeg budžeta za energetski program — na brzi reaktor.

Međutim, nije sve išlo kako treba sa osnovnom tehnologijom snabdevanja brzog reaktora — regeneracijom. U Britaniji je BNFL bila upravo izgubila svoje postrojenje Hed End u Vindskejlu, pošto je neočekivana hemijska reakcija oslobodila radioaktivnost u postrojenju i kontaminirala trideset i pet radnika (vidi odeljak: Istrošeno gorivo). Posle duge neizvesnosti, BNFL je konačno priznala da nema namere da ponovo otvara postrojenje Hed End. Regeneracija je stvarala muke i Amerikancima. Deset godina ranije, 1964. godine, firma General Electric se pojavila sa jednom novom metodom za regeneraciju ozračenog reaktorskog goriva koja nije dovodila do stvaranja velikih i problematičnih količina visokoradioaktivnih tečnih otpadaka. Ovaj proces se zasnivao na hemiji nestabilnih fluorida uranijuma i plutonijuma. General Electric je bio siguran da će ovaj novi proces, nazvan Akvafluor, dovesti do preokreta u regeneraciji goriva, s obzirom na njegovu kompaktnost i efikasnost koje ga čine pogodnim da se primenjuje u neposrednoj blizini postrojenja. General Electric je 1968. započeo izgradnju postrojenja zasnovanog na procesu Akvafluor — postrojenja za regeneraciju goriva Srednjeg zapada — u blizini Morisa u Ilinoisu, južno od Čikaga. Šest godina kasnije, jula 1974, posle više od dve godine borbe, General Electric je poslao AEC izveštaj u kome je priznao da pomenuto postrojenje ne radi i da verovatno nikad neće raditi. Njegova cena se bila skoro udvostručila od prvobitne procene od 36 miliona dolara, a izveštaj firme General Electric nudio je malo nade da će se bilo šta od toga povratiti. Ovo postrojenje je bilo izgrađeno od masivnih betonskih zidova koje bi bilo vrlo teško preurediti. Pokušaji koji su učinjeni, otkrili su doslovno nesavladive probleme održavanja u zonama koje bi bile nepovratno kontaminirane visokom radioaktivnošću od trenutka kad postrojenje bude pušteno u pogon. Ovaj neuspeh izbacio je firmu General Electric iz posla regeneracije goriva i doveo američku nuklearnu industriju u škripac, s obzirom na to da tada nije postojalo nijedno drugo komercijalno postrojenje za regeneraciju.

Jedno drugo komercijalno postrojenje za regeneraciju je bilo u izgradnji u Barnvelu u Južnoj Karolini, ali su radovi na njemu sve više kasnili, a njegovi troškovi rasli alarmantnom brzinom. Jedno malo postrojenje za regeneraciju — Usluge za nuklearna goriva — u Vest Veliju u Njujorku je prethodno radilo, ali samo tokom šest godina, od 1966. do 1972, kada je definitivno zatvoreno. Kada je došlo do njegovog zatvaranja, niko nije želeo da prihvati finansijsku ili tehničku obavezu da očisti zaostali radioaktivni nered. Čak ni 1983. niko još uvek nije znao šta će biti sa postrojenjem u Vest Veliju i njegovim uznemiravajućim inventarom visokoradioaktivnih otpadaka.

Postrojenje za regeneraciju na Srednjem zapadu nije bila jedina nuklearna žrtva u 1974. godini. U leto 1974. Kernkraftwerk Niederaibach, prototipski reaktor sa teškom vodom i cevima pod pritiskom od 100 FWe, u Zapadnoj Nemačkoj, pridružio se društvu propalih prototipova, samo 18 meseci posle svoje kritičnosti i troška od 230 miliona maraka. Međutim, ništa u ovoj za nuklearnu energiju neprijatnoj godini ne može da se poredi sa sagom o „Mutsuu".

Nuklearni brod „Mutsu" bio je prototip nuklearnog teretnog broda japanske Agencije za razvoj nuklearnih brodova. Njegovo putovanje na koje je krenuo septembra 1974. više je unazadilo razvoj brodova na nuklearni pogon od bilo čega drugog što se desilo u nuklearnoj industriji. Brodovi na nuklearni pogon imaju, naravno, dugu istoriju koja se proteže sve do američke nuklearne podmornice „Nautilus" i do sredine 50-ih; ona uključuje mnoge druge nuklearne podmornice, nosače aviona i druge vrste plovnih objekata u službi ratne mornarice, kao i šačicu civilnih plovila. Ništa od svega ovoga nije doživelo trijumf. Nuklearni brod „Savana", prvi američki nuklearni teretni brod, našao se u ulozi pomorskog lutalice jer je bio nepoželjan u skoro svim lukama sveta. Sovjetski Savez, imajući možda ovo u vidu, sagradio je „Lenjina", ledolomca na nuklearni pogon koji nije imao problema oko usputnih luka i koji je, kao i nuklearne podmornice imao prednost zbog svog velikog radijusa kretanja. Zapadna Nemačka je izgradila „Ota Hana", čija je karijera, mada neupečatljiva, bila barem bez skandala. Međutim, „Mutsuova" avantura srozala je čitavu priču na nivo najprostije farse.

„Mutsu", koji je pokretao jedan RVP, započet je 1969. Dobio je ime po luci u kojoj je sagrađen, ali u kojoj nije bio nimalo omiljen. Lokalni ribari su bili izrazito sumnjičavi, uplašeni da će radioaktivni otpaci iz „Mutsua" naneti štetu ribarenju, ili im otežati prodaju ulova. „Mutsu" je bio spreman da se otisne 1972, ali se javnost tome usprotivila. Ljudi su se brinuli da nešto ne krene kako ne treba prilikom aktiviranja brodskog reaktora, kao i zbog mogućih pogubnih posledica po lovišta školjki u zalivu Mutsu. Dugotrajne rasprave između predstavnika lokalnih vlasti i vlade dovele su do osnivanja saveznog fonda od 100 miliona jena kojim bi se pokrila moguća šteta. Avgusta 1974. većina predstavnika lokalnih vlasti složila se da dozvoli da „Mutsu" isplovi. Međutim, gradonačelnik i neki ribari su se tome usprotivili i blokirali nuklearni brod sa nekih 250 malih ribarskih čamaca. I onda, 25. avgusta, tajfun je primorao ribarske čamce da potraže zaklon, a „Mutsu" se iskrao iz zaliva u ponoć, uz pomoćne motore i u pratnji nekoliko manjih brodova ratne mornarice.

Na otvorenom moru, 800 kilometara od obale, „Mutsuov" reaktor je dostigao kritičnost 28. avgusta. Dok je energetski nivo polako rastao, otkriveno je oticanje radioaktivnosti. Oticanje je bilo očigledno malog obima, ali s obzirom na to da je reaktor stavljen u rad na moru, tehničari su bili primorani na improvizacije. One su oduševljavale novinare širom sveta i „Mutsu" je preko noći postao senzacija, i to u najgorem mogućem smislu. Najpre su tehničari pokušali da upotrebe kuvani pirinač koji je sadržavao bor kao privremeni cementni zaštitnik. Ovo je bilo donekle uspešno, ali ne sasvim; tada su oni pribegli starim čarapama, što je novinare još više oduševilo. Jasno je da bi najbolje rešenje bilo da se brod vratio u luku i da su tamo obavljeni neophodni testovi i modifikacije uz pomoć postrojenja koja su postojala na obali. Međutim, raspoloženje u zalivu Mutsu bilo je takvo da su se članovi posade plašili da vrate ubogaljeni brod u luku, i tako je „Mutsu" bespomoćno plovio duž obale Japana, dok su se bezumni pregovori odvijali između upornih ribara Mutsua i graditelja ovog nuklearnog broda.

„Mutsu" je lutao 45 dana pre nego što mu je bilo konačno odobreno da se vrati, ali i tada samo pod najstrožim uslovima. Vlasti su morale da pristanu da „Mutsuu" pronađu novu luku u roku od šest meseci, da ostave gorivo u reaktoru, da uklone sva nuklearna postrojenja na obali u roku od 30 meseci i da gradonačelniku predaju ključeve krana za rukovanje gorivom. Pored toga, vlada je bila dužna da obezbedi 4 miliona dolara koji bi se koristili kao nadoknada u slučaju da glasine o radioaktivnosti ugroze prodaju ribe i ostale lovine, i za finansiranje javnih radova u Mutsuu.

Međutim, kad su u pitanju havarije, reaktori sa lakom vodom teško da imaju konkurencije. Posle tri zatvaranja RKV usled pucanja cevi u reaktorima, u različitim krajevima Amerike, septembra i decembra 1974, i januara 1975, došlo je do epizode koja je obezbedila nuklearnu besmrtnost jednoj običnoj sveći. Ova sveća nalazila se u ruci jednog električara koji je bio u prostoriji ispod kontrolne sobe centrale Braunz Feri u Alabami, koja je u to vreme bila najveća aktivna nuklearna centrala na svetu, sa svoja dva RKV od po skoro 1.100 MWe. U 12.30 časova, 22. marta 1975, ovaj električar i njegov kolega proveravali su vazdušno strujanje u *otvorima na zidovima kroz koje prolaze kablovi tako što su držali sveću uz sam otvor. Promaja je iznenada prenela plamen sveće na penastu plastiku kojom su bili obloženi kablovi. Električari nisu bili u stanju da ugase požar.*

Tehničar u kontrolnoj sobi je primetio porast temperature i zasuo prostoriju ispod sebe ugljen-dioksidom, i uspeo da ugasi vatru u njoj. Međutim, požar se već bio proširio preko kablova u reaktorsku zgradu. Kad su neobični signali počeli da se pojavljuju na kontrolnim uređajima Postrojenja jedan, tehničar je pritisnuo dugme za manuelno gašenje. Uskoro je otkrio i da je došlo do polugašenja na Postrojenju dva, koje on nije naredio; brzina glavne pumpe za recirkulaciju se smanjivala. Naglo je ugasio Postrojenje dva. Ova dva postrojenja su obezbeđivala nekih 15 procenata od ukupnih potreba cele mreže u dolini Tenesi; može se zamisliti kakve su bile posledice iznenadnog prestanka njihovog rada. Vatra je nastavila da gori tokom sledećih sedam časova, uništavajući stotine kablova. Prema američkoj Nuklearnoj regulatornoj komisiji, ovaj požar je uništio svih pet vanrednih sistema za hlađenje jezgra pri Postrojenju jedan. Popravke na centrali su je van pogona držale čitavih 18 meseci, a vanredni troškovi za električnu energiju iznosili su preko 40 miliona dolara.

Početkom 1975, posle godinu dana dramatičnih uspona i padova, svetska nuklearna industrija je, valjda prvi put, počela da procenjuje situaciju u kojoj se našla. U to vreme, ona je predstavljala jednu od najvećih i najbrže rastućih industrijskih grana u svetu. Spisak firmi u nuklearnom biznisu, od 1974. godine, uključivao je preko 1.800 imena samo u poslovima inženjeringa. Bili su tu giganti: Westinghouse, General Electric (SAD), Shell, Gulf, Exxon, Du Pont, Atlantic Richfield, Union Carbide i mnoge druge multinacionalne kompanije, kao i manje firme, uključujući i one sa samo šačicom visokospecijalizovanih službenika koji su se bavili nekim ezoteričnim aspektima ove tehnologije. Bili su tu i proizvođači betona, raznih vrsta čelika, olova, bakra, grafita, bora, cirkonijuma, teške vode, natrijuma, ugljen-dioksida, argona, helijuma, jonoizmenjivačkih smola, filtera, plastičnih masa, izolacionih materijala — ova lista kao da nema kraja. Bili su tu i proizvođači kompletnih nuklearnih centrala, kompletnih nuklearnih sistema za obezbeđivanje pare, sistema turbogeneratora i druge glomazne električne opreme, komora pod pritiskom, izmenjivača toplote, parnih generatora, cevi, pumpi, ventila, instrumenata, elektronskih uređaja, kompjutera, kontrolnih šipki, kranova, sistema za slučaj opasnosti, dizel-generatora — i tako dalje, i tako dalje. Pored firmi koje su nudile inženjering, bile su tu i one koje su nudile usluge, počevši od osnovnih fizičkih i hemijskih istraživanja, ekonomskih analiza, finansiranja, arhitektonskog i inženjerijskog dizajna, transporta, testiranja i inspekcije, radiološke zaštite i sigurnosti, obezbeđenja, osiguranja i, naravno, marketinga.

Sveća u centrali Braunz Feri mogla je da posluži kao upozorenje nuklearnoj industriji o trnovitom putu koji je bio pred njom. Euforija je nestala skoro istom brzinom kao obloga kablova u Braunz Feriju. Energetski planeri su bili ubeđeni da će drastično, četvorostruko povećanje cene nafte ići u prilog nuklearnoj energiji, čineći je konkurentnijom u ekonomskom pogledu. Međutim, oni nisu bili u pravu. Umesto toga, čitav industrijski svet je zagazio u duboku recesiju, što je znatno umanjilo industrijske aktivnosti, a sa njima i potražnju za gorivom i električnom energijom. Pored toga, skok cene nafte, galopirajuća inflacija i sve veće kamate, doneli su sa sobom slična povećanja cena ostalih goriva i električne energije. Ljudi su počeli da tragaju za načinima da smanje potrošnju svih goriva i električne energije, putem minimiziranja otpadaka i povećanja efikasnosti. Zbog svega ovoga, potražnja za električnom energijom nije rasla onako kao što su planeri to očekivali. Posle 1974, godine najvećeg uspeha za nuklearnu energiju, porudžbine novih energetskih postrojenja svih vrsta — pa i nuklearnih — dramatično su se smanjile širom industrijskog sveta.

Godišnja konferencija Foruma atomske industrije (AIF), najveće nuklearne trgovinske organizacije na svetu, održana je u San Francisku novembra 1975. Ona je bila zamišljena kao proslava dvadesete godišnjice nuklearnog biznisa, ali je više ličila na bdenje nad mrtvacem. Firma General Atomic je već bila izgubila svoje dve poslednje porudžbine za VTGR, a otkazane su i centrale Fulton i Samit; dok je dve nedelje pre konferencije AIF, firma General Atomic najavila svoje definitivno povlačenje iz reaktorskog biznisa. Potpredsednik ove firme Ričard Mek Kormak izjavio je na ovoj konferenciji sledeće: „Vodeći (nuklearni) snabdevači industrijskih postrojenja za proizvodnju električne energije tek treba da zarade svoj prvi dolar, posle dvadeset godina rada." On je, takođe, dodao da čak i najveći učesnici u ovoj industriji sad sebi treba da postave pitanje „da li ima smisla baviti se ovim poslom?"

Što se tiče same nukelarne industrije, odgovor na ovo pitanje postajao je sve neodređeniji. Međutim, izvan nje, već 1975, bilo je sve više ljudi čiji je odgovor na ovo pitanje bilo nedvosmisleno „Ne". U SAD, jedna nova organizacija nazvana „Kritična masa", osnovana prethodne godine pod pokroviteljstvom zaštitnika potrošača Ralfa Nadera, održala je konferenciju i demonstracije u Vašingtonu, koje su koincidirale sa sletom AIF u San Francisku. Na ovoj konferenciji prikazan je film o skupu „Kritične mase", koji je bio ekspresno poslat iz Vašingtona — neka vrsta antikabarea — koji nije uspeo da oraspoloži prisutne delegate. Sasvim neočekivano, nuklearni establišment postao je preokupiran, do granice opsesije, potrebom da bude prihvaćen od javnosti.

Izvan SAD ovaj problem je postao već veoma ozbiljan. On se javio u akutnoj formi još 1969, kada se javnost s obe strane Rajne usprotivila planu Francuske da izgradi RVP u Fesenhajmu. Međutim, francuske vlasti se ovim nisu našle pogođene i RVP Fesenhajm je nastavljen po planu. Međutim, s druge strane Rajne, stvari nisu tekle tako glatko. Seoce po imenu Vil u jugozapadnom kraju Savezne Republike Nemačke, prvi put je pomenuto 1971. kao moguća lokacija buduće nuklearne centrale. Tokom narednih meseci i godina, otpor koji je pružalo lokalno stanovništvo je neprestano rastao, ali je, bez obzira na to, imao malog uticaja i na političare i na graditelje. Sastanak za sastankom, peticija za peticijom, demonstracija za demonstracijom; kolona od 400 traktora jasno je pokazala da otpor nije ograničen samo na „levo orijentisane radikale", kao što su to političari tvrdili. Dobijeno je zvanično odobrenje i izgradnja je počela 17. februara 1975. Sutradan, nekoliko stotina ljudi je okupiralo gradilište. 20. februara oko 700 policajaca je rasturilo ovaj skup, bez ikakve milosti. Od tog trenutka, Vil je postao *cause sélèbre* — i to ne samo u Saveznoj Republici. Građani su ponovo, 23. februara zauzeli gradilište; ovog puta napravljeno je pravo naselje, sa stambenim objektima, energetskim vodovima i brojnim stanovnicima. Tokom narednih meseci političke vlasti su raspravljale, sudovi su oklevali, a okupacija se nastavljala. Sedam godina kasnije, posle ovog iscrpljujućeg rata, u Vilu nije bilo ni traga od nuklearne centrale, a Vil je postao primer koji je inspirisao nuklearnu opoziciju širom Savezne Republike Nemačke, Evrope, pa čak i Severne Amerike.

U Švajcarskoj je predlog za izgradnju nuklearne centrale u Kajzeraugstu, manje od deset kilometara od Bazela, dočekan taktikom veoma sličnom onoj koja je korišćena u Vilu. Čak su i rezultati bili slični: 1983. je bilo vrlo malo verovatno da će centrala u Kajzeraugstu biti ikad izgrađena. S druge strane, u Francuskoj, vlasti nisu gubile vreme na pravna cepidlačenja i političke debate. Posle brojnih protesta javnosti povodom nuklearnih planova, francuske vlasti su odlučile da jednostavno upotrebe svoje specijalne jedinice. Sukobi su dostigli fatalni vrhunac jula 1976. u Krej-Malvilu, lokaciji buduće centrale sa brzooplodnim reaktorom, Super-Feniks od 1.200 MWe, koja je dobila zeleno svetlo u martu 1976. Desetine hiljada demonstranata skupilo se na gradilištu da bi održalo zajednički protest protiv ovog projekta. Putevi, u širokom radijusu oko gradilišta, bili su pod kontrolom policije, koja je sprečila veliki broj ljudi da uopšte dođu do samog gradilišta. Oni koji su u tome uspeli, potpuno neočekivano su se našli na udaru prave armije specijalnih odreda policije, koja je bacala suzavac i nije štedela pendreke, udarajući njima bez razlike muškarce, žene i decu. Došlo je do ogorčene bitke, tokom koje je jedan od demonstranata ubijen.

Bitka u Krej-Malvilu označila je na ružan način rastuću konfrontaciju između nuklearnih vlasti i njihovih protivnika. Posle nje je došlo do još žešćih okršaja na gradilištu Brokdorf blizu Hamburga, novembra 1976, i na gradilištu Gronde blizu Hanovera, marta 1977. Oba gradilišta su izgledala kao zatvorenički logori, okruženi bodljikavom žicom i osmatračnicama. Policija je upotrebila helikoptere, suzavac, vodene topove i pendreke. Većina demonstranata bili su lokalni građani, ali je očigledno bilo i malih grupa demonstranata opremljenih da na nasilje uzvrate nasiljem. Većina demonstranata, kao i čitava zemlja, bili su zapanjeni žestinom sukoba. Fotografije policajaca pod šlemovima i maskiranih demonstranata, u mahnitom okršaju, zauzele su prve stranice novina širom sveta. Međutim, do još većih demonstracija došlo je septembra 1977. u Kalkaru, u blizini holandske granice, gradilištu nuklearne centrale SNR-300 sa prototipskim brzooplodnim reaktorom, koju su zajednički gradile SR Nemačka, Holandija i Belgija. Ovog puta, nemačke vlasti nisu ništa rizikovale. Okupile su se dotad neviđene policijske snage. Vozila su bila zaustavljana i pretraživana sa obe strane granice, jedan redovni voz blokiran je oklopnim kolima, dok se šest helikoptera spustilo oko njega i svim putnicima bilo naređeno da izađu. Na demonstracijama u Kalkaru nije bilo nasilja od strane demonstranata. Više hiljada ljudi se skupilo radi protesta, a onda razišlo. Stvorena je jedna nova taktika — koja je u velikoj meri uskratila pravo vlastima da tvrde da su svi demonstranti ekstremisti i subverzivci.

U jednom ironičnom osvrtu nemački časopis „Der Spiegel" je februara 1978. otkrio da se vođa projekta Kalkar, dr Klaus Traube, već dugo vremena nalazi pod prikrivenom prismotrom, pod sumnjom da je povezan sa „teroristima". Prismotru je vršila, potpuno neustavno,

Savezna policija. Čak i uprkos nezakonitom prisluškivanju, policija nije uspela da pronađe bilo kakve dokaze koji bi se mogli koristiti na sudu. Traube je ipak otpušten s posla. U roku manje od godinu dana, on je postao jedan od najistaknutijih i najupornijih kritičara zvanične nuklearne politike Savezne Republike Nemačke — čovek čija se stručnost i upućenost u materiju nije mogla osporavati.

Demonstranti u Vilu su bili najviše zabrinuti zbog mogućeg dejstva odbačene toplote i niske radioaktivnosti iz nuklearne centrale, na lokalne vinograde. U Kajzeraugstu, Brokdorfu, Grondeu i još nekim drugim kontroverznim gradilištima ova zabrinutost odnosila se na moguće posledice u slučaju veće nesreće u postrojenju. Na gradilištu centrale Lemoniz, u severnoj Španiji, jedan drugi faktor je ušao u igru. Centralu Lemoniz trebalo je da gradi firma Iberduero, jedno od najvećih privatnih elektroprivrednih preduzeća u Španiji, i to u srcu zemlje Baska. Upravo zato je i došlo do ogorčenog otpora od strane baskijskih aktivista, koji su ovu centralu shvatili kao simbol svoje političke podjarmljenosti Madridu. Postrojenje Lemoniz nije bilo samo meta do tada najmasovnijih demonstracija protiv nuklearne energije — ponekad je u njima učestvovalo preko 250.000 ljudi — već i militantne separatističke organizacije ETA. U ovom postrojenju su više puta podmetane bombe, a jedan stražar je ubijen u obračunu automatskim oružjem. Godine 1981. ETA je otela i ubila glavnog nuklearnog inženjera u Lemonizu; sledeće godine ETA je ubila i njegovog naslednika. Za to vreme, firma Iberduero je očajnički pokušavala da ovo postrojenje stavi u pogon. Uprkos brojnim pokušajima, ona nije bila u stanju da pronađe rešenje koje bi bilo politički prihvatljivo i za lokalno baskijsko stanovništvo i za njihove zakonite predstavnike, a da ne spominjemo pripadnike ETA. Mnogi su smatrali da reaktor u Lemonizu nikad neće dostići kritičnost.

I u Francuskoj je jedna nuklearna centrala postala meta separatista, ovog puta iz Bretanje, koji su minirali jedinu francusku elektranu sa teškom vodom, EL-4 u

Mondareju, ali je nanesena šteta bila malih razmera. Bile su napadnute i centrala Fesenhajm i kompjuterski centar u Parizu, vlasništvo francuskog proizvođača reaktora, firme Framatome. Jedna tajanstvena teroristička grupa ispalila je 1981. šest raketa na centralu u Krej-Malvilu. Senka nasilja koju je nuklearna energija bacala na svet postajala je sve veća.

Jedna od najčudnijih i najneprijatnijih epizoda tiče se slučaja jedne mlade žene zaposlene u nuklearnoj industriji SAD. Uveče 13. novembra 1974. godine, Karen Silkvud, zaposlena u postrojenju za proizvodnju plutonijuma korporacije Kerr-McGee, u Simaronu, u Oklahomi, sela je u svoja kola i krenula na sastanak sa jednim od rukovodilaca sindikata i reporterom iz lista „New York Times", poznatom po svojim beskompromisnim člancima o nuklearnoj industriji. Međutim, Karen Silkvud nije stigla na taj sastanak. Pronađena je mrtva u slupanim kolima koja su, pri velikoj brzini sletela s pravog dela puta. Ona je prethodno bila obećala tom reporteru i rukovodiocu sindikata da će doneti jedan dosje o nepravilnostima rada u fabrici plutonijuma. Međutim, u olupini nije nađen nikakav dosje. Inspektor koji je vršio uviđaj nesreće, angažovan od strane sindikata radnika zaposlenih u naftnoj, hemijskoj i atomskoj industriji, izjavio je da tragovi na zadnjem delu njenog automobila ukazuju da je on bio guran otpozadi: nateran u jarak? Ustanovljeno je i da su i telo Karen Silkvud i njen stan bili kontaminirani tragovima plutonijuma. Kako je plutonijum tu dospeo nikada nije utvrđeno. Još čitav niz drugih pitanja u slučaju Silkvud ostao je bez odgovora. Njena porodica je tužila korporaciju Kerr-McGee i dobila odštetu od nekoliko miliona dolara; ipak, ovaj postupak se i dalje vodi. Postrojenje u kojem je radila Karen Silkvud definitivno je zatvoreno nekoliko meseci posle njene smrti. Raspredale su se razne priče o ovom slučaju; neke od njih čak tvrde da je ona bila ubijena da bi se sprečilo otkrivanje nezakonitosti na vrlo visokim mestima, uključujući i nedozvoljenu trgovinu plutonijumom. Bilo kako bilo, teško da će se cela istina o ovom bizarnom događaju ikada saznati.

Slučaj Silkvud je još više povećao nemir svih onih u SAD koji ni do tada nisu bili nimalo srećni sa nuklearnom svakidašnjicom. Februara 1976. tri vodeća nuklearna inženjera dali su ostavke u firmi General Electric, jer su bili nezadovoljni postojećom bezbednošću nuklearnih reaktora. Njihove ostavke su došle na prve strane listova celog sveta, kao i ostavka još jednog nuklearnog inženjera iz Nuklearne regulatorne komisije, iz sličnih razloga. Ova četiri „disidenta" odmah su se angažovala u nekoliko kampanja, koje su nailazile na žestok otpor, da bi podržali više tzv. „inicijativa" — u stvari, državne referendume o nuklearnim pitanjima. Verovatno najteže izboren bio je tzv. Predlog 15 u Kaliforniji. Predlog 15 je zahtevao zabranu svake dalje izgradnje nuklearnih centrala u Kaliforniji, ukoliko državne vlasti ne pruže dokaze o bezbednosti tehnologije i o postojanju zadovoljavajućeg načina za bezbedno odlaganje radioaktivnog otpada. Pristalice Predloga 15 skupili su stotine hiljada potpisa, dok su njihovi protivnici, među kojima su bila sva postrojenja za proizvodnju električne energije i mnoge druge industrije i biznisi, potrošili nekoliko miliona dolara na reklame na televiziji, panoima i na drugim sredstvima oglašavanja, upozoravajući na teške posledice ukoliko Kalifornija okrene leđa nuklearnoj energiji. Na kraju, ne samo Predlog 15 već i sve ostale „lokalne inicijative", u državama s jednog na drugi kraj SAD, bile su poražene. Nuklearna industrija je na ovakav ishod gledala kao na demokratsku potvrdu svojih aktivnosti. Antinuklearci, ukazujući na neuporedivo veća finansijska sredstva kojima su raspolagali protagonisti nuklearnog programa, počeli su da se glasno pitaju da ne bi možda bilo bolje da zaborave sudove i ostale formalne procedure i da, kao Evropljani, izađu na ulice.

Prva takva manifestacija u SAD dogodila se ne baš na ulici nego na plaži. Public Service Company iz Nju Hempšajra (PSC) predlagala je izgradnju jedne nuklearne centrale u Sibruku u Nju Hempšajru. Mesto koje je ova kompanija izabrala nalazilo se na delu obale poznatom po velikim kolonijama školjki u priobalnom pojasu. Lokalno stanovništvo koje je imalo svoje sopstvene razloge da se suprotstavi podizanju ovakvog postrojenja, izrazilo je svoju solidarnost sa školjkama, osnivajući Udruženje sa imenom Saveznici školjki, da bi se suprotstavili izgradnji postrojenja Sibruk. Kao što je to uobičajeno, ovaj slučaj se vukao po raznoraznim sastancima i na kraju PSC je dobila dozvolu da gradi svoje postrojenje. Odmah zatim Saveznici školjki uspostavili su jedan oblik pružanja otpora. Opredelili su se za direktnu akciju na samom gradilištu u Sibruku, ali nisu želeli američku reprizu ružnih scena iz Krej-Malvila. U skladu s ovim, oni su organizovali male grupe ljudi i obučili ih u metodama otpora nenasiljem. Saveznička strategija se sastojala u strogoj disciplini i samokontroli; samo oni za koje je utvrđeno da su psihološki u stanju da izađu nakraj sa posledicama suprotstavljanja snagama zakona, bili su prihvaćeni od strane organizatora. Demonstracije u Sibruku, koje su održane oktobra 1976, predstavljale su jednu vrstu prekretnice u istoriji nuklearne industrije u SAD. Dok je 1.414 demonstranata bez otpora uhapšeno i odvučeno u zatvor, njihov primer je počeo da širi varnice širom SAD — pa čak i izvan njih. Čak i u Francuskoj i SR Nemačkoj, mestima na kojima su se dogodili neki od najružnijih sukoba između antinuklearnih demonstranata i zakona, mnogobrojni protivnici nuklearne energije su već odavno uvideli da od krvavih sukoba sa vlastima opozicija nema velike koristi. Primer koji su dali Saveznici školjki — mirni, ali nepopustljivi — uskoro je našao mnoge sledbenike.

Dok su antinuklearci sklapali međunarodne veze širom sveta, vlade i nuklearna industrija polako su gubile dah. Sredinom 1975. firma Westinghouse, najveći i najuspešniji trgovac reaktorima, objavila je vest da ima problema. Pre toga je prodala skoro dva tuceta energetskih reaktora klijentima u Americi i Evropi, u okviru ugovora koji su garantovali doživotno snabdevanje gorivom po fiksnoj ceni; četvorostruko povećanje cena uranijuma veoma je uznemirilo Westinghouse. On pre toga nije uspeo da se snabde odgovarajućim zalihama uranijuma kojima bi mogao da ispuni svoje ugovorne obaveze; nagli skok cene uranijuma doveo ga je u bulu. Juna 1975. godine Westinghouse je saopštio svojim mušterijama da ne namerava da ispuni svoje obaveze. Međutim, stavka o snabdevanju gorivom bila je jedna od najprivlačnijih strana prvobitne ponude koju je dao Westinghouse; razbesnele mušterije odgovorile su sa 29 tužbi.

Otprilike, u isto vreme otkriveno je da su se vlade Australije, Kanade, Francuske i Južne Afrike, zajedno sa međunarodnom rudarskom kompanijom Rio Tinto--Zink, tajno sporazumele da zajednički podignu svetsku cenu uranijuma. Westinghouse je odmah na sve strane razaslao obaveštenja u kojima se tvrdilo da je za teškoće u snabdevanju gorivom kriv ovaj uranijumski „kartel". Jedan američki sudija koji je razmatrao tužbe protiv kompanije Westinghouse, istakao je da bi on mogao zakonskim putem da zaštiti tužioce, ali da bi to dovelo Westinghouse do bankrotstva. On je vodio pregovore s obe strane da bi pronašao neko manje drastično rešenje. Westinghouse nije mnogo postigao svojim sopstvenim tužbama, ali su one na neki način odložile njegovo postizanje sporazuma sa nezadovoljnim kupcima. Ovaj slučaj, u kome su vlade, rudarske kompanije, proizvođači električne energije i Westinghouse držali jedan drugog za gušu tokom nekoliko godina, učinio je vrlo malo za klimu uzajamnog poverenja u okviru nuklearne zajednice. Ovo je bio samo uvod u dalje neprijatnosti koje će uskoro dominirati svetskom nuklearnom scenom.

Sredinom sedamdesetih, nuklearna industrija se pojavila sa više ideja koje su obećavale. Nemačka firma BASF je jedno vreme predlagala da se na mestu gde se nalazi njeno ogromno hemijsko postrojenje u Ludvigshafenu izgradi nuklearna centrala koja bi pored električne energije omogućavala i korišćenje oslobođene toplote. To je trebalo da bude prvo nuklearno postrojenje takve vrste, ali rastuće sumnje o bezbednosti jednog RVP usred ogromnog hemijskog kompleksa konačno su dovele do odbacivanja ovog predloga. Jedna druga inovacija, koju su planirali Westinghouse i Tenneco, bila je izgradnja plovećih nuklearnih elektrana koje bi se odvukle od obale i povezale sa potrošačima putem kablova. Ovaj predlog je privukao izvesnu pažnju, ali je na kraju otpao — uglavnom zbog opšteg pada potražnje bilo kojeg tipa novih centrala.

Ovaj pad je podstakao trgovce da učine nove napore da povećaju izvoz. Izveštaj koji je pripremila firma Barber Associates za Američku saveznu agenciju za energetska istraživanja i razvoj (ERDA), o nuklearnom izvozu u „manje razvijene zemlje", objavljen sredinom 1975. pod nazivom ERDA-52, procenio je „trgovinske, ekonomske i bezbednosne implikacije" i bio je sve, samo ne uveren u njih. Međutim, izvozna groznica je već bila otpočela. Na razočarenje američkih trgovaca, nemačka firma Kraftwerk Union (KWU) najavila je sredinom 1975. da je dobila najveći ikad sklopljeni izvozni nuklearni ugovor: posao u okviru koga je KWU trebalo da snabde Brazil ne samo sa osam nuklearnih elektrana već i sa jednim postrojenjem za obogaćivanje i jednim pogonom za regeneraciju. Ovo je posebno pogodilo firmu Westinghouse jer je ona prethodno već isporučila prvu brazilsku elektranu Angra dos Reis. Ali jedan aspekt ovog posla koji je najviše smetao manje pristrasnim posmatračima, bila su dva postrojenja za preradu goriva — oba u stanju da proizvode materijal za potencijalno nuklearno oružje. Francuska se takođe opredelila za ovu novu orijentaciju za izvoz, sklopivši ugovore o prodaji postrojenja za regeneraciju goriva Južnoj Koreji i Pakistanu. Uplitanje međunarodne trgovine u ono što je nazvano „osetljiva tehnologija" biće naknadno razmotrene u poglavlju 8. Kao što ćemo videti, izvozni poslovi sredinom 70-ih godina pripremili su pozornicu za jedan veliki međudržavni sukob. Oni su, takođe, uznemirili onaj deo javnosti koji je počeo da razmišlja o vezi između civilnih i vojnih nuklearnih aktivnosti.

Ova veza nije bila nikakva naučno-fantastična noćna mora histeričnih antinuklearnih demonstranata. Dva zvanična izveštaja objavljena jedan za drugim u roku od mesec dana, septembra i oktobra 1976. učinili su to potpuno jasnim. Prvi je bio izveštaj Britanske kraljevske komisije o zagađivanju okoline čiji je predsednik bio ser Brajan Flauerz. Ovaj izveštaj, nazvan *Nuklearna energija i okolina,* odmah je dobio status klasičnog dela, poznatog kao „Izveštaj Flauerz". Flauerz je sam bio istaknuti nuklearni fizičar i vanredni član odbora UKAEA; njegove kolege iz ove komisije su isto tako bili istaknuti u oblastima svog rada. U svom izveštaju oni su razmotrili doslovno svaki aspekt nuklearne polemike, upotrebljavajući reč „okolina" u veoma širokom smislu. Oni su mnoga nuklearna pitanja proglasili ili nevažećim ili, u najboljem slučaju, od malog značaja. Međutim, bili su duboko zabrinuti izgledima da plutonijum postane trgovinski artikal, direktno ili indirektno: „Opasnosti od stvaranja plutonijuma u velikim količinama, u slučajevima nemira u svetu, stvarne su i ozbiljne. Mi ne bismo trebali kad je u pitanju snabdevanje električnom energijom, da se oslonimo na tako opasnu supstancu kao što je plutonijum, izuzev u slučaju da nam za to ne preostaje nijedna druga razumna alternativa."

Na drugoj strani sveta, u Australiji, jedna komisija pod vodstvom Rasela Foksa je objavila svoj prvi izveštaj o planovima za iskopavanje uranijuma na severu Australije. Poput Flauerzove komisije, i Foksova komisija je bila spremna da progleda kroz prste mnogim kontroverznim aspektima nuklearnih aktivnosti. Međutim, njeno treće otkriće sigurno nije pružilo nuklearcima veliku utehu: „Nuklearna energetika nenamerno doprinosi povećanom riziku od nuklearnog rata. To je najozbiljnija opasnost koju predstavlja ova industrija." Na ovaj suštinski problem vratićemo se u poglavlju 8. Oba pomenuta izveštaja, nepristrasna i autoritativna, dala su novu uverljivost barem jednom delu argumenata koje su protivnici nuklearne energije već dugo vremena zastupali. Čak i u svetskim nuklearnim establišmentima, nesloga i napetost su počeli da rastu.

Predsednik SAD Džerald Ford je 28. oktobra 1976. u jednoj važnijoj političkoj izjavi saopštio da ubuduće američka vlada neće smatrati da regeneracija goriva ili korišćenje izdvojenog plutonijuma predstavljaju neophodan ili poželjan element koji prati civilne nuklearne aktivnosti, zbog rizika zloupotrebe plutonijuma koje one uključuju. Ovo je ponovio i još više naglasio 7. apri-

185

la 1977. novi predsednik SAD Džimi Karter, čiji je stav bio podržan jednim drugim izveštajem sa visokog nivoa, koji je objavila Fondacija Ford i Mitre Corporation u SAD. O ovim događajima će još biti reči u poglavlju 8, a ovde ćemo još samo reći da su oni dali neočekivani sjaj najdalekosežnijoj civilnoj nuklearnoj konfrontaciji do koje je ikada došlo u Velikoj Britaniji.

Engleska kompanija BNFL dala je 1974. god. predlog da izgradi jedno ili više postrojenja za regeneraciju na svojoj lokaciji u Vindskejlu koja bi opsluživala prekomorske mušterije. Osakaćena priča o ovom predlogu pojavila se u listu „Daily Mirror", oktobra 1975, pod gromoglasnim naslovom „Plan da se od Britanije napravi nuklearno smetlište". Ovaj članak je doveo do nacionalne uzbune. Marta 1976. britanska vlada je dala zvanično odobrenje kompaniji BNFL da zaključi ugovor sa Japanom i sagradi „Postrojenje za toplotnu regeneraciju oksidnih goriva" (THORP), koje su delom finansirali Japanci, koji bi prebacili 3.000 tona istrošenog goriva u Veliku Britaniju. Međutim, ovaj posao je naišao na otpor širom Britanije i na zahtev da se čitav plan podnese na uviđaj javnosti pre nego što se preduzmu dalji koraci. Vlada je nastavila da igra svoju igru, a onda je u decembru 1976. sa zakašnjenjem objavljeno da je BNFL otkrila, puna dva meseca ranije, oticanje iz jednog od svojih bunkera za radioaktivne otpatke u Vindskejlu. Ovo oticanje se prikrivalo i kad je za to saznao ministar za energetiku Toni Ben, pobesneo je. Vlada je 22. decembra objavila da je ipak odlučila da povede istragu o projektu THORP, što su antinuklearci jedva dočekali. Istraga je počela u gradiću Vajthejven, pet milja severno od Vindskejla 14. juna 1977, pod vođstvom sudije Vrhovnog suda Rodžera Parkera. Ona je trajala tačno sto dana, tokom kojih je ispitano nekih 1.500 dokumenata i napravljen zapisnik debljine od preko jednog metra.

BNFL je tvrdila da je ovaj projekt od finansijske koristi za Veliku Britaniju, da je od suštinskog značaja za nuklearni program Velike Britanije, da bi on obezbedio dragoceni uranijum i plutonijum za buduću upotrebu i da je neophodan kao jedna faza u tretiranju visokoradioaktivnih otpadaka. BNFL je, takođe, insistirala da će ovi visokoradioaktivni otpaci prekomorskih mušterija biti u dogledno vreme vraćeni u čvrstom obliku, radi njihovog konačnog odlaganja. Protivnici su tvrdili da regeneracija oksidnog goriva predstavlja još uvek neproverenu tehnologiju i da su svi oni koji su je se latili — uključujući BNFL i njeno postrojenje Hed End — propali, ili tehnički ili finansijski, ili u oba pogleda. Protivnički tabor je, takođe, tvrdio da bi takvo dobijanje uranijuma i plutonijuma koštalo više od njihove prave vrednosti, da regeneracija oksidnog goriva ne samo što je nepotrebna nego bi sigurno i komplikovala postupak sa radioaktivnim otpadom i da dugotrajno suvo skladištenje predstavlja bolje rešenje, imajući u vidu tadašnje nedovoljno znanje o konačnom odlaganju. I, što je najvažnije — argument koji je sa posebnom snagom zastupala ekološka organizacija Prijatelji Zemlje — da će, ako Britanija bude tvrdila da mora da povrati plutonijum, da bi ga koristila kao gorivo, doći do presedana koji bi opasno ugrozio međunarodne napore za kontrolu širenja nuklearnog naoružanja. Druge zemlje — Indija, Pakistan, Argentina, Brazil, Južna Koreja — mogle bi onda da kažu da ukoliko Britanija izdvaja plutonijum u civilne svrhe, to onda mogu da rade i one.

Međutim, argument koji su najupornije zastupali ostali protivnici, bio je da otpuštanje niske radioaktivnosti iz postrojenja može da bude opasno po zdravlje. Rodžera Parkera ova tvrdnja uopšte nije impresionirala — kao ni svi ostali argumenti koje su izneli antinuklearci. Zvanični izveštaj o istrazi objavljen je marta 1978. U suštini, on je u potpunosti odobrio prvobitni plan BNFL i, nakon dve debate u Donjem domu, plan THORP dobio je blagoslov Parlamenta. Njegovi protivnici su dočekali Parkerov izveštaj s besom i nevericom, ne mogavši da shvate zašto su njihovi argumenti bili odbačeni, često i bez ikakvog spominjanja. Parkerov izveštaj doveo je do tada do najveće polarizacije oko nuklearnog pitanja u Velikoj Britaniji.

Antinuklearci u Britaniji nisu bili jedini koji su bili zabrinuti zbog mogućeg uticaja Vindskejlskog plana na širenje nuklearnog naoružanja. Vlada SAD podnela je čitav niz predstavki vladi Velike Britanije — ali je naišla samo na hladno odbijanje. Pitanje regeneracije i civilnog korišćenja plutonijuma, dovelo je do polarizacije ne samo između grupa „za" i „protiv" nuklearne energije već i između vlada različitih zemalja, kao što ćemo videti u poglavlju 8. Duboka nesloga je već krasila atmosferu konferencije IAEA o „nuklearnoj energiji i gorivnom ciklusu", održane u Salcburgu maja 1977. Mnogi zvanični američki učesnici morali su da u svojim govorima naprave izmene u poslednjem trenutku da bi ih uskladili sa politikom vlade SAD; zauzvrat, oni su bili prekoreni od strane mnogih neameričkih učesnika. Međutim, samo jedan blok dalje, nuklearni kritičari i protivnici iz velikog broja zemalja održavali su pripremni sastanak za „Konferenciju o nenuklearnoj budućnosti" — prvi veliki međunarodni sastanak koji je kasnije izrastao u pravi međunarodni pokret. Istovetnost mišljenja i ciljeva na ovoj antinuklearnoj konferenciji znatno je odudarala od razdora na zvaničnoj konferenciji jedan blok dalje.

Jedan od rezultata pomenute nuklearne konferencije bilo je osnivanje međunarodne mreže nazvane Svetska služba za informacije (WISE). Sredstva za WISE došla su iz jednog neverovatnog izvora. Danska antinuklearna organizacija OOA napravila je i zakonski zaštitila jedan jednostavan živopisan simbol: jarkocrveno sunce koje se smeši, na žutoj pozadini, sa rečima „Nuklearna energija?" iznad njega, i odgovorom „Ne, hvala" ispod njega. Ovaj simbol je velikom brzinom stigao bukvalno u sve kutke industrijskog sveta, pa čak i dalje. Godine 1983, on se već mogao naći na više od četrdeset jezika. Prihodi od prodaje bedževa sa suncem koje se smeška, nalepnica, majica i od drugih manifestacija revnosno su prikupljeni i vraćeni danskim tvorcima ovog simbola. Celokupna zarada se slila u jednu fondaciju koja je finansirala centralu ove službe u Amsterdamu, dvonedeljnik WISE, a kasnije i rastuće aktivnosti u okviru zemlje.

U to vreme svetska nuklearna industrija imala je veoma malo razloga da se zadovoljno smeška. Godine 1975, kad je nuklearni entuzijazam dostigao vrhunac, ze-

188

mlje koje su najavile svoje predstojeće nuklearne programe uključivale su Australiju, Dansku, Indoneziju, Izrael, Kuvajt, Norvešku, Novi Zeland, Maleziju, Saudijsku Arabiju i Tajland. Međutim, u roku od tri godine sve ove zemlje objavile su da su ili odložile na neodređeno vreme, ili potpuno odustale od svojih planova nuklearnog razvoja. Ne samo što se domaće tržište naglo sužavalo već se ista stvar događala i sa potencijalnim izvoznim tržištima za nuklearnu tehnologiju, dok su se prodavci reaktora borili na krv i nož za nekoliko mogućih preostalih narudžbina.

Početkom 1975. Južna Afrika, koja je već dugo vremena bila važan, ali i kontroverzan kupac nuklearne tehnologije i imala visokorazvijeni — tajni — nuklearni istraživački program, odlučila je da izgradi svoju prvu nuklearnu elektranu u Koebergu u blizini Kejp Tauna. Glavni konkurenti za ovaj posao bili su konzorcijum na čelu sa američkom firmom General Electric i holandskom inženjerijskom firmom RSV, s jedne strane, i francuska firma Framatome, s druge. Početkom 1975. izgledalo je da američko-holandski konzorcijum dobija trku. Međutim, očekivanja su, u ovom pogledu, u Holandiji bila podeljena; poslanici u holandskom Parlamentu postavili su pitanja o preporučljivosti zvanične podrške holandske vlade ugovoru sa režimom apartheida. Konačno, ovaj posao je ipak pripao firmi Framatome. Politička debata koja se vodila u Holandiji je, verovatno, odigrala odlučujuću ulogu da ovaj posao dobiju Francuzi. Međutim, ono što nije moglo da se porekne, bili su velikodušni finansijski uslovi koje je firma Framatome, uz podršku francuske vlade, ponudila Južnoj Africi. Finansiranje nuklearnog izvoza biće dalje razmotreno u poglavljima 7 i 8.

Firma Westinghouse, kojoj je firma KWU otela brazilsku narudžbinu za nuklearne centrale, našla je utehu u porudžbini Filipinaca za nuklearnu centralu u Bagaku na ostrvu Batan. Ugovor za ovu centralu potpisan je u februaru 1976, ali je izazvao još jedan talas žestokih polemika. Bagak se nalazi na samo nekoliko desetina milja od jednog aktivnog vulkana. Čak i za industriju koja se nije libila da gradi reaktore na trusnim područjima, ovo je bilo previše. Finansijski uslovi su, takođe, postali meta oštre kritike i od strane protivnika Markosovog režima na Filipinima, kao i od strane američkog Kongresa; tvrdilo se da je bilo podmićivanja, dok su se troškovi projekta neprestano povećavali.

Dok se Westinghouse rvao sa problemima oko postrojenja na Filipinima, mogao je, u stvari, da bude presrećan što je izbegao rastući haos na brazilskom gradilištu u Angra dos Reis. Postepeno poboljšanje političke klime u Brazilu ohrabrilo je ugledne brazilske stručnjake za nuklearnu energiju da se glasno upitaju o poželjnosti ugovora sa KWU, a posebno o razvoju događaja na gradilištu u Angri. Angra 2 i 3, prva dva KWU reaktora, trebalo je da budu smešteni pored postrojenja Angra 1, koje je izgradila firma Westinghouse. Lokaciju za gradilište u Angri su, očigledno, izabrale vojne vlasti ne konsultujući geologe. Kao da su zatvorenih očiju uprli prstom u mapu. Iskopavanja za temelje za Angru 2 išla su sve dublje i dublje, u potrazi za stenovitom podlogom. Do 1982. godine radnici na gradilištu su već bili postavili 800 čeličnih šipova dužine od po 40 metara, a temelji za reaktor Angra 1, već završeni, počeli su da se naginju ka obližnjoj rupi. Svi su se pitali da li će Angra 2 ikada biti završena — i da li uopšte treba počinjati sa projektom Angra 3.

Izgleda da nevolje u Brazilu nisu bile dovoljne da obeshrabre firmu KWU, jer je imala izvozni ugovor i sa iranskim Šahom. Krajem 70-ih prvi od dva planirana programa za nekih dvadeset nuklearnih centrala u Iranu se izvodio u Bušeru na obali Irana. Onda je došlo do pada Šaha i uzdizanja Ajatolaha Homeinija. Direktor Iranske komisije za atomsku energiju bio je jedan od mnogih uticajnih članova iranskog establišmenta koji je iščezao posle revolucije. Homeini je izjavio da je nuklearna energija delo đavola i vođe iranske revolucije su počele da razmatraju mogućnost korišćenja praznih betonskih bunkera u Bušeru za skladištenje žita. KWU se uzalud borio za odštetu; 1983. godine status iranskog nuklearnog programa je još uvek bio haotičan.

U čitavom zapadnom svetu samo je francuski nuklearni program napredovao onako kako su vlasti bile zamislile. Žestina otpora, posle njegovog vrhunca u okršaju kod Krej-Malvila, splasla je na sumorno gunđanje; nove francuske centrale naručivane su u partijama, dok su prethodne ulazile u pogon po planu. Jedina druga zemlja u kojoj su nuklearni planeri radili tačno ono što žele, bio je Sovjetski Savez. Sovjetske vlasti su bile toliko čvrsto opredeljene za razvoj nuklearnog programa da su konstruisale ogromnu fabriku za proizvodnju komora pod pritiskom za svoj WWR (RVP) na pokretnoj traci. Ova fabrika, nazvana „Atom-maš", izgleda da je doživela neke zastoje i druge teškoće. Ali, kao i kad su u pitanju druge stvari, Sovjeti obelodanjuju samo svoje uspehe. Sovjetski Savez se čak uspešno ubacio i na izvozno tržište, prodajući energetske reaktore ne samo zemljama članicama Komekona — Bugarska, Čehoslovačka, Istočna Nemačka, Poljska — već i Finskoj.

U Velikoj Britaniji nuklearna industrija je doživljavala nove grčeve. Jula 1974. britanska vlada je odobrila izgradnju dve nuklearne centrale zasnovane na britanskom reaktoru sa teškom vodom. Ali, sredinom 1976. godine, na savet AEA — konstruktora ovih reaktora — vlada je odbacila rešenje sa teškom vodom, koje se pokazalo i suviše skupim i neprikladnim za veliko energetsko postrojenje. Uprkos savetovanjima održanim u poslednjem trenutku koje je vodio Komitet Parlamenta za nauku i tehnologiju — davnašnji pobornik rešenja sa teškom vodom — vlada se ipak opredelila za dve nove centrale sa usavršenim reaktorima sa gasnim hlađenjem. Ove centrale su bile naručene ne zbog toga što je potrošačima bila potrebna električna energija, već zato što je proizvođačima reaktora bio potreban posao. Pobornici britanskog rešenja za RVP potišteno su vrteli glavama.

Međutim, tužna priča o prvoj generaciji UGR ipak nije doživela „happy end". Godine 1978. prva centrala sa UGR, Dandženes B, još uvek nije bila počela da radi, iako je proteklo trinaest godina otkako je bila naručena; zapravo, proradila je tek krajem 1982. Ali prvi reaktori

191

u centralama Hanterston B i Hinkli Point B sa UGR proradili su u roku od dvanaest časova jedan za drugim, u februaru 1976. Pričalo se da su se ekipe u ove dve centrale utrkivale jedna s drugom. Bilo kako bilo, obe centrale radile su samo oko sat i nešto i onda su ugašene da bi kasnije postepeno i polako bile ponovo puštene u rad. Juna 1977. jedna veća cev za rashladnu vodu je pukla u centrali Hinkli Point B; osoblje centrale moralo je da upotrebi vatrogasni šmrk da bi održalo temperaturu betonskog zaštitnika u bezbednosnim granicama. Da ne bi zaostalo, osoblje u centrali Hanterston B je septembra 1977. postavio jednu privremenu cev u rashladnom sistemu i na nju potpuno zaboravilo. Kada su kasnije dekompresovali reaktor prilikom rutinskog održavanja, kroz pomenutu cev se sručilo nekoliko hiljada galona morske vode u nerđajuće čelično jezgro reaktora. Reaktor je morao da bude ugašen tokom niza meseci. Celokupna složena i osetljiva unutrašnja toplotna izolacija morala je da bude zamenjena po ceni koja je iznosila preko 14 miliona funti. Ukupni troškovi, koji su uključivali gašenje reaktora, kao i nadoknadu potrošačima za utrošenu električnu energiju, prešli su 50 miliona funti. Elektrodistribucija južne Škotske, je povodom svečanog otvaranja centrale Hanterston B, razdelila svojim potrošačima brošure u kojima se objašnjavalo kako nuklearna energija omogućava niske cene električne struje. Posle fijaska u centrali Hanterston B, ova elektrodistribucija morala je da zatraži veće povećanje tarifa.

Kada je britanska vlada ipak dala zeleno svetlo za izgradnju centrala sa UGR u Hejšemu B i Tornesu, u Škotskoj, kompanija General Electric — verni pobornik rešenja RVP — digla je ruke i zatražila da bude oslobođena svojih obaveza iz ugovora sa Državnom korporacijom za nuklearnu energiju, kao i povraćaj najvećeg dela svog učešća. Odbor ove korporacije bio je ponovno formiran; AEA je preuzela akcije kompanije General Electric; a britanski nuklearni establišment se pripremao za sledeću rundu tihog građanskog rata.

U drugim delovima industrijskog zapada, bitka se nije sastojala u tome da li da se grade reaktori sa gasnim hlađenjem ili reaktori sa vodenim hlađenjem, već u tome da li uopšte graditi reaktore. U zemljama toliko različitim kao što su Kanada, Japan, Italija i SAD nuklearni programi su redovno kasnili i to ne zbog pravnih ili drugih smetnji, već prvenstveno zbog toga što su proizvođači električne energije postajali sve nevoljniji da kupuju reaktore. Ekonomske aspekte ove situacije razmotrićemo u poglavlju 7. Loš učinak i tehnički problemi, nastavili su da progone nuklearnu industriju.

Čovek bi pomislio da je obična sijalica bezbednija od sveće u nuklearnom postrojenju. Međutim, 28. marta 1978, jedna sijalica od 25 centi pokazala je da može da bude podjednako opasna kao i poznata sveća u centrali Braunz Feri. Jedan tehničar je zamenjivao sijalicu koja se nalazila iza providnog tastera na kontrolnoj tabli nuklearnog postrojenja Rančo Seko u blizini Sakramenta u Kaliforniji. U jednom trenutku on ju je ispustio i ona je pala na kontrolnu tablu, praveći kratak spoj na glavnim električnim vezama sa kontrolnim instrumentima. Lažni signali o pritisku, temperaturi, nivou i protoku vode, kao i ostalim podacima, počeli su da preplavljuju glavni kontrolni kompjuter reaktora. To je dovelo do toga da kompjuter prekine dovod vode u parne generatore. Pritisak u reaktoru je naglo skočio i reaktor se sam ugasio.

Tehničari su potpuno zbunjeni posmatrali šta se događa, dok su kompjuter i reaktor postajali sve mahnitiji. Ventili su se sami od sebe otvarali i zatvarali, pritisak i temperatura u reaktoru išli su gore-dole kao jo--jo, kazaljke na skalama mernih instrumenata skakale su s kraja nakraj brojčanika. U više navrata dva parna generatora ostala su potpuno suva, bez i malo vode koja bi prihvatila toplotu iz primarnog rashladnog kola. Nešto kasnije dodatna voda ispunila je oba glavna parna generatora do samog vrha, tako da je iz njih u turbinu počela da ide voda umesto pare. Do trenutka kada je popravljen kratak spoj — sedamdeset minuta otkako je nespretni tehničar ispustio sijalicu — temperatura u rashladnom sistemu pala je ispod dozvoljene granice.

Kad su tehničari donekle shvatili šta se događa, brzo su doveli stvari u red. „Postrojenje je ostalo ugaše-

no, a prikupljeni podaci poslati su na analizu firmi Babcock & Wilcox". Analiza je zaključila da se postrojenje može vratiti u pogon pod uslovom da se prati pojava eventualnih oštećenja. Ovaj događaj u Rančo Seko nije ugrozio bezbednost, mada je mogao da dovede do uništenja prilično skupe opreme. Ali, zato je ubedljivo demonstrirao osetljivost veze između reaktora i ljudi koji njime rukuju.

Jedan drugi faktor, koji je proizvođače električne energije činio sve nervoznijim, bila je neprestana konfuzija oko toga šta činiti sa istrošenim gorivom. Prvobitno se očekivalo da će tehničari izbacivati istrošeno gorivo iz reaktora u rashladne bazene pri samoj centrali i da će, u roku od jedne godine, istrošeno gorivo biti preneto u postrojenje za regeneraciju. Smisao ovoga bio je u tome da je krajnji cilj, u stvari, bio da se gorivo ukloni iz rashladnih bazena, a ne da se izvrši njegova regeneracija. Ali skoro potpuni neuspeh regeneracije oksidnog goriva — samo jedno malo francusko postrojenje u Kap la Hagu bilo je u pogonu, rezervisano za nekoliko godina unapred — dovelo je do toga su se rashladni bazeni u SAD, Japanu, SR Nemačkoj i drugde neprekidno punili istrošenim gorivom. Zakoni o bezbednosti rada propisivali su da nuklearne elektrane ne smeju da nastave sa radom ukoliko ne obezbede prostor za smeštaj celokupnog goriva u slučaju vanrednih okolnosti. Pretrpani rashladni bazeni bi, znači, mogli da dovedu do skorog zatvaranja sve većeg i većeg broja centrala. U SAD su razmatrali niz predloga i projekata, ali su svi, jedan za drugim, bili odbačeni ili od strane savezne vlade ili od strane vlada pojedinih država. Takozvano probno postrojenje za izolaciju otpadaka (WIPP) planirano je da se izgradi u jugozapadnom delu SAD; njegov status je 1983. još uvek bio neizvestan, kao što je bio i pet godina pre toga. I drugi planovi za izgradnju skladišta nuklearnog otpada „dalje-od-reaktora" (AFR) naišli su na slične proceduralne i druge teškoće, a bazeni su nastavili da se pune.

U SR Nemačkoj bonska vlada prišla je ovom problemu mnogo sistematičnije. Ona je predložila plan za ogroman „Entsorgungszentrum", koji bi uključivao rashladne bazene, postrojenje za regeneraciju, pogone za prečišćavanje izdvojenog uranijuma i plutonijuma, rezervoare za tečni otpad visoke radioaktivnosti i postrojenje za ostakljivanje. Sve ovo bi bilo smešteno na samom vrhu podzemne naslage soli, koja bi služila kao konačno mesto odlaganja ostakljenog visokoradioaktivnog otpada. Izabrana lokacija se nalazila u malom zaseoku Gorleben, u donjoj Saksoniji, na oko 5 kilometara od granice sa Istočnom Nemačkom. Međutim, lokalnom stanovništvu ova ideja se nije dopala. Ono je poslalo peticiju predsedniku pokrajinske vlade Ernstu Albrehtu da pokrene nezavisnu studiju o Gorlebenu i organizuje savetovanja, pre nego što odobri ovaj projekt. Albreht, jedan od vodećih članova hrišćanskih demokrata, bio je pred pokrajinskim izborima i nije hteo da rizikuje gubitak političke popularnosti zbog plana koji je pokrenula Socijaldemokratska partija Helmuta Šmita. I zato je Albreht prihvatio ovaj zahtev. Kada je pobedio na lokalnim izborima, odmah je angažovao nekih dvadeset stručnjaka iz Francuske, Norveške, Švedske, Britanije i SAD da pripreme nezavisnu procenu projekta Gorleben. Rezultat ovoga bio je izveštaj od 2.000 strana koji je podnesen marta 1979, u kome je izneto potpuno neslaganje sa ovim projektom. 28. marta 1979. Albreht i nekih 200 političara i ljudi iz nuklearne industrije sakupili su se u Hanoveru radi šestodnevnog razmatranja pomenutog izveštaja i unakrsnog ispitivanja njegovih autora, kao i jedne druge grupe nuklearnih stručnjaka koji su podržavali projekt Gorleben. Ovi razgovori na kojima su se sakupili najslavniji pobornici i protivnici nuklearne energije iz mnogih delova sveta da, u prisustvu televizije i vodećih političara, razmotre pitanje od suštinskog značaja za budućnost nemačkog nuklearnog programa, bili bi sami po sebi veoma dramatični — ali, slučaj je hteo da sve ovo dobije još veće dimenzije zbog događaja koji su se odigrali u drugom kraju sveta.

Proleće 1979. nije baš bilo dobro za američku nuklearnu industriju. Otkrivanje pukotina u cevovodu dovelo je do prisilnog gašenja centrala sa RVP radi provere i opravke. I onda je na scenu stupio Holivud sa svojim filmom „Kineski sindrom" sa Džejn Fonda i Džekom Lemonom. Okosnicu filma predstavlja otkriće greške u konstrukciji koja ugrožava bezbednost jednog nuklearnog postrojenja i napori jednog televizijskog reportera i nuklearnog inženjera da razotkriju zvanično zataškavanje. Bio je to uzbudljiv film, ali su ga ljudi iz nuklearnih krugova smatrali senzacionalističkim i nerealnim.

Dve nedelje posle premijere „Kineskog sindroma", 28. marta 1979. u 4 sata ujutru, pokvarilo se nekoliko pumpi za napajanje vodom u pogonu 2 nove nuklearne elektrane firme Metropolitan Edison, na ostrvu Tri milje, na reci Šenando, u blizini Harisberga u Pensilvaniji. Događaji koji su se odigrali tokom nekoliko sledećih časova učinili su centralu Tri milje najpoznatijom i istovremeno najozloglašenijom na svetu.

Kad su se zaustavile pumpe za napajanje vodom, bezbednosni sistem postrojenja automatski je isključio turboalternator. Kako je proizvodnja pare opadala, tako su temperatura i pritisak primarne rashladne vode rasli, a „sigurnosni ventil sa preklopnikom" (SVP) na vrhu pritisnog sistema se otvorio. Osam sekundi po prestanku rada pumpi za napajanje vodom, reaktor se sam ugasio. Međutim, toplota raspadanja iz produkata fisije u gorivnim šipkama nastavila je da predaje više od 150 MWt toplote vodi u primarnom rashladnom kolu. Kad su pumpe za napajanje vodom otkazale, automatski su se uključile tri rezervne pumpe, ali obe cevi ovog sistema bile su blokirane zatvorenim ventilima; voda za hlađenje nije doprla do parnih generatora. Ni jedan od dvojice operatora u kontrolnoj sobi nije primetio da su ventili zatvoreni; kad je prva pumpa otkazala, upalila su se svetla na kontrolnoj tabli; u roku od nekoliko minuta bilo je više od stotinu znakova za uzbunjivanje.

Kad je pritisak u reaktoru pao, SVP je trebalo da se automatski zatvori. Međutim, do toga nije došlo, mada je svetlo na kontrolnoj tabli pokazivalo suprotno. SVP je ostao otvoren, omogućavajući da dragoceni rashlađivač reaktora neopaženo otiče. U zvaničnom izveštaju je stajalo: „Da se ventil zatvorio kao što je trebalo, ili da su tehničari u kontrolnoj sobi shvatili da se ventil zaglavio u otvorenom položaju, zatvorili pomoćni ventil i tako zaustavili oticanje rashladne vode, ili da su je jednostavno oslonili na pumpe za ubrizgavanje koje rade pod visokim pritiskom, nesreća na ostrvu Tri milje ne bi prevazilazila razmere male nezgode." Ali, lako je sada pričati o tome.

Posle dva minuta od početka nesreće, dok je SVP još uvek bio otvoren, pritisak u reaktoru naglo je počeo da pada, aktivirajući dve pumpe za ubrizgavanje pod visokim pritiskom — deo sistema za vanredno rashlađivanje jezgra. Međutim, tehničari, videvši da nivo vode u pritisnom sistemu i dalje raste, isključili su jednu od ovih pumpi, a drugu skoro potpuno zatvorili. Ono što oni nisu znali, bilo je da je gubitak pritiska omogućio stvaranje mehurića u rashlađivaču. Nivo vode u bloku reaktora počeo je da opada. U roku od sledeća dva časa on se spustio ispod vrha jezgra, a temperatura ogoljenih gorivnih šipki je naglo skočila. Obloga od cirklegure je omekšala i počela da se topi. Užarena cirklegura je hemijski reagovala sa parom, oduzimajući joj kiseonik i ostavljajući slobodni vodonik, koji je počeo da se nagomilava u sve većem mehuru iznad ogoljenog jezgra. Da li je došlo do omekšavanja i topljenja keramičke gorivne sačme, nije poznato.

Osoblje centrale o tome nije ništa znalo. Oko 4.30 ujutru kontrolnoj sobi je telefonom javljeno da se na podu kupole, ispod reaktora nakupilo preko šest stopa vode. Pumpe u koritu su već bile izbacile deo ove vode — za koju je kasnije utvrđeno da je radioaktivna, zbog oticanja oštećenog goriva — u obližnju pomoćnu zgradu.

U 5 sati ujutru glavne rashladne pumpe su počele žestoko da se tresu. One nisu dovodile samo vodu nego i paru; tehničari nisu znali razloge ovome, te su ih isključili. To je dovelo do prestanka proticanja rashladne vode kroz jezgro. Do tog vremena, o svemu ovome već su bili obavešteni rukovodioci firme Metropolitan Edison i konstruktori iz firme Babcock & Wilcox. Tokom *jednog od telefonskih razgovora nadzornik iz firme Babcock & Wilcox je konačno postavio pitanje koje bi uštedelo mnogo glavobolje da je bilo postavljeno dva sata ranije: da li je ventil između pritisnog sistema i SVP zatvoren? On je bio zatvoren — istog tog trenutka — ali prekasno. Ono što je usledilo, tokom naredna tri dana, bila je neverovatna serija konfuzije, dezinformacija, oprečnih saveta i — za hiljade nesrećnih ljudi u jugozapadnoj Pensilvaniji — košmarna neizvesnost i strah da će ih progutati nevidljivi, neuhvatljivi užas. Činilo se da se odgovorna lica ponašaju poput slona u staklarskoj radnji.*

Oko 1.50 po podne 29. marta svi u postrojenju 2 začuli su potmuli tresak. Niko nije shvatio da je to bila eksplozija vodonika u sigurnosnoj kupoli reaktora. Od petka do nedelje stručnjaci iz Nuklearne regulatorne komisije mahnito su pokušavali da izračunaju mogućnost da mehur vodonika unutar bloka reaktora dostigne eksplozivne razmere i da odluče šta će u tom slučaju da rade. Dok su se oni preznojavali oko toga, mehur je sam od sebe tiho iščezao. Protivrečni izveštaji o oslobađanju radioaktivnosti i mogućim opasnostima naterali su guvernera Pensilvanije — jer nije bio u stanju da dobije precizan odgovor od nedoslednih stručnjaka — da 30. marta preporuči evakuaciju dece i trudnica u krugu od pet milja oko centrale Tri milje. Ovoj seobi priključili su se i mnogi drugi ljudi van ovog pojasa.

Narednih dana, dok se slegala prašina i reaktor polako „hladio", počela su međusobna optuživanja. Predsednik Karter je naimenovao zvaničnu istražnu komisiju, kojoj je predsedavao Džon Kemeni, predsednik Dartmut koledža. Nuklearna regulatorna komisija osnovala je svoju sopstvenu specijalnu istražnu grupu, na čelu sa Mičelom Rogovinom, pravnikom iz Vašingtona. Kompanije Metropolitan Edison, General Public Utilities i Atomic Industrial Forum zauzele su stav da je ovaj slučaj potvrdio suštinsku bezbednost nuklearnih postrojenja. Niko nije pretrpeo ni najmanju povredu; čemu onda sva ta galama? Međutim, savetovanja koja je vodio Kemeni nedvosmisleno su pokazala da su tokom ovog događaja skoro svi, od Bele kuće do kontrolne sobe na ostrvu Tri milje, obavljali posao za koji nisu bili kompetentni — i da je u svemu, od projekta kontrolne sobe do planova za evakuaciju, bilo mnogo nedostataka. Izveštaj Rogovina, objavljen početkom 1980, bio je još više uznemiravajući. Njegova ekipa je zaključila da je samo 60 minuta delilo postrojenje 2 od topljenja i da je katastrofa izbegnuta samo ludom srećom. Rogovinova verzija ovog događaja predstavlja zastrašujuću crnu komediju, koja bi bila urnebesno štivo da je u pitanju književnost. Veoma malom broju onih koji su učestvovali u ovim događajima tokom te duge nedelje u Pensilvaniji, moglo je da se na kraju nešto veruje.

Ni ova nezgoda, ni crna komedija nisu još bile okončane kad je došlo do hladnog gašenja postrojenja 2. Mesecima je bilo nemoguće ući u reaktorsku zgradu. Prva faza je obuhvatala otpuštanje radioaktivnog kriptona-85, što je još više pogodilo namučene stanovnike Midltauna i Harisberga, tako da su oni u potpunosti izgubili veru u stručnjake. Čišćenje je, takođe, uključivalo prikupljanje i dekontaminaciju nekih 400.000 galona radioaktivne vode rasute po prostorijama. U međuvremenu, General Public Utilities su tužili Nuklearnu regulatornu komisiju tražeći 4 milijarde dolara zbog toga što ova nije bila dovoljno striktna u svojim propisima. Širom nuklearne zajednice zavladao je muk. Tek sredinom 1981. bilo je moguće ući u primarnu sigurnosnu kupolu reaktora, pa čak i onda uz krajnje teškoće, uz korišćenje zaštitnog odela i samo nakratko. Prva daljinska televizijska kontrola oštećenog jezgra, pomoću sićušne kamere ubačene kroz otvor za kontrolnu šipku na vrhu reaktorskog bloka, obavljena je jula 1982. i donela je još loših vesti. Kao što su mnogi već dugo sumnjali, celokupno jezgro je, po rečima jednog od naučnika, bilo „gomila krša", haos od srušenog i delimično istopljenog goriva i dalje veoma radioaktivnog zbog dugovečnih proizvoda fisije — neprivlačan prizor u svakom pogledu. U međuvremenu mnogi zaptivci u postrojenju čija je svrha bila njegovo hermetičko zatvaranje su polako propadali usled neodržavanja i izlaganja nenormalnim uslovima koji su vladali u postrojenju. Čak i sada, dok pišem ovu knjigu, slučaj na ostrvu Tri milje nije ni izbliza okončan. Ovaj slučaj do temelja je potresao nuklearnu politiku. Njegove posledice unutar i izvan SAD bile su podjednako drastične. Istog trenutka kad su otkazale pumpe za vodu — 4 sata ujutru po lokalnom vremenu, tj. 9 sati ujutru po srednjoevropskom vremenu — profesor Karl fon Vajceker je otvorio savetovanje o Gorlebenu, u Hanoveru. Vesti o događaju na ostrvu Tri milje nisu stigle u SR Nemačku pre večeri sledećeg dana. Ali kad su stigle, one su podjednako zaprepastile političare, pristalice nuklearne energije kao i njene protivnike. Jednonedeljni marš od gradilišta u Gorlebenu do Hanovera završio se 1. aprila, a po procenama u njemu je učestvovalo čak 140.000 ljudi. Međutim, nuklearna opozicija u Nemačkoj izvukla je svoju pouku iz ranijih bitaka. Prisustvo ogromnog broja policajaca se pokazalo potpuno nepotrebnim, jer je čitav marš prošao bez ikakvog nasilja. Političari su iz ovoga izvukli svoju pouku. 16. maja 1979. predsednik pokrajinske vlade Albreht je, u polučasovnoj emisiji koja je išla uživo širom Nemačke, izjavio da odbija zvanični predlog za izgradnju pogona za regeneraciju u Gorlebenu. Tokom narednih meseci predlagane su različite lokacije za ovo postrojenje. Do sredine 1982. godine više predloga je bilo razmatrano i ni jedan nije bio prihvaćen. Radovi na pripremi mesta za odlaganje nuklearnih otpadaka u Gorlebenu su se nastavili. Ali nije bilo nikakvog plana za pripemu samih otpadaka, a još manje za izgradnju postrojenja, dok su rashladni bazeni nemačkih elektrana nastavili da se pune.

U nekim zemljama, kao što smo to već primetili, sprovođenje nuklearne politike često se oslanjalo na suzavac i vodene topove. Međutim, u drugim zemljama glasačka kutija odigrala je ključnu ulogu. Švedska vlada je već ranije pokazala dobru volju da nastavi dijalog sa glasačima, čak i o očigledno tehničkim pitanjima kao što je energetska politika. Početkom 70-ih godina nekih 6.000 dobrovoljačkih grupa koje su proučavale energiju, uz pomoć vladinih sredstava, obratilo se švedskoj vladi sa zahtevom da se objave njihovi stavovi o kursu švedske energetske politike koji one smatraju poželjnim. Međutim, socijaldemokratska vlada Ulofa Palmea se već odavno bila opredelila za brz razvojni program nuklearne energije, što ni na koji način nije moglo naići na jednodušnu podršku među pomenutim studijskim grupama ili glasačkog tela. Suprotstavljanje švedskim nuklearnim planovima postajalo je sve intenzivnije; vođa male partije Centra Turbjorn Feldin pokazao se kao otvoreni i zakleti protivnik zvanične nuklearne politike. Švedska je imala opšte izbore u septembru 1976; nuklearna politika postala je ključno pitanje u predizbornoj kampanji; rezultat je bio poraz Palmeove vlade, što je značilo kraj četrdesetogodišnje vladavine socijaldemokrata u Švedskoj. Sam Palme je, u jednom intervjuu posle izbora, pripisao svoj poraz isključivo pitanju nuklearne politike. Feldin je postao premijer, na čelu tropartijske koalicije, ali ostale dve partije nisu delile Feldinov kritički stav prema nuklearnoj energiji. Posle skoro dve godine nagađanja u kabinetu oko tumačenja zakona koji je zahtevao demonstraciju „bezbednog načina" za uklanjanje nuklearnog otpada, koalicija se raspala. Opšti izbori su vratili manjinsku vladu, a nuklearno pitanje je i dalje ostalo.

U proleće 1972. premijer Ulsten, liberal, je jednom zasvagda odbio zahteve za referendumom o budućnosti švedskog nuklearnog programa i odobrio punjenje gorivom centrale Ringhals-3 sa RVP. Dva dana kasnije došlo je do nezgode na ostrvu Tri milje. U toku jedne jedine nedelje švedska vlada je promenila svoj stav: referendum će ipak biti održan pre nego što se dozvoli izgradnja ijedne nove nuklearne centrale. I zaista, referendum je održan sledeće godine, 23. marta 1980. Trebalo je da se glasači izjasne za jedan od tri predložena programa. Međutim, do tog vremena sva tri programa su već pozivala na postepeno gašenje nuklearnog programa u Švedskoj. Program 1 je predviđao gašenje nuklearnog programa u roku od 25 godina i dovršavanje svih započetih centrala. Program 2 je predlagao isto ovo, s tim što je uključivao nacionalizaciju svih nuklearnih postroje-

nja, a program 3 gašenje posle deset godina i obustav-
ljanje radova na započetim elektranama. Program 2 je
dobio 39 procenata glasova, a Program 3 — 38 pro-
cenata. Zar to nije bilo, kao što su tvrdili nuklear-
ni interesi, opravdanje za nuklearni program? Teško je
bilo očekivati da će jedna politika koja nedvosmisleno
poziva na ukidanje nuklearnog programa dobiti ubedlji-
vu većinu glasova.

Francuska vlada je na događaj na ostrvu Tri milje
reagovala sa tipičnom galskom nadmenošću; nedelju da-
na kasnije dala je zeleno svetlo za nove nuklearne
narudžbine. Ona je, isto tako, angažovala jednu ne-
zavisnu grupu najslavnijih akademika da naprave iz-
veštaj o budućnosti francuskog nuklearnog programa.
Ova grupa je podnela svoj izveštaj avgusta 1980. Ukoli-
ko je vlada očekivala potvrdu svoje politike, ona nije mo-
gla da bude zadovoljna. Akademici su smatrali da će pad
potražnje električne energije, do koje će doći krajem
80-ih godina, dovesti do velikog viška skupih nuklear-
nih kapaciteta. Socijalista Fransoa Miteran, koji je u to
vreme vodio predsedničku kampanju, obećao je da će
tražiti obustavu nuklearnog programa, ali je posle svo-
je ubedljive pobede u maju 1981. podlegao uticaju fran-
cuskog nuklearnog establišmenta. Doduše, on je obu-
stavio najkontroverzniji projekat u Plogofu, koji je bio
predmet ogorčenog otpora celokupnog lokalnog stanov-
ništva. Ali, rad na skoro svim ostalim nuklearnim cen-
tralama je nastavljen. Pobornici nuklearne energije van
Francuske su čežnjivo posmatrali francuski primer, tvr-
deći da je francuski pristup pravi način za razvoj nuk-
learne energije — bez dvoumljenja, uvijanja, kompro-
misa sa demonstrantima. A onda, jula 1982, Électricité
de France je objavila da su smanjena potražnja elek-
trične energije i visoki troškovi stranih zajmova doveli
do deficita od 8 milijardi franaka i da bi samo poveća-
nje tarife od 30 procenata moglo da olakša nastali prob-
lem. Prema Électricité de France, bila je to njihova naj-
veća finansijska kriza za poslednjih trideset godina.

U SAD je kvar u elektrani Tri milje delovao poput
poljupca smrti na već klimavu nuklearnu industriju. Ni

jedan jedini reaktor nije bio naručen od 1978. godine; a posle pomenutog događaja bilo je malo izgleda da će do toga doći u doglednoj budućnosti. Pričalo se da su Babcock & Wilcox, konstruktori elektrane na ostrvu Tri milje, zapravo prodali svoj poslednji reaktor. Nuklearna industrija se borila sa postojećim porudžbinama, a dalja otkazivanja su i njih srezala. Čak su i postrojenja koja su bila u radu, kao i ona u izgradnji, zadavala muke. Westinghouse je otkrio neprijatan generički problem kod svojih parnih generatora u SAD i Evropi; „usavršenom rešenju" je malo nedostajalo da se raspadne. Centrale su zatvorene, čekajući na veće opravke ili na kompletnu zamenu „usavršenih" parnih generatora D-3. Duže izlaganje snažnoj neutronskoj radijaciji dovelo je do promene u strukturi metala od kojeg su bile napravljene komore pod pritiskom, čineći ih krtim. Iznenadno polivanje dodatnom hladnom vodom za vreme kvara, moglo je da dovede do potpunog pucanja krte komore. Od sredine 1981, naovamo, Nuklearna regulatorna komisija se mučila oko moguće potrebe ranog i definitivnog zatvaranja nekoliko centrala prve generacije.

Kalifornijska centrala Diablo Kanjon, vlasništvo firme Pacific Gas & Electric, bila je u žarištu polemika još od 60-ih godina. Do 1981. njeno ime se već pojavljivalo po sudovima, raznim savetovanjima i na demonstracijama. Uprkos svemu tome, Pacific Gas & Electric je ostala uporna, čak i posle slučaja na ostrvu Tri milje, pokušavajući da ovu centralu uključi u mrežu. Izgradnja je bila završena i ovoj firmi je samo bila potrebna dozvola Komisije za punjenje gorivom i testiranje pri niskoj snazi. Dozvola je stigla 19. septembra 1981. Međutim, protivnici su bili podjednako uporni. Sa disciplinom koja je karakterisala nuklearne sukobe u SAD još od vremena udruženja Saveznika školjki, demonstranti su se okupili u Diablo Kanjonu i zaposeli lokaciju, spremni da spreče utovar goriva u reaktor. Pacific Gas & Electric se žalila sudu i dobila sudski nalog koji je od demonstranata zahtevao da napuste okolinu centrale. Oni su to učinili i punjenje gorivom je otpočelo.

Oko 48 časova kasnije jedan mladi inženjer je primetio nešto neobično. Pozvao je svoje pretpostavljene i zamolio ih da pregledaju neke važne planove. Diablo Kanjon se nalazila blizu ozloglašene pukotine San Andreas — čak i suviše blizu, po mišljenju mnogih. Glavni cevovod je imao posebne oslonce za slučaj zemljotresa. Pomenuti mladi inženjer je primetio neobičnu zbrku. Graditelji su bili pomešali planove za pogone 1 i 2 i zbog toga su oslonci u slučaju zemljotresa na završenom pogonu 1 bili pogrešno postavljeni — jaki oslonci bili su na mestima gde je trebalo da stoje slabi, i obratno. Proterani demonstranti su se ironično smeškali kad je posramljena Komisija povukla svoju dozvolu za rad, naredila da se gorivo izvuče i zabranila dalji rad centrale, u očekivanju procene od strane nezavisne komisije.

Izgleda da sve ovo nije bilo dovoljno, jer se početkom 1982. našla uvređenom kad je saznala da je komisija koju je izabrala Pacific Gas & Electric kao „nezavisnu", već prethodno obavljala sličan posao za ovu firmu. Godine 1983. mnogi posmatrači su bili uvereni da ona neće nikada više proraditi.

Nuklearna regulatorna komisija je početkom 1982. dobila još jedan šamar. Uprkos ogorčenom lokalnom otporu, ona se spremala da da dozvolu za ponovno puštanje u rad neoštećenog pogona 1, na ostrvu Tri milje. Tada je firma Metropolitan Edison pokajnički priznala da su parni generatori u postrojenju 1 toliko korodirali da bi bila potrebna drastična, ako ne i potpuna zamena cevi. Novi predsednik američkog General Electrica izjavio je da njegova firma ne očekuje nijednu porudžbinu reaktora tokom 80-ih i da prestaje sa njihovom daljom prodajom. U Velikoj Britaniji dolazak Margaret Tačer na čelo vlade ulio je klimavoj britanskoj nuklearnoj industriji nove nade. Decembra 1979. ministar za energetiku je izjavio da bi vlada želela da svake godine vidi porudžbinu nove nuklearne centrale, u deceniji koja počinje sa 1982, i da će CEGB biti pozvana da konkuriše za izgradnju prvog RVP u Velikoj Britaniji. Godine 1980. CEGB je konkurisala za izgradnju RVP centrale Sajzvel B u Safolku i zatražila od National Nuclear Corporation da pripremi projekt zasnovan na rešenju Westinghouse za RVP za centralu Trojan u Oregonu. Međutim, kad je ovaj projekat bio podnet, s nekoliko meseci zakašnjenja, aprila 1981, pokazalo se da je on mnogo skuplji nego što je to CEGB očekivao. U zbrci koja je usledila, Margaret Tačer je naimenovala predsednika AEA Valtera Maršala da rukovodi ovom akcijom i sredi stvari. Pripremljen je novi projekt i podnet CEGB, koja ga je dalje dostavila Nuklearnom inspektoratu. Posle daljih odlaganja, vlada je objavila da će se održati javna istraga u januaru 1983. Protivnici nuklearne energije, suočeni sa troškovima koji su mogli da dostignu milione funti, nisu bili nimalo zadovoljni tom situacijom, već su počeli da prikupljaju snage za ono što je obećavalo da dovede do dotad najveće konfrontacije u istoriji britanskog nuklearnog programa.

Početkom 70-ih godina polemike oko nuklearne energije su se usredsredile na pitanja radijacije i bezbednosti. A početkom 80-ih, uprkos traumi od događaja na ostrvu Tri milje, prednost je data nekim drugim pitanjima. Da li se nuklearna energija stvarno isplati? Da li se nuklearna energija može koristiti u civilne svrhe bez pogoršavanja problema širenja nuklearnog naoružanja? Da li će RVP, najpopularniji reaktor na svetu, otpočeti novi život u Velikoj Britaniji? Ili će se juriš lake brigade završiti slavnim neuspehom?

7. NUKLEONOMIKA

Ekonomičnost nije bila glavni kriterijum u projektu Menhetn. Najvažnije je bilo utvrditi da li se ovom tehnologijom može proizvesti bomba ili ne, i da li se ona može proizvesti na vreme — naravno, oba ova kriterijuma bila su zadovoljena. Od tada, osnovni cilj je bio, kao što je to rekao jedan američki general, da se postigne „što veći prasak za dolar". Tokom prvih nekoliko godina nuklearnog razvoja, SAD, Sovjetski Savez, Velika Britanija i Francuska bili su skoro potpuno preokupirani vojnim primenama nuklearne tehnologije, koje su bile u velikoj meri zaštićene od hladnih vetrova svakodnevne ekonomike. Pa ipak, oni koji su bili za mirnodopske primene nuklearne energije, od samog početka su shvatili da se moraju zadovoljiti osnovni ekonomski kriterijumi.

Jedan od prvih doslednih pokušaja da se napravi ekonomska računica za korišćenje nuklearne energije u civilne svrhe napravio je R. V. Mur, sa instituta u Harvelu u Velikoj Britaniji, koji je 1950. godine objavio rad pod naslovom „Reaktori sa prirodnim uranijumom: Ekonomski faktori u proizvodnji energije". Mur je precizno odredio najveći broj faktora koji su se mogli kvantitativno izraziti i koji su i danas posle trideset godina, još uvek aktuelni. Međutim, Mur nije mogao da predvidi neke od kasnije nastalih komplikacija.

Proizvod elektrane koji se može prodati je električna struja. Cena njene proizvodnje delimično uključuje troškove izgradnje elektrane, a delom i troškove njenog rada i održavanja. Troškovi izgradnje centrale — „kapitalni" troškovi — predstavljaju investiciju i uključuju godišnje kamate, sve do trenutka dok se kapitalni troškovi ne otpišu na kraju radnog veka same elektrane. Kapitalni troškovi se mogu podeliti na jedinice proizvedene električne energije. Isto se može učiniti i sa troškovima rada — goriva, radne snage, održavanja, osiguranja, poreza itd. Prema tome, u principu je lako izračunati troškove svake jedinice električne energije (kilovat-čas) proizvedene u jednoj centrali i na taj način utvrditi da li ta centrala predstavlja dobru investiciju, sama po sebi i u poređenju sa ostalim mogućnostima. Međutim, u praksi ovo je sve samo ne jednostavno — kao što ćemo videti. Tačne procene troškova izgradnje centrale zavise od tačnih procena troškova materijala i radne snage, od toga koliko je vremena potrebno da se centrala završi i uključi u mrežu i od dugogodišnjeg kretanja kamatnih stopa koje se plaćaju na uloženi kapital. Procena troškova izgradnje centrale, takođe, treba da uzme u obzir procenu troškova konačnog izbacivanja centrale iz upotrebe i njenog demontiranja. Precizne procene troškova rada, zauzvrat, zavise od preciznih procena troškova sirovog uranijuma, a ukoliko je potrebno i njegovog obogaćivanja, kao i od proizvodnje goriva, regeneracije ili drugih postupaka sa istrošenim gorivom, od konačnog odlaganja visokoradioaktivnog i drugog radioaktivnog otpada i od posebnih mera bezbednosti neophodnih za čuvanje fisionih materijala. Mogući prihod centrale zavisi od konačne cene i mogućnosti prodaje proizvedene električne struje (računajući deceniju i više unapred), kao i od učinka centrale, a posebno od toga kakav je njen stvarni učinak u poređenju sa projektnim specifikacijama korišćenim kao osnova za prvobitnu analizu investicija. Pokazalo se da je sve napred navedene faktore veoma teško tačno utvrditi, ali da ih je izuzetno lako promašiti.

Jedna centrala ne radi sve vreme maksimalnom predviđenom snagom iz niza različitih razloga. Precizne procene troškova moraju da uzmu u obzir njen stvarni učinak i koliko se taj učinak približava onom koji je predviđen u projektu. Uobičajena mera učinka centrale je „faktor opterećenja" — deo maksimalnog učinka koji ona ostvari u toku određenog vremena. Ona se ponekad naziva „koeficijent spremnosti za rad", ili „kapacitet učinka". „Koeficijent spremnosti za rad" je deo vremena tokom kojeg je stanica „spremna" — tj. u stanju da radi. Ovaj koeficijent, međutim, ne odnosi se na periode tokom kojih je stanica spremna, ali iz ovog ili onog razloga proizvodi manje energije od predviđenog maksimuma. „Koeficijent spremnosti za rad" se ne meri dosledno. Ako je centrala zatvorena zbog punjenja gorivom, ovaj koeficijent se može meriti u odnosu na jedan deo cele godine, ili samo u odnosu na onaj deo godine tokom koga se nije obavljalo punjenje gorivom. U ovom drugom slučaju dobija se veći „koeficijent spremnosti za rad".

Precizniju meru učinka predstavlja „kapacitet učinka": ukupan broj jedinica proizvedene električne struje, u odnosu na broj koji bi centrala proizvela kad bi radila maksimalnom snagom tokom čitave godine. Kapacitet učinka uzima u obzir rad pri niskoj snazi kao i potpuno gašenje centrale. Rad pri niskoj snazi može biti posledica operativnih problema, ili ograničenja nametnutih od strane nadležnih vlasti. On je, takođe, rezultat operativnih karakteristika celokupnog električnog sistema kome centrala pripada. Proizvođač električne energije poput britanskog CEGB upravlja centralama po principu tzv. „reda vrednosti". Centrale sa najnižim ukupnim troškovima rada, rade bez prestanka punom snagom, isporučujući energiju za redovne dnevne potrebe, tokom cele godine. Takve centrale se zovu „bazne centrale". Kad potražnja za energijom prevaziđe redovne potrebe — na primer, tokom izuzetno hladnih dana, ili u doba obeda — u sistem se uključuju dodatne centrale da bi on izdržao vanredna opterećenja; to su tzv. „vršne centrale". Red po kome se centrale uključuju, koji grubo odgovara redosledu po kome se povećavaju njihovi radni troškovi, naziva se „red vrednosti".

Uopšte uzev, centrale sa visokim kapitalnim troškom, ali niskim troškovima proizvodnje upotrebljavaju se kao bazne centrale, jer se glavnice moraju otplaćivati bez obzira na to da li centrale rade ili ne. Nuklearne centrale, sa svojim ogromnim kapitalnim ulaganjima, danas se bez izuzetka upotrebljavaju kao bazne centrale.

Prema tome, od nuklearki se očekuje da bez prestanka rade maksimalnom snagom. Međutim, ukoliko sistemi za električnu distribuciju povećavaju svoje nuklearne kapacitete, a imajući u vidu da centrale stare, doći će vreme kada će starije nuklearne centrale pasti na listi reda vrednosti i bar neko vreme raditi ispod svog maksimalnog kapaciteta. Nastalo smanjenje u kapacitetu učinka će u poznijim godinama života jedne nuklearke znatno otežati plaćanje glavnica, ali je teško tačno predvideti u kojoj meri. Cena nuklearne elektrane zavisi, naravno, od njene veličine — što je veća, to je skuplja. Međutim, njena cena se ne povećava proporcionalno sa njenom veličinom; udvostručenje kapaciteta ne udvostručava cenu. Odgovarajuća mera je cena po kilovatu kapaciteta; veće centrale su jeftinije po kilovatu proizvedene električne energije — ali samo pod izvesnim uslovima, kao što ćemo videti.

Tokom 50-ih godina i najvećim delom 60-ih godina ekonomski položaj nuklearne energije u potpunosti je zavisio od trenutnih cena alternativnih goriva — uglja, nafte i prirodnog gasa. U SAD, kao što je rečeno u poglavlju 4, obilje domaće nafte i gasa, kao i uglja, uticalo je da njihove cene budu niske, što je dovodilo u sumnju ekonomsku opravdanost korišćenja nuklearne energije. U Evropi — posebno u Velikoj Britaniji i Francuskoj — to nije bio slučaj. Uglja je bilo, ali, izgleda, nedovoljno da bi se zadovoljio nagli skok potražnje električne energije. Ipak, bilo je očigledno da svaki korak ka nuklearnoj energiji mora biti odmeren, a da njena cena neće konkurisati ceni uglja još neko vreme. Pored toga, bilo je, isto tako, očigledno da bar nekoliko neekonomičnih centrala mora biti izgrađeno da bi se dobila odgovarajuća osnova za eventualno ekonomičnu nuklearnu energiju. I Velika Britanija i Francuska pronašle su pogodan kompromis, gradeći Kalder Hol, Čepelkros i Markul G-1, G-2 i G-3 za proizvodnju plutonijuma u vojne svrhe i proizvodnju električne energije u civilne svrhe. U SAD, gde su neekonomični reaktori izgledali još neizbežniji pri postojećim cenama fosilnog goriva, AEC je preuzela na sebe izgradnju celokupne prve generacije američkih civilnih reaktora — od kojih se osam pokazalo toliko neekonomično (ili neoperativno) da su svi bili definitivno zatvoreni do 1970.

A onda, u decembru 1963, kompanija Jersey Central Power & Light, naručila je od firme General Electric centralu Ojster Krik sa RKV od 640 MWe, bez potpore AEC. Činilo se da je vreme ekonomične nuklearne energije u SAD najzad stiglo. Međutim, podaci o troškovima, objavljeni u to vreme, ubrzo su dokazali da u finansiranju stvarno nije učestvovala AEC, ali jeste General Electric, koja je ovu prodaju očigledno smatrala „mamcem" koji će dovesti do novih kupovina i, verovatno, sniziti njihove sopstvene troškove do te mere da će buduća prodaja doneti dobru zaradu. Uspešna ponuda firme General Electric za postrojenje Ojster Krik, čiji je proizvodni kapacitet bio 515 MWe, zasnivala se na ceni od 314 dolara po kilovatu — sa dodatnom tvrdnjom da je ovo postrojenje, u stvari, u stanju da proizvodi 640 MWe i da tako smanji cenu po kilovatu na čak 108 dolara. Tokom sledeće tri godine, kao što je već rečeno u poglavlju 5, do tada koleblji vi proizvođači električne energije, počeli su da se jagme oko reaktora sa lakom vodom — bilo ih je čak više od trideset — čiji su kapaciteti prelazili čak i 1.000 MWe, uključujući i dva reaktora od 1.065 MWe za elektrodistributivnu mrežu u dolini Tenesi, kraju prepunom rudnika uglja. Izgledalo je kao da su ukupni troškovi nuklearnih centrala konačno postali niži od troškova centrala na klasično gorivo.

Drugi britanski nuklearni program svečano je najavljen aprila 1964. u Beloj knjizi, koja je praktično priznala da je rešenje Magnoks odigralo svoju ulogu i da se sada mora misliti o kompaktnijim rešenjima sa obogaćenim uranijumom. Među njima su bili britanski usavršeni reaktor sa gasnim hlađenjem (UGR) i američki reaktori sa lakom vodom (RVP i RKV). Britanska vlada je 25. maja 1965. objavila da će druga nuklearna etapa biti zasnovana na rešenju UGR, pa je CEGB avgusta iste godine naručio centralu Dandženes B koja je, kao što smo videli, doživela potpuni neuspeh (vidi poglavlje 6). CEGB je objavila izveštaj u kome se analizirala finansijska strana slučaja u centrali Dandženes B, upoređujući je sa drugom najpovoljnijom ponudom rešenje sa RKV firme General Electric, centralom Magnoks u Vilfi, i termoelektranom Kotam, koja se nalazila u oblasti sa obiljem najjeftinijeg uglja. Imajući u vidu sudbinu koja je zadesila Dandženes B, dirljivo je gledati proračune troškova CEGB, koji su išli do tri decimale. Ni jedna od tri centrale nije uspela da ostvari svoju predviđenu proizvodnju, tako da ovde dolazim u iskušenje da aludiram na priču o lovcima koji prave ražanj dok je zec još u šumi.

Sredinom 70-ih godina nuklearna industrija, posebno u SAD, pomno je posmatrala rast troškova proizvodnje električne energije, kako od fosilnih, tako i od nuklearnih goriva. Industrija se pozivala na tzv. „krivulju saznanja"; pretpostavljalo se da će prvobitni koeficijent spremnosti za rad i kapacitet učinka svakog novog postrojenja biti niski, ali da će se tokom procesa saznavanja odrediti i otkloniti smetnje, i da će se učinak poboljšati i dostići dugo očekivani, planirani koeficijent spremnosti za rad od preko 80 procenata, i skoro isto toliki kapacitet učinka. Međutim, u praksi, oni su tvrdoglavo ostajali mnogo niži. Početkom 1975. američka Nuklearna regulatorna komisija objavila je da su četrdeset i dva komercijalna nuklearna postrojenja 1974. godine imala prosečni koeficijent spremnosti od 68,5 procenata, a prosečan kapacitet od 57,2 procenta — što baš nije bilo za oglašavanje na sva zvona. Uzimajući u obzir osnovne ekonomske kriterijume, činilo se da je nuklearna energija bila zapala u teškoće. Sredinom 70-ih krenulo se sa detaljnim analizama nuklearne ekonomike; njima su se podjednako pomno bavili zabrinuti proizvođači energije — akademski stručnjaci i antinuklearci.

Prvi znaci pravih zajedničkih teškoća već su bili izbili na površinu. Britanija je bila svedok propasti firme Atomic Power Constructions 1969. godine i prisilnog venčanja dva preživela nuklearna konzorcijuma obavljenog pod pritiskom vlade, koje je dovelo do stvaranja Državne korporacije za nuklearnu energiju. Ova korporacija je, međutim, jedva životarila zbog nedostatka porudžbina. U Saveznoj Republici Nemačkoj firma AEG-Telefunken je osetila da joj gori pod nogama zbog njenih nuklearnih obaveza — problematičnih ugovora „ključ u ruke" — kao, na primer, za centralu u Virgasenu, prvu veliku komercijalnu nuklearnu elektranu u Saveznoj Republici, koja nije ostvarivala profit, već samo gubitke. U Francuskoj je firma Compagnie Générale Électrique (CGE) dobila kratko obaveštenje od francuske vlade da će se francuski program ubuduće zasnivati isključivo na rešenju RVP i da CGE više neće dobijati porudžbine za RKV. Srećom, CGE tada još nije bila duboko zagazila u program sa RKV. U SAD kompanija General Atomic se spremala da prekine proizvodnju VTGR.

Još jedan uznemiravajući ekonomski faktor počeo je da privlači pažnju. Krajem 1974. Irvin Bap sa Harvarda i Žan-Klod Derijan iz Centra za alternativne delatnosti pri Masačusetskom institutu za tehnologiju (MIT), pripremili su jednu analizu pod nazivom *Kretanje kapitalnih troškova kod reaktora sa lakom vodom u SAD: Uzroci i posledice*. Ova analiza ih je dovela do zapanjujućeg zaključka. Cena po kilovatu nuklearnih elektrana je rasla, umesto da opada — mada se računalo sa padom cene u skladu sa povećanom ekonomičnošću koja se očekivala od većih elektrana. Na osnovu prikupljenih podataka, Bap i Derijan su pokazali da se, na primer, od reaktora naručenih 1968. očekivalo da koštaju samo 180 dolara po kilovatu, dok su oni, u stvari, koštali oko 430 — više nego dvostruko. Štaviše, razlika između očekivanih i stvarnih troškova nastavila je da se povećava. Predračuni iz 1973. su govorili da će postrojenja koja treba da počnu s radom 1982—1983. godine, koštati oko 700 dolara po kilovatu, ali su Bap i Derijan tvrdili da je takve predračune nemoguće napraviti na osnovu podataka i da oni, u stvari, predstavljaju „obična nagađanja". Ono što je bilo sasvim jasno, bilo je da kapitalni troškovi velikih reaktora sa lakom vodom nisu pokazivali nikakve znake stabilizovanja i da su, u stvari, rasli zabrinjavajućim tempom, što je drastično umanjivalo značaj jeftinijeg nuklearnog goriva u ukupnim troškovima. Bap i Derijan su razradili svoju ekonomsku kritiku civilnog nuklearnog programa SAD u knjizi sa podsmešljivim naslovom *Laka voda: Kako se raspršio nuklearni san*. Bio je to značajan doprinos malom ali rastućem i znatnom fondu nuklearne literature: izuzetno skeptična analiza od strane zakletih pobornika civilne nuklearne energije.

Sredinom 70-ih godina sve veći kapitalni troškovi nuklearnih elektrana ponovo su načeli jedno pitanje koje je već dve decenije bilo od suštinskog značaja za nuklearnu ekonomiku: odnos između troškova električne energije dobijene od uglja i troškova one dobijene nuklearnim putem. Rast cene nafte, naravno, naglo je izbacio iz kombinacije bazne centrale na naftu. Ali ugalj, koji je dotad bio siromašan rođak fosilnih goriva, iznenada je počeo da doživljava neočekivanu renesansu. Postepeno je postajalo očigledno da ugalj, umesto da iščezava sa energetske scene, postaje izuzetno konkurentan nuklearnoj energiji u proizvodnji struje.

Pitanje „ugalj protiv atoma" došlo je u žižu interesovanja u SAD krajem 1976, nakon izveštaja koji je nezavisni Savet za ekonomske prioritete objavio pod naslovom *Učinak energetskog postrojenja: Kapaciteti učinka i ekonomika nuklearnog goriva i uglja*. Autor ovog izveštaja, mladi ekonomista sa Harvarda Čarls Komanov, sakupio je ogromnu količinu podataka o radu centrala na ugalj i nuklearnu energiju u SAD do kraja 1974. i podvrgao ih statističkoj analizi. Njegova otkrića bila su od prvorazrednog značaja i vrlo uznemiravajuća. Statistički uzorak koji je uključivao sve komercijalne energetske reaktore u SAD, od 450 MWe i veće, koji su radili u periodu od 1968. do 1975, imao je kapacitet učinka od 59,3 procenta, što je bilo daleko ispod planiranih 70—80 procenata, koje su očekivale vlada i industrija. Utvrđeno je da kapaciteti učinka konstantno opadaju sa povećanjem kapaciteta postrojenja. Činilo se da se kapaciteti učinka popravljaju sa starošću pojedinih centrala, ali nije bilo nikakvog znaka o „krivulji saznanja": kasnije izgrađena postrojenja nisu radila sa višim kapacitetima učinka od odgovarajućih ranijih postrojenja približno iste starosti. Međutim, kapaciteti učinka su se, takođe, veoma razlikovali; najveći životni kapacitet učinka jednog pogona iznosio je 77,2 procenta, a najniži 14 procenata. Uticaji na kapacitet učinka uključivali su gubitke prilikom planiranih prekida za punjenje gorivom i održavanje, koji su bili dva ili tri puta veći od planiranih, kvarove na opremi — naročito na parnim generatorima i turbinama, kao i na gorivnim elementima, i ograničenja propisana od strane NRC. Komanov je, isto tako, ispitivao učinak elektrana na ugalj, obraćajući posebnu pažnju na dejstvo zahteva za kontrolom oslobađanja sumpora iz ovih postrojenja.

U svojim zaključcima Komanov je bio beskompromisan. „Kapaciteti učinka energije dobijene u nuklearnim elektranama su znatno niži od kapaciteta učinka energije dobijene od uglja, i zato nuklearna energija nema prednosti u pogledu cene u odnosu na energiju dobijenu od uglja. Ugalj je konkurentan nuklearnom gorivu u novim postrojenjima na severoistoku, a na drugim mestima je čak i ekonomičniji, i pored mogućeg povećanja učinka nuklearnog kapaciteta od 7,5 procenata... Sve u svemu, odlaganje izgradnje novih centrala, tamo gde to omogućava smanjeni rast baznog opterećenja, moglo bi da umanji troškove proizvodnje. Ovo odlaganje bi, takođe, olakšalo izbor pouzdanijih postrojenja putem daljeg prikupljanja podataka, određivanja smera kapaciteta učinka i poboljšanja inženjeringa."

Komanovljevu analizu su žestoko kritikovali pobornici nuklearne energije. Međutim, američki proizvođači električne energije počeli su da potvrđuju suštinsku ispravnost Komanovljevih zaključaka, ne samo tako što su se dvoumili oko narudžbina novih nuklearnih centrala, nego i tako što su odlagali, pa čak i otkazivali već naručene centrale. Što se tiče Komanova, on je bio u mogućnosti da osnuje sopstvenu firmu kao nezavisni konsultant za energiju. Njegov poseban cilj bio je dalje istraživanje ovog problema, nastavak prikupljanja podataka i usavršavanje započete analize.

U međuvremenu, celokupan kontekst ovog pitanja počeo je da privlači drugačiju vrstu pažnje s pojavom pojma „energetske strategije". Ekonomika energetike bila je u previranju, do koga je došlo posle skoka cena nafte. Industrijski svet je zapao u duboku i dugotrajnu ekonomsku krizu. Inflacija je dostigla dvocifrene brojke. Cene goriva i električne struje su nezadrživo rasle, a potrošači su kupovali mnogo manje nego što su to proizvođači očekivali. Vreme izgradnje energetskih centrala, posebno u Britaniji i SAD, premašivalo je jednu deceniju. Prognozeri potrošnje električne energije bili su suočeni sa skoro nemogućim zadatkom — pokušavajući da predvide nivo potrošnje električne energije u tako dalekoj budućnosti, s obzirom na to da su troškovi proizvodnje i cena po kojoj bi se struja prodavala bili potpuno nepredvidljivi.

U početku to nije ove prognozere navelo na opreznost. Do kraja 70-ih godina vladini prognozeri, kao i prognozeri koji su radili za elektrodistribuciju, nastavili su da stvari procenjuju odoka i da predviđaju porast potražnje električne energije od 7 procenata godišnje. Međutim, ovaj porast se nije ostvario: štaviše, u mnogim industrijskim zemljama potražnja električne energije je zapravo opala. Nekoliko stručnih, međunarodnih, radnih grupa organizovano je radi priprema analiza o ovom zagonetnom stanju stvari. Među njima su bile: Radionica za alternativne energetske strategije (WAES) i Komisija za konzervaciju Svetske konferencije za energiju (WEC); obe sastavljene od vrhunskih stručnjaka za gorivo i energiju, iz mnogih zemalja. Izveštaji WAES i WEC, objavljeni 1977, tvrdili su da samo znatno povećanje proizvodnje nuklearne energije može da spreči ozbiljne nestašice električne energije u godinama koje dolaze. Mnoge druge zvanične studije — urađene od strane organizacija kao što su IAEA, Međunarodna agencija za energiju i Agencija za nuklearnu energiju OECD, Međunarodni institut za primenjenu sistemsku analizu, pojedine vlade i proizvođači goriva i električne energije — došle su do sličnih zaključaka. Međutim, njihova vatrena ubeđivanja nisu imala nikakvog odjeka; potencijalni investitori su se sve više ustručavali od novih nuklearnih poduhvata. Dok su se zvanični prognozeri i planeri praćakali, nezavisni analitičari i komentatori poče-

215

li su da zastupaju sasvim drugačije poglede o mogućem budućem energetskom razvoju. Ovi „alternativni" pristupi zaključili su da će nuklearna energija u budućnosti igrati mnogo skromniju ulogu, a neki analitičari su, iz ovog ili onog razloga, potpuno isključili nuklearnu energiju iz svojih planova. Ovde nema prostora za detaljno razmatranje ove polemike o „energetskim strategijama"; ona je već proizvela obilje knjiga, stručnih radova, časopisa, konferencija i drugih vrsta dijaloga, prijateljskih i optužujućih, a ostala je daleko od razrešenja (vidi Bibliografiju radi izbora značajnih doprinosa ovoj debati). Ono što je potpuno jasno, to je da su tokom poslednje decenije ekonomska očekivanja svetske nuklearne zajednice znatno splasla.

Dok su trgovci reaktorima gledali kako im izmiče domaće tržište, sve su pohlepnije tragali za stranim kupcima. Međutim, do tog vremena, znatan broj zapadnih industrijskih zemalja je već imao svoje domaće trgovce reaktorima. Američki trgovci, koji skoro da nisu imali konkurencije u nuklearnom izvozu do sredine 70-ih godina tada su uvideli da veliki broj njihovih ranijih mušterija sada i sam ulazi u izvozni posao i direktno takmičenje u SAD. Američki trgovci su shvatili da ne samo što više ne mogu da prodaju reaktore Francuskoj, Japanu ili SR Nemačkoj nego da su se Francuzi, Japanci i Nemci čak ubacili na njihova tradicionalna tržišta — naročito u Trećem svetu.

Kao što smo spomenuli u poglavlju 6, izveštaj o nuklearnom izvozu u zemlje Trećeg sveta bio je naručen od strane američke Savezne agencije za energetska istraživanja i razvoj (ERDA), i objavljen 1976. kao dokument ERDA-52, pod naslovom *Budućnost nuklearne energije u niskorazvijenim zemljama od 1975—1990: Trgovačke, ekonomske i bezbednosne implikacije*. Ovaj izveštaj je bio izuzetno skeptičan o budućnosti nuklearne energije u ovim zemljama, u svim pogledima. Izgleda da je ovaj izveštaj doveo ERDA u nepreliku; uskoro ga je bilo vrlo teško nabaviti i naglo je povučen iz štampe, što je bilo veoma sumnjivo. Bez obzira na sve ovo, skeptičnost ovog izveštaja bila je potpuno opravdana.

Uzgred, on je, takođe, detaljno objasnio jedan vid nuklearnog izvoza koji je do tada privlačio malo pažnje. U pitanju je bila ključna uloga vlada i njihovih agencija koje su se bavile ovim izvozom. Obično se smatra da kod izvoza prodavac zarađuje dragocenu stranu valutu i da verovatno ostvaruje dobru zaradu. Ali, kad se stvari malo bolje razmotre, ovo nije uvek slučaj, a naročito ne kad se radi o nuklearnom izvozu. Prema dokumentu ERDA-52, „velika zajednička spremnost trgovaca da *bace mamac* putem skupih ugovora tipa *ključ-u--ruke*, velikodušni finansijski uslovi od (američke) Export-Import banke i garantovani, jeftini, povlašćeni pristup nuklearnim gorivima, karakterisali su prvi talas američkog nuklearnog izvoza u Evropu, a veoma slična kombinacija mera obeležavala je početne korake Amerikanaca, Kanađana i Nemaca u izvozu u zemlje Trećeg sveta. Na primer, Nemačka vlada je preuzela odgovornost za Siemensovu prodaju reaktora sa teškom vodom (HWR) Argentini, dajući argentinskoj vladi petogodišnji beskamatni zajam, a potom zajam sa veoma niskom kamatom i ustupke u pogledu platnog bilansa. Francuska je uspela da proda jedan reaktor Španiji za zajmove koji su pokrivali 90 procenata njegove cene i pristala da zastupa interese Španije na Zajedničkom tržištu. Opšte je poznato u krugovima nuklearne industrije da su nemački, američki i kanadski trgovci dali i *košulje s leđa* da bi prodali svoje prve reaktore Argentini, Indiji i Pakistanu".

Kad je američka Eximbank počela sa zakašnjenjem da zaoštrava svoje uslove sredinom 70-ih godina, izvozne kreditne agencije drugih nuklearnih izvoznika postajale su sve prilagodljivije — naročito francuske. Od decembra 1974, na primer, Francuska je nudila svojim inostranim mušterijama zajmove koji su išli i do pune cene narudžbine, sa kamatnim stopama od samo 6,3 procenta, u roku koji je iznosio čak i petnaest godina. Bila je to beskrajna velikodušnost u poređenju sa uslovima koji su vladali na tadašnjem tržištu. U glavnim crtama taj proces je tekao ovako: nuklearni izvoznik pronalazi inostranu mušteriju, vladina agencija sredi povoljan zajam za kupca, sa rastegljivim periodom plaćanja, kojim se pokriva dobar deo, ako ne i celokupna cena projekta, a zatim novac odlazi izvozniku. U stvari, čitava ova procedura predstavljala je jedan nepošten, ali dobrodošao oblik dotacije nuklearnog izvoznika preko domaće vlade i preko inostranog kupca — tj. dotacije od strane poreskih obveznika vlade izvoznika. Do kraja 70-ih ovakve „kružne" dotacije su pružale očajnički potrebno uže za spasavanje glavnim nuklearnim proizvođačima u SAD, Francuskoj, SR Nemačkoj, Kanadi — i verovatno Sovjetskom Savezu.

Čak i uz pomoć izvoznih kredita, nuklearni izvoznici nisu imali baš potpuno odrešene ruke. Ljudi iz kanadske nuklearne industrije bili su presrećni kad su pobedili na međunarodnom konkursu i dobili prvu izvoznu narudžbinu za elektranu KANDU od 600 MWe, koju je trebalo izgraditi u Embalseu, u blizini Kordobe u Argentini. Međutim, u svojoj pohlepi i neiskustvu, Kanađani su pristali da im se veliki deo duga isplati u argentinskoj valuti, previđajući argentinsku stopu inflacije koja je iznosila nekoliko stotina procenata godišnje. Ovo je dovelo do toga, uprkos zakasnelim i očajničkim pokušajima Atomic Energy of Canada Ltd. (AECL) da revidira finansijske uslove, da su kanadski poreski obveznici, u stvari, platili Argentini oko 180 miliona kanadskih dolara da prihvati ovaj reaktor. Juna 1978. godine kanadska vlada je otpustila predsednika kompanije AECL. Kažnjeni kanadski pregovarači, pošto su potpisali jedan mnogo uspešniji ugovor sa Južnom Korejom, za izgradnju postrojenja u Volsungu, bili su mnogo oprezniji u svom poslovanju sa Rumunijom. Iako su Kanađani bili presrećni kad su sklopili sporazum da grade KANDU kao prvo rumunsko nuklearno postrojenje, uz načelnu mogućnost izgradnje mnogih drugih, veoma brzo su se ohladili kad je Rumunija počela da vrda oko ispunjavanja finansijskih uslova. Krajem 1982. status rumunsko--kanadskog ugovora, kao i prvog rumunskog KANDU bio je neizvestan, a kanadski nuklearni izvoz, kao i domaće nuklearne porudžbine, pali su toliko nisko tako da su doveli u pitanje budućnost kompanije AECL.

Kao što smo već pomenuli u poglavlju 6, izvozni ugovori su isto tako pružali malu ekonomsku utehu nemačkoj firmi Kraftwerk Union (KWU). Njihova se radost, zbog porudžbina iz Brazila i Irana, sredinom 70-ih pretvorila u zaprepašćenje i očaj. Problemi na gradilištu Angra dos Reis i rastuća cena dva naručena reaktora još više su pojačali kritiku celokupnog brazilskog nuklearnog programa, imajući u vidu mogućnosti budućeg korišćenja brazilskih hidroenergetskih izvora, pa i uglja. Međutim, ekonomski haos koji je okruživao brazilski nuklearni program delovao je kao red u poređenju sa onim što se događalo sa iranskim programom. Ne samo KWU, već i francuska firma Framatome, pa i UKAEA, našle su se u nebranom grožđu posle pada Šaha. Framatome je dobila narudžbine za treću i četvrtu iransku centralu, koje je Ajatolah Homeini glatko otkazao, a britanski nuklearci su u to vreme bili angažovani kao savetnici i nadzornici na gradilištu u Bušeru. Iranske akcije u dva francuska konzorcijuma za obogaćivanje uranijuma, Eurodif i Coredif, još više su komplikovale postojeću finansijsku pometnju. Ostali izvozni poslovi su ipak bili manje problematični; ugovori sa Južnom Korejom i Tajvanom predstavljali su unosne poslove za američke trgovce, dok su se radovi koje je Framatome izvodila u Južnoj Africi, na postrojenju u Koebergu, odvijali bez teškoća. Isti slučaj je bio sa sovjetskim i švedskim ugovorima za centrale u Finskoj. Međutim, mogućnosti izvoza bile su izuzetno ograničene, ne samo zbog sve jače konkurencije od strane različitih trgovaca u okviru pojedinih zemalja nego i zbog sporog rasta, pa čak i pada, potražnje električne energije i akutne svetske nestašice finansijskih sredstava.

U Velikoj Britaniji vladina pomoć ugroženoj nuklearnoj industriji nije uzela oblik izvoznih dotacija, već, u stvari, dotacija za domaće narudžbine. Kao što smo rekli ranije, britanska vlada je jula 1974. dala dozvolu za dve centrale sa britanskim reaktorima sa teškom vodom (RTVPP). Međutim, sredinom 1976, predviđena cena kompletnog postrojenja RTVPP popela se do neugodnog nivoa; AEA, konstruktor ovog postrojenja, preporučila je da se ovo rešenje napusti i vlada se složila. S obzirom na to da 'je rešenje sa RVP već bilo odbijeno, ostalo je samo rešenje sa UGR. Ono, u stvari, uopšte nije bilo potrebno, jer je britanska elektrodistribucija već imala višak energije, a njena potražnja nije rasla. Ipak, graditelji elektrana bili su u krizi: bez skorih narudžbina, po svemu sudeći, dva najveća proizvođača kotlova i dva najveća proizvođača turbina će propasti. Vlada je stoga savetovala CEGB da naruči već planirani — ali dugo odlagani — drugi pogon u termoelektrani Draks B i drugu centralu sa UGR u Hejšemu, a Elektrodistribuciji južne škotske da naruči sličnu centralu u Tornesu, jugoistočno od Edinburga. Vlada je pristala da ovim proizvođačima energije nadoknadi vanredne troškove izazvane preuranjenim naručivanjem ovih centrala. Ovaj predlog je bio dočekan sa nevericom od pobornika rešenja RVP, koji su se s prezirom prisećali tužne sudbine prve generacije rešenja UGR. Međutim, CEGB je tvrdio da će se UGR u dogledno vreme dokazati i da će veoma rado naručiti još jedan par.

Nova konzervativna vlada je 18. decembra 1979. objavila da bi želela da vidi da se svake godine naručuje po jedna nova nuklearna centrala, tokom decenije koja počinje sa 1982. godinom, kao i da CEGB zatraži dozvolu za izgradnju prvog britanskog RVP. Tada su već vlada i CEGB prestali da tvrde da su nuklearne centrale potrebne da bi se zadovoljila rastuća potražnja električne energije; umesto toga počeli su da insistiraju na tome da su nuklearne centrale potrebne da bi zamenile postojeće centrale kada one postanu islužene. Novoosnovani Komitet za energiju pri Parlamentu održao je 1980. godine savetovanja o vladinoj energetskoj politici, i u februaru 1981. objavio izveštaj koji je oštro kritikovao zvaničnu politiku Ministarstva za energetiku i CEGB. Bilo je opšte poznato da su ovaj komitet sačinjavale predane pristalice civilne nuklearne energije. Ipak, ovaj Komitet je objavio, između ostalog, da su već 1981. postojali jaki ekonomski razlozi da se odustane od dva UGR druge generacije. Članovi ovog Komiteta nisu bili impresionirani ni analizom o ulaganjima ni predviđanjima koju je sačinio CEGB. Zvanična Komisija za monopole i stapanje kompanija bila je zamoljena od strane vlade da pripremi studiju o CEGB. Maja 1981. ova Komisija je izašla sa poraznim komentarom: „Obiman program ulaganja u nuklearne centrale, koji bi u velikoj meri povećao kapital angažovan za dati nivo proizvodnje, predlaže se na osnovu investicionih procena koje su u velikoj meri manjkave i nepouzdane. Naš zaključak je da CEGB vodi politiku koja je suprotna opštem interesu."

Jedna nezavisna grupa pod imenom Komitet za proučavanje ekonomike nuklearne energije (CSENE), bila je pod vođstvom ser Kelvina Spensera, vodećeg naučnika u Ministarstvu za energetiku, tokom 50-ih, kada je bio najavljen prvi nuklearni program. Ovaj komitet je februara 1982. objavio jedan izveštaj na osnovu zvaničnih podataka kojima je raspolagao. CSENE je konstatovao da su zvanične tvrdnje o ekonomskoj prednosti nuklearne energije neosnovane. Električna energija koja se dobijala iz postojećih nuklearnih postrojenja bila je skuplja od električne energije iz termoelektrana i, po svemu sudeći, tako će i ostati. Njihovi argumenti su obuhvatali pretpostavke o finansijskim obračunima, popustima, prošlim i budućim posledicama inflacije i mogućoj budućoj ceni uglja. CEGB i UKAEA odmah su prihvatili bačenu rukavicu i objavili detaljan izveštaj u kome se odbacivala i kritikovala analiza koju je napravio pomenuti komitet. Kad je CEGB objavio svoj izveštaj o projektu za elektranu Sajzvel B sa RVP, u njemu se isticalo da bi bilo jeftinije sagraditi Sajzvel B i zatvoriti sve termoelektrane koje su sagrađene i isplaćene. Bilo je jasno da će javna rasprava o centrali Sajzvel B morati da obuhvati ne samo pitanje njene podobnosti i bezbednosti već i njene ekonomičnosti — i da će krajnji ishod zavisiti od toga koji će skup pretpostavki delovati najubedljivije. Kako bi jedna takva rasprava izašla nakraj sa toliko zapetljanim ekonomskim protivurečnostima, nije bilo nimalo jasno.

Ekonomski položaj nuklearne energije bio je u SAD problematičan i pre događaja na ostrvu Tri milje. Posljednje nuklearno postrojenje naručeno je 1978. Do 1982. sve nuklearne centrale naručene u Americi od 1974. godine bile su ili odložene na neodređeno vreme, ili definitivno otkazane.

Iskustvo koje je imala Vašingtonska elektrodistribucija predstavljalo je nečuven primer opasnosti koja je naterala ostale proizvođače električne energije da se klone nuklearnih investicija kao đavo od krsta. Vašingtonsku elektrodistribuciju su 1971. osnovali proizvođači električne energije iz država Vašington, Ajdaho, Montana, Oregon i Vajoming, da bi se izgradio nuklearni kompleks od pet reaktora sa vodom pod pritiskom (RVP) od po 1200 MWe u Satsopu i Hanfordu. Prvobitna procena troškova ovog kompleksa kretala se oko 3,8 milijardi dolara. Do 1975. troškovi su prešli cifru od 5 milijardi. Uprava Vašingtonske elektrodistribucije izdala je menice, i milioni pohlepnih investitora su ih bukvalno razgrabili.

Od januara 1979. ukupni dugovi su dostigli sumu od 12 milijardi dolara; problemi sa lokacijama su postajali endemski, a nezadovoljno gunđanje počelo je da se širi u finansijskom svetu. Do 1981, kako su ova postrojenja sve više kasnila, troškovi su se povećavali po 1 milijardu dolara mesečno, praćeni štrajkovima na gradilištima i otkrićima konstrukcionih propusta. Krajem 1981. procena ukupnih troškova svih pet postrojenja narasla je na 100 milijardi dolara. Novembra 1981. Vašingtonska elektrodistribucija bacila je peškir u ring. Postrojenja 4 i 5 su bila otkazana, a opstanak postrojenja 1, 2 i 3 postao je neizvestan. Troškovi otkazivanja i otplaćivanja glavnice i kamate na menice, koje su već bile izdate, pretili su da dovedu do bankrotstva nekih od osamdeset i osam članova konzorcijuma proizvođača i mnogih drugih manjih investitora koji su se tako žudno ukrcali na vašingtonski brod deceniju ranije. U pitanju su bila mnoga mala sela, sa po manje od hiljadu stanovnika, koja su sada bila suočena sa astronomskim računima: i dobrim izgledima da otplaćuju, tokom narednih sto i više godina, stotine miliona dolara za reaktore koji nikada neće biti izgrađeni.

Krajem 70-ih godina jedna *ad hoc* grupa istaknutih predstavnika nuklearne industrije iz različitih zemalja osnovala je radnu grupu pod imenom Međunarodna konsultativna grupa za nuklearnu energiju (ICGNE) i naručila nekoliko studija. Najveći broj tih studija iznosio je uglavnom zvanične stavove o različitim nuklearnim pitanjima. Međutim, jedan od njih, objavljen 1981, bio je zabrinjavajući i predstavljao je pravo otkrovenje. Ovaj rad, objavljen pod naslovom „Životna sposobnost civilne nuklearne industrije", napisali su dvojica mlađih analitičara energetike po imenu Lenrot i Voker, Šveđanin i Englez. I jedan i drugi su tvrdili da su velike pristalice civilne nuklearne energije, ali su njihova otkrića veoma malo obećavala nuklearnoj industriji. Oni su procenili ukupni kapacitet proizvodnje svih svetskih proizvođača reaktora, kao i ukupnu moguću buduću potražnju za novim nuklearnim postrojenjima do kraja ovog veka i utvrdili da su postojeći kapaciteti četiri puta veći. Oni su zaključili da tržište jednostavno ne može da podnese takav višak i da će tokom sledeće decenije neki od proizvođača reaktora sigurno biti primorani da se povuku iz ovog posla. Lenrot i Voker su nastavili sa svojom analizom i tokom 80-ih i napravili čitavu knjigu, a događaji su potvrdili njihove zaključke.

Brojni zvanični izveštaji i analize nastavili su da predskazuju ključnu ulogu nuklearne energije u svetskom razvoju, ali su bili teško minirani jednom studijom objavljenom na nemačkom jeziku 1980. godine, a kasnije na engleskom, pod naslovom *Buduća potrošnja energije u Trećem svetu*. Ovu studiju je izradio nemački ekonomista Markus Fric, koji je radio u institutu Maks Plank u Minhenu. Osnovna premisa njegovog rada bila je jednostavna. Zvanični analitičari su tvrdili da će nuklearna energija igrati vodeću ulogu u Trećem svetu. Šta povodom toga čine zemlje Trećeg sveta? Ispalo je da čine vrlo malo. Fric je stupio u kontakt sa organizacijama 156 zemalja širom sveta, odgovornim za energetiku, ili direktno, ili preko ambasada Savezne Republike Nemačke, i pozvao zemlje Trećeg sveta da opišu energetske planove. Uvideo

223

je da takvi planovi skoro i ne postoje, a oni koji su postojali stavljali su nuklearnu energiju na samo dno liste. Zemljama Trećeg sveta se više dopadalo da se oslanjaju na sopstvene energetske izvore, posebno na vodu i ugalj. One nisu imale razvijene mreže koje bi mogle da prihvate nuklearna postrojenja veličine koja bi se smatrala ekonomičnom u industrijskim zemljama. Te zemlje nisu imale ni stručnjake koji bi gradili i rukovodili nuklearnim postrojenjima. I što je najvažnije, one nisu imale ogromni kapital potreban za čak i skromne nuklearne programe. Fricov izveštaj je pokazao da su planovi IAEA i drugih međunarodnih agencija bez pravog osnova.

Događaji u Meksiku su živo ilustrovali Fricovu tezu. Istraživanja nafte krajem 70-ih godina otkrila su neočekivano velike rezerve u Meksiku, i ubrzo posle toga ova zemlja je postala vodeći svetski proizvođač nafte. Zasenjena obećanjima blagostanja, meksička vlada je najavila planove za veliku industrijsku ekspanziju — uključujući tu i program nuklearnih elektrana koji je trebalo da ide na desetine. Svetski proizvođači reaktora su pojurili u Meksiko, trudeći se da nadmaše jedni druge velikodušnošću svojih uslova i drugim pogodnostima. Pri tom im nije smetalo što je jedina nuklearna centrala u Meksiku, postrojenje sa dva reaktora blizanca, sa RKV rešenjem, u Laguna Verde bila već nekoliko godina u zakašnjenju. Ono što je bilo važno, bilo je prigrabiti što više porudžbina za sebe. Sedam različitih proizvođača dali su zapečaćene ponude i nestrpljivo su čekali da vide ko će biti srećni pobednik.

Međutim, u međuvremenu, svetsko tržište nafte prešlo je iz nestašice u prezasićenost. A cena i potražnja su pale. Počele su da se šire glasine da Meksiko možda neće biti tako bogat kao što se očekivalo. Kanađani, na koje su svi tipovali, nastavili su sa svojim udvaranjem; čak je i premijer Pjer Trudo, posetio Meksiko da bi flertovao sa ljudima koji je trebalo da donesu odluku. Na opšte razočaranje, 10. maja 1982, meksičke vlasti su stidljivo najavile da su se predomislile; i da uopšte neće da grade nuklearne centrale. Vratili su neraspečaćene ponude proizvođačima sa izvinjenjima i oni su se brže-bolje pokupili iz Meksika, kao Napoleon iz Moskve. Sve do sredine 1982. svetska finansijska zajednica je očajnički pokušavala da spase Meksiko — najvećeg svetskog dužnika — od bankrotstva. Proizvođači reaktora, mada još ližući rane, mogli su da se teše mišlju da im je iz džepa ispalo samo nekoliko miliona dolara — a moglo se lako desiti da to budu milijarde.

8. ŠIRENJE RIZIKA I RIZIK ŠIRENJA

Plutonijum je veštački element, koji, zapravo, nije postojao u prirodi do 1940. Glen Siborg i njegove kolege na Kalifornijskom univerzitetu, upotrebljavajući akcelerator čestica, prvi su stvorili plutonijum i to atom po atom. Siborg se kasnije sećao kako je čuvao celokupnu svetsku zalihu plutonijuma u jednoj kutiji šibica u svom radnom stolu. Fizičke i hemijske osobine plutonijuma bile su analizirane u količinama nevidljivim za ljudsko oko. Prepuštena sama sebi, mala količina plutonijuma podleže postepenom alfa-raspadanju, sa poluživotom od 24.400 godina kad je u pitanju najčešći izotop, plutonijum-239. Ono što iznenađuje je da plutonijum-239 kada emituje alfa-česticu, postaje uranijum-235, čiju najspektakularniju osobinu manifestuje plutonijum-239 — sposobnost da održi lančanu reakciju.

Samo nekoliko meseci posle Siborgovog otkrića postalo je očigledno da plutonijum-239, kao i uranijum-235, može predstavljati potencijalnu sirovinu za nuklearnu bombu i da u nekim pogledima može biti čak i bolji od uranijuma-235. Kao što smo već opisali, proizvodnja veće količine plutonijuma bila je osnovni cilj projekta Menhetn kao i posleratnih napora u SAD, Sovjetskom Savezu, Velikoj Britaniji, a nešto kasnije, i u Francuskoj. Međutim, pored svoje sposobnosti fisije koja ga je učinila poželjnim za vojne svrhe, i činjenice da predstavlja najkoncentrovaniji raspoloživi izvor energije, plutonijum je uskoro pokazao i neke svoje druge, izuzetno neprijatne osobine. Pokazalo se da je, kao i radijum, izuzetno radioaktivan otrov, opasan i u količinama manjim od mikrograma. Plutonijum proizveden u reaktoru bio je, za razliku od uranijuma, sastavljen uglavnom od fisionih jezgara i mogao je bez upozorenja da dostigne kritičnost, bilo da je u čvrstom obliku ili u rastvoru. Proizvođači plutonijuma su zapazili čudan fenomen „disanja" plutonijum-oksida. Ako se posuda napuni finom fisionom prašinom do kritičnosti, njena površina će nežno da pulsira, šireći se sa otpuštanjem energije pri kritičnosti, tako postajući potkritična, vraćajući se zatim ka kritičnosti i tako beskonačno ponavljajući ovaj ciklus — i, naravno, emitujući paljbu neutrona pri svakom povratku u kritičnost.

Ono što je učinilo — i još uvek čini — plutonijum predmetom posebne brige nije samo njegova radioaktivnost i njegova fisiona priroda; drugi aktinidi su i radioaktivniji i podložniji fisiji. Međutim, plutonijum sada postoji u količinama koje idu na tone i proizvodi se svakodnevno u sve većem obimu, pa se očekuje da će predstavljati osnovu nuklearnog gorivnog ciklusa budućnosti, ne samo kao proizvod već kao i sirovina. Vojna postrojenja, naravno, proizvode plutonijum za oružje; civilni nuklearni sistemi takođe proizvode plutonijum u velikim količinama, s tim što još ne postoji način da se on iskoristi. Neke vlade su jedno vreme „otkupljivale" sav plutonijum stvoren u komercijalnim reaktorima; zauzvrat vlasnici reaktora su im obavljali kontrausluge kao što je npr. obogaćivanje. Vlada SAD je održavala takvu službu do 1970. Ali, dugoročna namera civilne nuklearne zajednice skoro svuda je bila korišćenje plutonijuma kao goriva. Oko 4 procenta plutonijuma može se dodati prirodnom uranijumu umesto njegovog obogaćivanja, za upotrebu u toplotnim reaktorima; ovo se naziva „recikliranje plutonijuma". Kao alternativa koja mnogo više obećava, plutonijum se može pomešati sa uranijumom u odnosu od otprilike 1:4, za upotrebu u brzooplodnim reaktorima. Ali komercijalna upotreba takvog „mešanog oksida" bi podrazumevala nacionalni i međunarodni saobraćaj plutonijuma čije bi količine išle na tone — to bi samo još više pogoršalo već sada teško rešiv problem ograničenja pristupa fisionim materijalima.

Ovakvo ograničenje, koje podrazumeva kontrolu mesta na kojima se oplođuje materijal za nuklearno oružje širom sveta, bilo je zamišljeno da bude glavna odgovornost agencije IAEA, od njenog osnivanja 1956. Njen uspeh je bio i ostao ograničen. Marta 1962. stvoren je sistem mera bezbednosti IAEA. Teškoća je bila u tome što su mere bezbednosti morale da budu odobrene od strane pojedinih vlada; vlade koje su to izbegavale bile su, upravo, najsumnjivije. Teško je imati većeg poverenja u efikasnost postojećih mera bezbednosti i mora se reći da ovu nelagodnost dele mnogi članovi ove Agencije.

Tokom prvog moratorijuma na probe nuklearnog oružja, od strane Generalne skupštine UN, rezolucijom od 20. decembra 1961, osnovana je Konferencija za razoružanje, sa osamnaest zemalja članica. Malo vidnog progresa je postignuto na ovoj Konferenciji u pravcu razoružanja onih zemalja koje su već posedovale nuklearno oružje i raketne sisteme. Ali, bilo je poželjno da se barem zemlje bez nuklearnog naoružanja obavežu da ga neće posedovati. Godine 1965. zemlje sa nuklearnim naoružanjem predlagale su da se obustavi dalja „proliferacija" nuklearnog naoružanja. Američki i sovjetski nacrti sporazuma o neširenju nuklearnog naoružanja, bili su podneti Konferenciji za razoružanje — koja se u to vreme već počela nazivati Ženevska konferencija i već je pokazivala sve znake da prerasta u stalnu instituciju — u Generalnoj skupštini UN. Reakcije među zemljama bez nuklearnog naoružanja kretale su se od svesrdne podrške do prezrivog odbijanja.

U toku prethodne decenije jedan broj zemalja našao se suočen sa dilemom: imati ili nemati. U skoro svim slučajevima, debate su bile žučne. Švedska, čiji je prvi energetski reaktor u Ogesti dostigao kritičnost jula 1963, ozbiljno je razmišljala o proizvodnji taktičnog nuklearnog naoružanja od nakupljenog švedskog plutonijuma. Vojno rukovodstvo i konzervativni političari bili su uporni pobornici ove politike, ali je socijaldemokratska vlada, posle višegodišnje diskusije, na kraju odlučila da odbaci ovu ideju.

Posle sueckog debakla Britanije i Francuske, Izrael je 1957. odlučio da sebi ostavi odrešene ruke u pogledu razvijanja nuklearnog naoružanja. Uz francusku pomoć i saradnju visokokvalifikovanih doseljenika, čiji je broj stalno rastao — Izrael je izgradio istraživački reaktor od 26 MWt u Dimoni, u pustinji Negev. Za ovo postrojenje se stalno tvrdilo da je namenjeno istraživanju, ali je njegova delatnost stalno bila pod velom vojne tajne, a njegova godišnja proizvodnja plutonijuma od pet do sedam kilograma bila je dovoljna za jednu bombu godišnje. Polemika o nuklearnom oružju je u Izraelu bila posebno ogorčena; očigledna stalna ugroženost ove zemlje od strane njenih arapskih suseda činila je da čitavo ovo pitanje bude daleko od teoretskog. Pitanje je bilo sasvim direktno: da li bi posedovanje nuklearnog oružja olakšavalo ili otežavalo budućnost Izraela? Na ovo pitanje nije nađen nijedan odgovor, ni u jednom ni u drugom smislu. Ali, Izrael nije bio raspoložen da digne ruke od mogućnosti sopstvenog nuklearnog naoružanja u zamenu za obećanja. Obećanja se uvek mogu prekršiti.

Od 1950. naovamo Indija je razvila modernu nuklearnu tehnologiju koja se može porediti sa bilo kojom drugom. Indijski prvi istraživački reaktor u Trombeju dostigao je kritičnost 1956; osim zemalja koje su posedovale nuklearno naoružanje, samo su Kanada, Norveška i Belgija postigle to pre nje. Reaktor CIRUS od 40 MWt, u Trombeju, zajednički poduhvat Indije i Kanade, dostigao je kritičnost 1960. godine. Kanada je na nuklearnom polju usko sarađivala sa Indijom tokom čitavih 50-ih i 60-ih godina, mada su tešku vodu za reaktor CIRUS i prvu indijsku nuklearnu centralu u Tarapuru obezbedili Amerikanci. Indija je, takođe, nabavila i postrojenje za separaciju plutonijuma. Tokom niza godina Indija je naglašavala svoje interesovanje za korišćenje nuklearnih eksplozija u civilne i inženjerijske svrhe. Kao nesvrstana zemlja, Indija je nastojala da zadrži diplomatsku distancu od oba nuklearna tabora. Kad je 1964. Kina, jedan od najupornijih neprijatelja Indije, nastupila sa svojom bombom, Indija je jasno stavila do znanja svoju nameru da želi da zadrži odrešene ruke u pogledu sopstvenog nuklearnog naoružanja, uprkos snažnim protestima religioznih Indijaca i mrštenju prvih vlasnika nuklearnog oružja. Generalna skupština UN je 12. juna 1968. preporučila zajednički američko-sovjetski nacrt Sporazuma o neširenju nuklearnog naoružanja. „Preporuka" nije bila ništa drugo do potvrda da jedan takav dokument postoji; bilo je potrebno da on bude potpisan i ratifikovan od strane zainteresovanih vlada da njegovi propisi ne bi imali samo filozofski značaj. Član I ovog Sporazuma, zabranjuje prenos nuklearnog oružja (ili drugih nuklearnih eksplozivnih uređaja, koji mogu da se koriste kao oružje) bilo kojoj državi, pod bilo kojim okolnostima. Član II ovog Sporazuma, zabranjuje njegovim potpisnicima proizvodnju ili nabavku nuklearnog oružja, ali ne i pripreme do faze u kojoj je samo potrebno sklopiti oružje. Član III obavezuje zemlje koje ne poseduju nuklearno oružje da prihvate mere bezbednosti IAEA u svojim nuklearnim aktivnostima, da bi se osiguralo da one potajno ne „preorijentišu" fisioni materijal u nuklearni eksploziv; nijedan potpisnik ovog Sporazuma ne sme da snabdeva nuklearnim materijalom nepotpisnika, sem ako nepotpisnik prihvati mere bezbednosti koje je propisala IAEA. Član IV kaže da svi potpisnici ovog Sporazuma mogu, uprkos svemu ovome, da čine šta god žele sa nuklearnom energijom u mirnodopske svrhe i da mogu da se u tom cilju pomažu međusobno. Član V kaže da posednici nuklearnog oružja moraju da se slože da pruže nuklearni eksploziv u miroljubive svrhe — pod međunarodnom kontrolom i uz odgovarajuću cenu — zemljama koje ga nemaju, ali ga žele. Član VI obavezuje potpisnike da nastave s pokušajima da se odreknu nuklearnog oružja — da pronađu „efikasne mere koje bi vodile nuklearnom razoružanju". Član VII kaže da potpisnici mogu da se dogovore o stvaranju „bezatomskih" zona. U Članu VIII se kaže da će se konferencija na kojoj će se ponovno razmatrati ovaj Sporazum održavati svakih pet godina od datuma njegovog stupanja na snagu. Prva od ovih konferencija održana je u Ženevi 1975, a druga 1980. Član IX dozvoljava naknadnim potpisnicima da postanu članovi ovog Sporazuma, čim on stupi na snagu. Član X dozvoljava potpisniku da prekine sa svojim obavezama po ovom Sporazumu, uz prethodno obaveštenje koje se daje tri meseca unapred, ukoliko proceni da su neočekivani događaji, koji se odnose na predmet ovog Sporazuma, ugrozili njegove vitalne interese — ili, prostije rečeno, možeš se povući posle tri meseca ako ti se hoće.

S obzirom na Član X i Član II, i imajući u vidu da je za finalno sklapanje nuklearnog oružja potrebno mnogo manje od tri meseca — ukoliko su sastavni delovi gotovi, a vi ste u žurbi — za propise ovog Sporazuma se ne može reći da su baš prestrogi. Ipak, jedna četvrtina svih zemalja sveta nije potpisala ovaj Sporazum. Među njima su, naravno, Francuska i Kina, Argentina, Brazil, Čile, Kuba, Indija, Izrael, Severna Koreja, Pakistan, Saudijska Arabija, Južna Afrika, Španija, Tanzanija, Vijetnam i Zambija.

Osamnaestog maja 1974, u pustinju, u Radžastanu, u zapadnom delu zemlje, Indija je izvela podzemnu nuklearnu eksploziju jačine 15 kilotona. Indija je na taj način postala šesta zemlja koja poseduje tehnologiju za proizvodnju nuklearnog naoružanja, mada su indijski predstavnici uporno tvrdili da je ova eksplozija bila obavljena isključivo „u miroljubive svrhe". Bilo kako bilo indijska eksplozija je dramatično podvukla pitanje koje je već počelo da zaokuplja veliki broj ljudi. Zbog rastućeg svetskog oduševljenja nuklearnom energijom, već nekoliko godina je izgledalo da je moguće razgraničiti civilne nuklearne sisteme od njihovih vojnih implikacija. Od 18. maja 1974. to razgraničenje je mnogo teže napraviti.

Tokom 40-ih i 50-ih godina veo misterije je obavijao nuklearno naoružanje, tehnologiju, njen uticaj na politiku i nezamislive posledice u slučaju kad bi se takvo oružje upotrebilo. Ali nekako, krajem 60-ih, rastući nuklearni arsenali uzeti su zdravo za gotovo i više nisu bili predmet svakodnevne brige javnosti. Milioni ljudi su bili, ili su i dalje zaposleni u proizvodnji i održavanju

231

nuklearnih i termonuklearnih bombi — a hiljade njih raspolagalo je detaljnim znanjem koje je samo deceniju pre toga bilo najljubomornije čuvana tajna. Ono što je nekad bila profesija, sad je postao posao kao i svaki drugi. Što se svetski inventar fisionog materijala sve više povećavao, to je i strogost kontrole nad njim sve više opadala.

Nuclear Materials and Equipment Corporation izvestila je AEC 1965. da je tokom nekih šest godina rada svog postrojenja za proizvodnju goriva u Apolou, u Pensilvaniji, nekako „zaturila" preko 60 kilograma visokoobogaćenog uranijuma — dovoljno materijala da se napravi nekoliko fisionih bombi. Ovaj materijal je možda bio jednostavno, postepeno gubljen kroz otpad, a možda i nije. AEC je odmah osnovala novi Ured za bezbednost i rukovanje materijalima, koji je dobio zadatak da poooštri kontrolu nad fisionim materijalom.

Kad je 1964. eksplodirala prva kineska fisiona bomba, za koju se ustanovilo da nije bila napravljena od plutonijuma, već od obogaćenog uranijuma, zaprepašćeni nuklearni stručnjaci Zapada su prvo pomislili da je materijal za nju bio ukraden — možda iz Apola? Satelitske fotografije kineskog postrojenja za gasnu difuziju su ubrzo otklonile sumnju da su Kinezi ukrali američki uranijum-235. Međutim, uranijum još uvek nije bio pronađen, mada je njegov mali deo bio otkriven u otpadu; njegov dobar deo nije nikada bio otkriven. Kad se već može pretpostaviti da vlada neke države krade fisioni materijal, šta se onda uopšte još može očekivati? 27. oktobra 1970. policija u Orlandu, u Floridi, primila je anonimnu poruku koja ju je obaveštavala da njen pošiljalac ima hidrogensku bombu i upozoravala da će je on upotrebiti ukoliko mu se ne isplati milion dolara. Sledećeg dana, stigla je sledeća poruka sa nacrtom bombe — izbezumljeni stručnjaci su potvrdili da skica deluje vrlo verodostojno. Nije bila ustanovljena nikakva krađa neophodnog nuklearnog materijala, ali je bilo, isto tako, nemoguće utvrditi da do takve krađe nije uopšte došlo. A onda, na bezgranično olakšanje lokalnih vlasti, policajci su uhvatili pisca poruke — četrnaestogodišnjeg dečaka koji se samo šalio. Ali, mogla je to i da ne bude šala. U toku sledeće decenije slične nuklearne šale postale su praksa — što je samo po sebi već bilo dovoljno uznemiravajuće. U leto 1971. Državni univerzitet u Kanzasu bio je domaćin veoma ozbiljne konferencije čija je tema bila „Sprečavanje nuklearne krađe"; bilo je potpuno jasno da se tako nešto veoma teško može sprečiti. Septembra 1972. godine godišnja međunarodna Konferencija Pagvoš, vodećih naučnika iz brojnih zemalja, održana u Oksfordu, u Velikoj Britaniji, potvrdila je prethodni iskaz, uključujući sledeće upozorenje:

Velika rasprostranjenost nuklearnog fisionog materijala širom sveta (uglavnom plutonijuma), kao i nuklearne tehnologije, do koje će doći tokom sledećih deset ili dvadeset godina da bi se zadovoljila svetska energetska potražnja, predstavlja problem neverovatnih razmera. Jasno je da rešavanje ovog problema mora biti uslovljeno visokim stepenom međunarodne saradnje, ukoliko želimo da izbegnemo katastrofe većih razmera. Teško je pretpostaviti da će takva saradnja biti moguća ukoliko ne dođe do znatnog popuštanja i razoružanja u skoroj budućnosti. Postoji opasnost, već prisutna u izvesnom stepenu, da prerađeni fisioni materijal, u skladištu ili u prevozu, padne u ruke neodgovornih ili, čak, kriminalaca ili fanatika. Potreba za obezbeđivanjem fizičke zaštite fisionih materijala, kako u međunarodnim, tako i u državnim okvirima, mora se strogo naglasiti.

Da takve grupe „neodgovornih, kriminalaca i fanatika" stvarno postoje bilo je više nego očigledno; uskoro je postalo podjednako očigledno da su i ove grupe svesne mogućnosti zloupotrebe nuklearnih materijala. I zaista, ideja o nuklearnoj sabotaži i terorizmu postala je popularni kliše u jeftinim detektivskim romanima, filmovima i TV programima.

Jasno, nagon prema nuklearnoj zloupotrebi bilo kojih razmera je sveprisutan. A kakve su mogućnosti za tako nešto? Materijali kao što su plutonijum i visokoobogaćeni uranijum, od kojih se pravi nuklearno oružje,

233

zovu se „specijalni nuklearni materijali", „specijalni fisioni materijali" ili „strateški materijali". Na sastanku Instituta za rukovanje nuklearnim materijalima, održanom aprila 1969, govorio je i Sem Edlou, konsultant za pitanja transporta nuklearnih materijala, o nizu iskustava među kojima su bila i njegova lična. Po njegovim rečima, strateški materijali, u količinama dovoljnim da se naprave desetine i desetine bombi, stalno se gube, šalju na pogrešna mesta i zaturaju u avionskom i drumskom saobraćaju kao i na raznim stovarištima. Edlou je naveo slučaj kad je jedna njegova pošiljka od 33 kilograma 99 procentnog obogaćenog uranijuma, koja je putovala od Njujorka do Frankfurta, bila greškom istovarena na londonskom aerodromu i tamo ostavljena bez prismotre sve dok pošiljaoci nisu počeli da se raspituju za nju. Jedna američka nuklearna pošiljka iz Ohaja bruto-težine od 385 kilograma, stigla je u Sent Luis bez jednog od tri kontejnera strateškog materijala. Tek posle devet dana nestali kontejner se konačno pojavio — u Bostonu, zatrpan paketima cipela.

Godine 1972. veliki broj ljudi je već počeo da se otvoreno brine o sve neodgovornijem ponašanju prema strateškim materijalima. Najrečitiji među njima bio je nuklearni fizičar Ted Tejlor, koji je tokom 50-ih bio glavni konstruktor fisionih bombi AEC u Los Alamosu. Tejlor je bio jedan od učesnika Kanzaškog državnog simpozijuma, kao što je bio i Mejson Vilrič, advokat i nekadašnji član američke Agencije za kontrolu oružja i razoružanje. 1972. Tejlor i Vilrič dobili su zadatak od Fordove fondacije da za njen Projekt energetske politike pripreme studiju o nuklearnoj krađi. Njihov rad je trajao više od godinu dana, tokom kojih je Tejlor posetio veliki broj postrojenja širom SAD, kako vladinih, tako i privatnih, koja su snosila odgovornost za bezbedno rukovanje, transport i skladištenje specijalnih nuklearnih materijala. S njim je zajedno dosta vremena proveo pisac Džon Mek Fi, koji je zabeležio njihove razgovore u jednoj izuzetnoj knjizi, prvi put objavljenoj u tri nastavka u časopisu „New Yorker", decembra 1973. Za ovu knjigu se moglo reći da je alarmantna, da nije bilo zva-

234

ničnih izveštaja koji su se u svojim zaključcima uglavnom činjenički poklapali sa Mek Fiovim navodima. 7. novembra 1973. američka Opšta služba računovodstva podnela je Kongresu svoj izveštaj *Poboljšanja potreba u programu zaštite specijalnih nuklearnih materijala;* bio je to nevin naslov za jedan tako zastrašujući dokument. Njihovo istraživanje je obuhvatilo tri od devedeset i pet organizacija koje su imale dozvolu da poseduju strateški materijale u količinama dovoljno velikim da budu obuhvaćene zahtevima za zaštitu propisanim od strane AEC. Dve od ove tri organizacije u velikoj meri nisu ispunjavale ove zahteve. Postrojenja su imala slabo obezbeđena skladišta, neefikasne stražarske službe, neodgovarajuće alarmne sisteme, nepodesne sisteme za automatsko otkrivanje neovlašćenog pristupa i nikakav plan za slučaj pokušaja krađe nuklearnog materijala. Inspektori su utvrdili da su mogli neometano da uđu u postrojenja, penju preko ograda, razvale ogradu, proseku čelične zidove skladišta za tili čas, uđu u samo skladište neopaženi i skoro neometani i, bukvalno, posluže onim što im je potrebno.

Šta bi oni mogli da urade sa strateškim materijalom kad bi došli do njega? Dugo se verovalo da su i neophodno znanje i neophodna tehnologija teško dostupni ikom drugom do vladama pojedinih zemalja, pa čak i tada samo pod teškim uslovom.

Takođe se smatralo da plutonijum koji se koristi za oružje mora biti specijalne izrade, tj. da samo takav plutonijum može da izazove eksploziju. Ovo se zasnivalo na uverenju da se različiti izotopi plutonijuma različito ponašaju u bombi. Plutonijum-239 ima veoma nisku verovatnoću spontane fisije, a visoku verovatnoću fisije izazvane neutronima. Ali ako se plutonijum-239 ostavi u reaktoru, neka jezgra plutonijuma mogu da apsorbuju neutrone ne podležući fisiji i tako postanu plutonijum-240, a zatim plutonijum-241 i -242. Plutonijum-240 ima priličnu verovatnoću spontane fisije. Prema tome, uzorak plutonijuma koji sadrži veći deo plutonijuma-240 uvek sadrži snažnu unakrsnu vatru neutrona iz spontane fisije plutonijuma-240. Ranije se smatralo da ovi neutroni dovode do toga da bomba napravljena od takvog materijala prerano eksplodira, rasprskavajući se pre nego što može da dođe do uspostavljanja obuhvatnije lančane reakcije. S obzirom na to da se smatralo da je više izotope plutonijuma nemoguće izdvojiti iz plutonijuma-239, vladalo je uverenje da je plutonijum iz komercijalnih reaktora od male koristi za onog koji bi od njega hteo da napravi bombu.

Ali, već početkom 70-ih godina, ova utešna misao počela je da gubi podlogu. Američki i evropski stručnjaci došli su do zaključka da bi bilo teško predvideti učinak, tj. eksplozivno dejstvo bombe napravljene od plutonijuma iz energetskog reaktora — ali da bi ona verovatno eksplodirala i to sa više nego ubedljivim rezultatom.

Vilrič i Tejlor nisu ostavili nimalo sumnje o razmerama ovog problema. Njihova knjiga *Nuklearna krađa: Rizici i mere bezbednosti*, objavljena aprila 1974, predstavljala je prekretnicu — trenutni klasik o temi koja ledi krv. Ona je na šokantno eksplicitan način sažela sve informacije koje su se već duže vremena nalazile u svima dostupnoj literaturi, analizirala vrste materijala od kojih bi se mogla napraviti bomba, a koje proizvodi nuklearna civilna industrija, procenjivala količine, određivala kategorije potencijalnih nuklearnih lopova, njihove motive i načine rada; bilo da su to u pitanju države, političke grupe, kriminalci, teroristi, fanatici — pravi „Ko je ko" potencijalnih nuklearnih zločinaca — i pokušala da izradi dosledan i ostvarljiv program koji bi suzbio svaki pokušaj ovakve „preorijentacije" — delikatni eufemizam predstavnika industrije koji je beskompromisni naslov ove knjige u potpunosti prezreo. Samo onaj deo knjige u kome se govori o sprečavanju krađe nije bio u potpunosti ubedljiv.

I onda, dok je rasla opšta zabrinutost oko bezbednosti fisionih materijala i nuklearnih postrojenja, došao je 18. maj 1974. i indijska nuklearna eksplozija. Odjednom je nuklearnoj zajednici sinulo da nisu samo teroristi i kriminalci ti koji bi mogli da upotrebe fisioni materijal za bombe; vlade pojedinih zemalja, inicijatori nuklearnog oružja, i dalje su bile najvažniji faktor u problemu strateških materijala. Indija je bila prva zemlje Trećeg sveta koja je demonstrirala mogućnosti nuklearnog naoružanja, ali ona ni u kom slučaju nije bila jedini kandidat, bilo u Trećem svetu, bilo uopšte. Potez Indije nije bio nimalo neočekivan, ali je ipak izazvao duboko uznemirenje. Indija nikada nije skrivala svoje neslaganje sa Sporazumom o neširenju nuklearnog naoružanja. Ovaj Sporazum je za nju predstavljao pokušaj nuklearnih sila, posebno SAD i SSSR, da zadrže *status quo*, da održe svoj međunarodni primat i da istovremeno ni u kom pogledu ne ograničavaju razvoj sopstvenih nuklearnih arsenala, ili da prave bilo kakav značajniji napor ka razoružanju. Po mišljenju Indije, pretnja širenja nuklearnog naoružanja na nivou pojedinih vlada bila je neznatna u poređenju sa onom koja je dolazila od nuklearnih aktivnosti velikih nuklearnih sila. Indija je ukazivala na količinu i dostupnost materijala za nuklearno oružje u SAD, na nerazumno ponašanje američke vojske u Vijetnamu i na drugim mestima, na učestalost i raznovrsnost poduhvata kriminalaca i fanatika u SAD i na međunarodne veze između terorista koje mogu da dovedu do upotrebe ukradenog američkog strateškog materijala u nekom drugom kraju sveta.

Na nesreću, koliko god su ove primedbe bile na mestu, one su više naglašavale nego što su smanjivale negativna dejstva povećane nuklearne aktivnosti. Posebno je kanadska vlada bila zabrinuta zbog indijske nuklearne eksplozije. Reaktor u kome je Indija proizvela plutonijum za svoju bombu bio je istraživački reaktor CIRUS, sa teškom vodom, jačine 40 MWt, u Trombeju, koji je bio izgrađen uz pomoć kanadskih naučnika i inženjera, tokom dugog i intenzivnog programa saradnje koji se odvijao između Indije i Kanade, od ranih 50-ih naovamo. Reaktor CIRUS nije podlegao merama bezbednosti koja je propisala IAEA; ove mere još uvek nisu bile ustanovljene kad je on dostigao kritičnost jula 1960. Međutim, bilateralni Kanadsko-indijski sporazumi naveli su Kanadu da pomisli da Indija neće upotrebiti kanadsku nuklearnu pomoć da bi razvila nuklearno naoružanje. Posle eksplozije od 18. maja, Indija je jednostavno objavila da u pitanju nije oružje, već mirnodopska naprava. Ovakve semantičke diskusije nisu impresionirale razljućene Kanađane, koji su odmah prekinuli dalju nuklearnu pomoć Indiji. Međutim, ubrzo je stigla druga pomoć, iz izvora sa manje skrupula ili, u svakom slučaju, sa fleksibilnijom politikom, između ostalog, od Francuske. Indija je, sa svoje strane, odmah najavila svoj bilateralni sporazum o nuklearnoj saradnji sa Argentinom — takođe kanadskom mušterijom — koja je gradila KANDU energetski reaktor u Embalseu i vodila pregovore o kupovini još jednog.

Američki nuklearni interesi su postali krajnje licemerni što je još više razbesnelo Kanađane. Američki predstavnici su neprestano govorili o „neadekvatnim" merama bezbednosti za reaktor CIRUS — koje su se toliko razlikovale od strogih mera bezbednosti koje su važile za izvezene američke reaktore. Dok su s jedne strane pokušavali da naruše ugled Kanađana, američki predstavnici su previđali jedan drugi značajan podatak: sva teška voda za reaktor CIRUS poticala je iz SAD, tako da je američko saučesništvo bilo sasvim direktno.

Indijska eksplozija je predskazala rastuću zabrinutost potencijalnih vojnih implikacija civilnog nuklearnog izvoza. Prva Ženevska konferencija na kojoj je trebalo da se izvrši ponovno razmatranje Sporazuma o neširenju nuklearnog naoružanja, održana maja 1975, otkrila je sve veće neslaganje između prvih zemalja posednika nuklearnog oružja i zemalja Trećeg sveta oko tumačenja obaveza potpisnika ovog Sporazuma. Predlog da se neke vrste nuklearne pomoći unilateralno otkažu pojedinim budućim mušterijama, dočekan je s besom i ogorčenjem od strane dotičnih mušterija. Zemlje Trećeg sveta su izjavile da je nepošteno što nuklearne sile izražavaju zabrinutost oko mogućeg razvoja nuklearnog oružja u drugim zemljama, zbog toga što one ni najmanje ne poštuju Član 6 ovog Sporazuma, koji poziva na ozbiljne napore ka razoružanju. Samo je izlaganje predsedavajućeg ove konferencije Inga Torsona, iz Švedske, do koga je došlo u poslednjem trenutku, sprečilo da se

238

ova konferencija ne prekine bez postizanja konačnog sporazuma.

Bilo kako bilo, zemlje izvoznice nuklearne tehnologije već su preduzimale korake da vrate stvari pod svoju kontrolu. U najstrožoj tajnosti one su održale niz sastanaka tzv. Grupe nuklearnih snabdevača, tj. Londonske grupe snabdevača, koja je tako nazvana zbog mesta u kome su se oni održavali. Učesnici su bili sedam vodećih nuklearnih izvoznika — SAD, SSSR, Velika Britanija, Kanada, Francuska, SR Nemačka i Japan — kojima se kasnije pridružilo još osam drugih industrijskih zemalja. Govorilo se da su namere Grupe usmerene ka uspostavljanju pravila koja bi onemogućila međusobnu konkurenciju kad su u pitanju međunarodni ugovori, i tako prekinulo sa ponudama koje su uključivale manje stroge mere bezbednosti. Takođe se verovalo da je Grupa razmatra pravljenje liste tzv. „osetljivih tehnologija" — tzv. „Zangerova lista" — koja bi sadržavala različite vrste nuklearnog i drugog hardvera, koji bi se mogao upotrebiti u programu nuklearnog naoružanja. Ovo se odnosilo ne samo na celokupne instalacije kao što su postrojenja za obogaćivanje, regeneraciju i proizvodnju teške vode nego i na njihove komponente — ventile, pumpe, elektronske uređaje, tj. kompletnu opremu za bombu „uradi-sam".

Vrlo je verovatno da se na sastancima Londonske grupe mnogo toga reklo o francuskim ugovorima o prodaji kompletnih postrojenja za regeneraciju goriva Južnoj Koreji i Pakistanu, kao i o nemačkom ugovoru o prodaji postrojenja za obogaćivanje i regeneraciju Brazilu. Javne manifestacije koje su propratile ove tajne pregovore uključivale su Flaeurzov i Foksov izveštaj, od septembra i oktobra 1976, i Kinijev izveštaj, poznat i kao Ford-MITRE", od proleća 1977. Prvo otkriće o dubokim nesuglasicama koje je došlo sa visokog nivoa, bilo je sadržano u izjavi predsednika Forda, od oktobra 1976. Tom prilikom predsednik Ford je izjavio da se od tada regeneracija i komercijalno korišćenje izdvojenog plutonijuma više neće zvanično smatrati osnovnim sastavnim delovima američkog civilnog nuklearnog programa. Predsednik Karter, je 7. aprila 1977, bio još konkretniji. Ugovori između američkih nuklearnih snabdevača i njihovih stranih mušterija naglašavali su da mušterije moraju da dobiju dozvolu od SAD za regeneraciju goriva kupljenog od SAD, pa čak i za njegov transport u treću zemlju, ukoliko postoje izgledi da će doći do njegove regeneracije. Sve do 1977. američka vlada je bez izuzetaka davala ovakve dozvole, i to manje-više automatski. Međutim, sasvim neočekivano, Karterova vlada je saopštila da se ove dozvole, poznate kao „MB-10", više neće izdavati automatski i da one čak mogu da budu uskraćene, u cilju ograničavanja širenja izdvojenog plutonijuma.

Ova promena u američkoj nuklearnoj politici bila je posebno usmerena na Japan i Veliku Britaniju i na njihove planove da izgrade veliko postrojenje za regeneraciju u Vindskejlu, koje je delimično finansirala japanska industrija, a trebalo je da regeneriše oko 3.000 tona japanskog istrošenog goriva (vidi poglavlje 6). Japanci su upravo bili završili svoje prototipsko postrojenje za regeneraciju u Tokai Mura; mada su ogorčeno protestovali, Japanci su bili primorani da se poviniju američkom zahtevu da postrojenje Tokai Mura radi samo privremeno, tokom dve godine, i da regeneriše samo 99 tona goriva. Britanska vlada je glatko odbila američke prigovore, dajući zeleno svetlo za izgradnju postrojenja THORP u Vindskejlu. U međuvremenu, australijska i kanadska vlada su podigle međunarodnu napetost za još nekoliko stepeni. Dok je razmatrala otvaranje velikih, novih nalazišta uranijuma, Australija je jasno stavila do znanja da će ubuduće očekivati od svojih klijenata da prihvate veoma stroge mere bezbednosti kad je u pitanju uranijum izvezen iz Australije. Kanadska vlada je napravila jedan još nepopularniji — korak dalje. Ona je obavestila svoje mušterije u EEZ da će ubuduće zahtevati stroge mere bezbednosti u pogledu korišćenja kanadskog uranijuma; i kad su se zemlje članice EEZ tome usprotivile, Kanada je obustavila dalje isporuke uranijuma u Evropu. Zemlje EEZ, sa znatnim zalihama uranijuma, ovim kanadskim potezom su bile više iznervi-

240

rano nego stvarno ometene. Međutim, SAD su još više pogodile svoje evropske klijente zabranjujući isporuke visokoobogaćenog uranijuma za potrebe evropskih istraživačkih reaktora, a posebno SR Nemačkoj.

Međunarodna nuklearna situacija se naglo pogoršavala. Maja 1977. lideri sedam vodećih industrijskih zemalja Zapada, sastali su se u Londonu, na čuvenom sastanku u Dauning stritu. Kipuća nesloga oko nuklearnih pitanja dominirala je dnevnim redom. Posle ovog sastanka na vrhu objavljeno je da su se lideri dogovorili da osnuju Odbor za međunarodnu procenu nuklearnog gorivnog ciklusa (INFCE). Njegov cilj je bio da proučava odnos između civilnih nuklearnih aktivnosti i nuklearnog naoružanja, u očekivanju da će se doći do kombinacije najpovoljnijih tehnologija koje će maksimalno smanjiti opasnost od širenja nuklearnog naoružanja. INFCE je formalno osnovan na jednoj konferenciji koja je bila održana kasnije iste te godine i uskoro je obuhvatao učesnike iz nekih šezdeset različitih zemalja i pet međunarodnih organizacija.

Ovo je proglašeno najširim i najiscrpnijim poduhvatom u oblasti civilne nuklearne politike. Međutim, uprkos činjenici da je nastao u akutnoj političkoj konfrontaciji na visokom nivou, INFCE je kasnije okarakterisan kao „čisto naučno" istraživanje koje mora da se uzdrži od bilo kakvog komentarisanja „političkih" implikacija nuklearnih delatnosti. Ovaj demanti nije bio mnogo ubedljiv; u pitanju je bio žestok sukob između SAD i ostatka svetske nuklearne zajednice oko komercijalne upotrebe izdvojenog plutonijuma. Ali, INFCE je ubrzo proširio delokrug svojih interesovanja na sve aspekte nuklearnog biznisa — pa i, sasvim neočekivano, na nelagodnost koja je vladala među nuklearnim klijentima oko mogućnosti unilateralnog obustavljanja pošiljki uranijuma, obogaćivanja i drugih ključnih materijala i usluga. Učesnici INFCE osnovali su osam različitih radnih grupa: (1) dostupnost goriva i teške vode; (2) dostupnost obogaćivanja; (3) obezbeđivanje dugoročnog snabdevanja tehnologijom, gorivom, teškom vodom i uslugom, u cilju zadovoljavanja potreba pojedinih zemalja, a u skladu sa Sporazumom o neš6irenju; (4) regeneracija, rukovanje plutonijumom, recikliranje; (5) brzooplodni reaktori; (6) rukovanje istrošenim gorivom; (7) postupci sa otpadom i njegovo odlaganje; i (8) usavršeni gorivni ciklus i reaktorska rešenja. Njihove namere su bile daleko manje „nepolitičke" nego što se to tvrdilo; i, zaista, postizanje sporazuma bilo je toliko teško da je konačni izveštaj INFCE kasnio više od godinu dana.

Kad je najzad objavljen, marta 1980, pokazalo se da se njegovih devet tomova u suštini zasnivaju na najmanjem zajedničkom imeniocu politike prihvaćene od strane različitih grupacija u okviru nuklearne zajednice. S obzirom na to da su učesnici ovog poduhvata poticali, manje-više, iz same nuklearne zajednice, ovo možda i nije bilo iznenađujuće. Ovaj izveštaj je naglašavao da je „širenje nuklearnog oružja prevashodno politički, a ne tehnički problem" i da ne postoji nikakva čudesna nuklearna tehnologija koja ne isključuje širenje: sve kombinacije civilnih nuklearnih tehnologija pretpostavljaju sličan rizik širenja. Na osnovu ovoga, ovaj izveštaj je zaključio da svako može da krene nuklearnim putem i uradi ono što namerava: regeneriše istrošeno gorivo, izdvoji plutonijum, upotrebi ga u toplotnim ili brzim reaktorima, razvije različite tehnologije za obogaćivanje i proizvodnju teške vode i razvije usavršene cikluse — sve to naravno, pod budnim okom IAEA i u skladu sa njenim propisima.

Uzevši u obzir sav trud koji je bio uložen u INFCE postignuti rezultati, posebno po nuklearnim kriterijumima, nisu bili ništa drugo do pucanj u prazno. Jedna od nedvosmislenih posledica INFCE bila je jasna poruka američkoj vladi od strane njenih inostranih nuklearnih partnera i klijenata da su jako revoltirani američkom nuklearnom politikom. Ali, čak i u okviru INFCE, američka vlada je već polako počela da odstupa od svog beskompromisnog stava iz 1977. o regeneraciji i korišćenju izdvojenog plutonijuma, a američki Kongres je doneo Zakon o nuklearnom neš6irenju, postavljajući strogu kontrolu nad američkim nuklearnim izvozom i stavljajući van zakona snabdevanje nuklearnom tehnologijom ili materijalima zemalja koje ne prihvataju takvu kontrolu.

Ovaj zakon je odmah doveo američku vladu u neprilike. SAD su bile glavni snabdevač Pakistana vojnom opremom, uprkos dugotrajnom insistiranju različitih pakistanskih lidera da ova zemlja zadržava pravo da stekne nuklearno oružje ako to bude smatrala neophodnim. Decembra 1978. pojavili su se dokazi da su raniji napori Pakistana da izgradi postrojenje za regeneraciju uz sve nevoljnije učešće Francuza — predstavljali veštu smicalicu kojom bi se prikrile stvarne namere Pakistana. Bilo je otkriveno da je jedan Pakistanac, koji je kratko vreme radio u URENCO-vom postrojenju za centrifugalno obogaćivanje, u Almelu, u Holandiji (vidi odeljak: Obogaćivanje uranijuma), došao do strogo čuvanih tehničkih podataka i tako omogućio Pakistanu da započne izgradnju tajnog postrojenja za obogaćivanje u Kahuti. Specijalne komponente za ovo postrojenje kupljene su preko kompanija-paravana u Zapadnoj Evropi. Diplomate i jednog novinara, koji su pokušali da saznaju nešto više o projektu Kahuta, napale su i prebile profesionalne siledžije. Razvoj čitave situacije naveo je neke posmatrače da poveruju da Pakistan, uz finansijsku podršku Libije, radi na izgradnji „islamske" bombe.

Pored ostalih, na istom potkontinentu, i Indija se našla pogođena američkim Zakonom o nuklearnom neširenju. Kad su SAD snabdele Indiju prvom nuklearnom energetskom Centralom, u Tarapuru — replikom centrale Drezden 1 — sklopljeni ugovor je podrazumevao i doživotno snabdevanje gorivom. Međutim, posle indijske eksplozije, SAD su sa zakašnjenjem priznale da su isporučile tešku vodu za istraživački reaktor CIRUS, u kome je proizveden plutonijum za pomenutu „napravu". SAD su upozorile Indiju da, ukoliko ne prihvati pooštrene propise zakona o nuklearnom neširenju, one više neće imati zakonsku mogućnost da Tarapur snabdevaju gorivom. Indija je srdito odgovorila da ako SAD prekrše postojeći ugovor, više neće biti obavezna da poštuje odredbu ovog ugovora kojom joj se zabranjuje regeneracija postojećeg istrošenog goriva iz Tarapura, bez dozvole SAD. Ovo pitanje je za neko vreme zatrovalo odnose između SAD i Indije, mada je američki Kongres uz malu većinu glasova odobrio — uprkos snažnom protivljenju Karterove administracije — dve pošiljke svežeg goriva za Tarapur. Sredinom 1982, u jednom od svojih neočekivanijih spoljnopolitičkih poteza, Reganova administracija je s ponosom objavila da je razrešila ovaj problem — sveže gorivo za Tarapur će ubuduće obezbeđivati Francuzi; tako je zadovoljen i američki Zakon o neširenju, kao i želja Indije da vrati Tarapur u pogon. Da li je ovo imalo ikakve veze sa prvobitnim ciljevima ovog zakona, više nije imalo nikakvog značaja.

I sam Sporazum o nuklearnom neširenju postajao je sve krhkiji. Ženevska konferencija održana 1980. bila je jetka i neefikasna; ovog puta čak ni herojski pokušaji u poslednjem trenutku ne bi doveli do konačnog zajedničkog zaključka. Neuspeh nuklearnih sila, i, zapravo, svake pojedine vlade na planeti, da se pronađe neki način da se otkloni opasnost od nuklearnog uništenja, počeo je konačno da privlači očajničku pažnju, prvo u Evropi, a onda, sasvim neočekivano, u SAD. Ovo pitanje prevazilazi okvire ove knjige, ali treba reći da je ono sa velikim zakašnjenjem privuklo pažnju javnosti. *Bilten atomskih fizičara* je 1980. raspisao konkurs za najbolji esej na temu „Kako eliminisati pretnju nuklearnog rata". Nagrađeni esej je predlagao, bez ikakve frivolnosti da ključ za nuklearno razoružanje leži u rukama zemalja Trećeg sveta. Nuklearne sile, tvrdio je autor, nisu dosad pokazale ni trunku prave želje da dođe do nuklearnog razoružanja. Zemlje Trećeg sveta bi, prema tome, trebalo da zahtevaju od nuklearnih sila da prihvate izvesne postepene korake ka tom cilju — na primer, sveobuhvatnu zabranu nuklearnih proba, zamrzavanje postojećih nuklearnih arsenala, prestanak proizvodnje novog fisionog materijala i program demontiranja postojećeg nuklearnog oružja. Ukoliko do ovih koraka ne bi došlo, zemlje Trećeg sveta bi trebalo da najave da i one imaju namere da pristupe nuklearnom klubu; drugim rečima, one bi trebalo da se koriste pretnjom „horizontalnog širenja" da bi nekako zakočile „vertikalno širenje".

Drugi komentatori išli su još dalje. Američki analitičar energetike Amori Lavins bio je je jedan od glavnih autora knjige *Energija i rat*, objavljene 1980, koja je zastupala stanovište da su civilne i vojne nuklearne aktivnosti nerazdvojive: ništa osim konačne obustave svih civilnih nuklearnih aktivnosti širom sveta ne bi moglo da pruži odgovarajuću osnovu za uklanjanje nuklearnog oružja. Ovo stanovište bilo je potkrepljeno objavljivanjem jednog izveštaja, krajem 1981, na zahtev američke Nuklearne regulatorne komisije, koji je napisao Emanuel Morgan, bivši inspektor IAEA, o efikasnosti mera bezbednosti koje propisuje IAEA. Morganov izveštaj je tvrdio da postojeće mere nisu u stanju da otkriju nedozvoljenu upotrebu znatne količine nuklearnog materijala u bilo kojoj zemlji sa srednjom ili većom nuklearnom industrijom, a da kad bi se tako nešto i otkrilo, IAEA tu skoro ništa ne bi mogla da učini. IAEA je bila duboko pogođena ovom kritikom, ali njeni prigovori su samo potvrdili verodostojnost Morganovih navoda.

Nuklearne sile su nastavile da se ponašaju na način koji je garantovano izazivao podozrivost i bacao senku sumnje na tobožnje odvajanje civilnih od vojnih nuklearnih aktivnosti. U jesen 1981. američka vlada je objavila da joj nedostaje plutonijum za novu generaciju nuklearnog oružja, koju je predložio predsednik Karter, a s puno entuzijazma odobrio predsednik Regan. Američka administracija je predložila da bi bila dobra ideja da američka vlada preuzme istrošeno gorivo iz bazena američkih civilnih nuklearnih centrala, da ga regeneriše u vojnim postrojenjima u Savana Riveru i Hanfordu i tako izdvoji plutonijum za oružje. Ova ideja je užasnula američke proizvođače električne energije, koji su proveli dvadeset godina pokušavajući da ubede svoje potrošače da nuklearna struja nema nikakve veze sa bombama. Pored toga je otkriveno da američke laboratorije za nuklearno oružje proučavaju primenu lasera u izdvajanju izotopa plutonijuma (vidi odeljak: Obogaćivanje uranijuma), i tako dobili potrebni plutonijum-239. Reganova administracija je takođe zamolila britansku vladu da joj proda 5 tona plutonijuma od svojih civilnih zaliha. Kad su stvari izbile na videlo, oktobra 1981, britanske nuklearne vlasti su tvrdile da je ovih 5 tona plutonijuma namenjeno oplodnom reaktoru Klinč River i da one nemaju nikakve veze sa američkim programom naoružanja. Ali su kritičari — među njima i viši službenici CEGB kao i ser Martin Rajl, član britanskog Kraljevskog astronomskog društva — isticali da će obezbeđivanje plutonijuma od strane Velike Britanije osloboditi jednaku količinu plutonijuma iz američkih vladinih rezervi za korišćenje u vojne svrhe. Sredinom 1982, posle žestokih polemika, vlada SAD je povukla oba svoja predloga. Međutim, sumnja u mogućnost odvajanja civilnih od vojnih nuklearnih aktivnosti u to vreme je bila već široko rasprostranjena i duboko usađena.

Koliko je ona bila duboko usađena postalo je jasno 7. juna 1981. Odbor direktora IAEA održavao je svoj godišnji sastanak u Beču. Dok su se delegati savetovali, jedna eskadrila lovaca i bombardera F-16 uzletela je sa jednog vojnog aerodroma u Izraelu. Preletevši nisko preko pustinje da bi izbegli radare, ovi avioni su se obrušili na nuklearni istraživački centar Tuvaita, u blizini Bagdada. U roku od nekoliko trenutaka bombe i rakete su razorile istraživački reaktor Tamuz-1 od 40 MWt. Izraelski premijer Menahim Begin, govoreći o ovom napadu, izjavio je da je on bio izvršen jer je Irak upotrebljavao svoje postrojenje za proizvodnju nuklearnog oružja. On je dodao da je to učinjeno tad jer je reaktor Tamuz-1 trebalo da dostigne kritičnost tokom 1981. i da bi odlaganje napada bilo i suviše opasno jer bi oslobođena radioaktivnost ugrozila Bagdad, koji se nalazi na udaljenosti od svega 16 kilometara. Ovo objašnjenje je predstavljalo očigledni nonsens; nikakva vrsta napada na Tamuz ne bi mogla da dovede do ozbiljnijih radioaktivnih padavina nad Bagdadom, a mnogi posmatrači su zaključili da je izraelski napad imao više veze sa predstojećim izborima u Izraelu. Beginovi izgledi da pobedi na izborima bili su klimavi, ali posle napada na Tamuz, Begin je izvojevao laku pobedu.

Što se tiče IAEA, ona nije imala nikakve sumnje u pravi smisao ovog napada. 9. juna iste godine generalni sekretar IAEA, Sigvard, saopštio je Odboru direktora da je izraelski napad na Irak bio istovremeno i napad na mere bezbednosti IAEA. Reaktor Tamuz, kao i ostali Irački nuklearni projekti, pridržavao se ovih mera; ovaj reaktor su januara 1981. posetila dva inspektora IAEA i ustanovila da su tamošnje aktivnosti u skladu sa propisima Agencije. Posle napada, inspektori IAEA su ponovo posetili Tamuz i verifikovali prisustvo i stanje svih gorivnih skupina i drugog nuklearnog materijala. Irak je bio jedan od potpisnika Sporazuma o neširenju, otkako je ovaj stupio na snagu 1970. S druge strane, Izrael nije bio potpisnik ovog sporazuma i njegov istraživački reaktor Dimona od 25 MWt radio je od 1967. u potpunoj tajnosti i bez ikakvih mera bezbednosti. Dan posle napada na Tamuz, pukovnik Gadafi je izjavio da je došao trenutak da arapske države unište izraelski reaktor. Tobožnja granica između civilnih vojnih nuklearnih aktivnosti sve više je počinjala da liči na ničiju zemlju.

9. NUKLEARNI HORIZONT

A sada duboko udahnite. Na dan 31. decembra 1981. u SAD je bilo 75 energetskih reaktora sa dozvolom za rad ukupnog kapaciteta od 57.000 MWe. U Velikoj Britaniji ih je bilo 32 sa kapacitetom od 7.600 MWe. U SSSR radilo je 35 energetskih reaktora, sa ukupnim kapacitetom od 14.000 MWe. Energetski reaktori su radili i u Argentini, Belgiji, Bugarskoj, Kanadi, Čehoslovačkoj, Finskoj, Francuskoj, Nemačkoj Demokratskoj Republici, SR Nemačkoj, Indiji, Italiji, Japanu, Holandiji, Pakistanu, Južnoj Koreji, Španiji, Švedskoj, Švajcarskoj i Tajvanu. Sve u svemu, radio je 271 energetski reaktor sa ukupnim kapacitetom od 153.000 MWe. Pored toga, u izgradnji je bilo još 239 energetskih reaktora ukupnog kapaciteta od 222.000 MWe, u već navedenim zemljama, kao i u Brazilu, Kubi, Mađarskoj, Meksiku, Filipinima, Rumuniji, Južnoj Africi i Jugoslaviji. Većina gorenavedenih zemalja, kao i neke druge, poseduju i istraživačke reaktore; neki od njih, kao, na primer, oni u Izraelu, Norveškoj i Poljskoj, po svojoj proizvodnji toplote — i proizvodnji plutonijuma — mogu se meriti sa malim energetskim reaktorima.

Mnoge od ovih zemalja su imale, ili su planirale da nabave, neke, ako ne sve, komponente nuklearnog gorivnog ciklusa: rudnike i postrojenja za pripremu uranijuma, postrojenja za gasnu difuziju, za obogaćivanje, proizvodnju goriva, njegovu regeneraciju kao i skladišta za otpad. Bilo je poznato da šest zemalja poseduje tehnologiju potrebnu za proizvodnju nuklearnog oružja, dok neke druge nisu mnogo zaostajale za njima.

Pa ipak, uprkos ovoj ogromnoj industrijskoj bazi, svetska nuklearna zajednica je 80-ih godina prvi put od svog nastanka — postala duboko zabrinuta zbog svoje budućnosti. Euforija iz sredine 70-ih bila je u potpunosti iščezla. Ali, da budemo načisto, tragovi entuzijazma još uvek postoje — pre svega u Velikoj Britaniji, Francuskoj i Sovjetskom Savezu. Međutim, u ostalim krajevima sveta lica ljudi iz nuklearnih krugova postaju sve kiselija. Sredinom 70-ih projekcije Međunarodne agencije za atomsku energiju, Organizacije za ekonomsku saradnju i razvoj, Evropske ekonomske zajednice, Komisije za atomsku energiju SAD, Nadleštva za atomsku energiju ujedinjenog Kraljevstva, francuskog Commissariat à l'Énergie Atomique i mnogih drugih organizacija i pojedinaca iz nuklearnih krugova su pokazivale da će nuklearna energija zadovoljavati 50 ili više procenata svetskih potreba za električnom strujom krajem ovog veka. Procene svetskog nuklearnog proizvodnog kapaciteta za 2000. godinu su se kretale oko 4,500.000 MWe — tj. 4.500 energetskih reaktora sa proizvodnjom koja je jednaka proizvodnji danas najjačih postrojenja. Ove astronomske vizije su već odavno iščilele.

Nastao je zaprepašćujući i drastični preokret. Od 1970. naovamo, mogućnost nuklearnog izbora počela je da igra glavnu ulogu u opštoj energetskoj politici, a posebno u industrijalizovanim zemljama. Želja da se smanji zavisnost od zemalja izvoznica nafte, posebno onih sa Bliskog istoka, ogledala se u odlučnosti SAD, Francuske, Japana i drugih ranjivih zemalja Zapada da razvijaju svoje nuklearne energetske kapacitete što je moguće brže. Marginalna prednost cene struje dobijene iz nuklearnih centrala bila je dramatično povećana naglim skokom cene nafte, i upornom insistiranju rudara u Britaniji, Americi i drugim zemljama da im se znatno povećaju plate. Pokušaji da se unapredi proizvodnja uglja bili su osujećeni i dugotrajnom ekonomskom nestabilnošću ove industrije u Britaniji i Francuskoj i ogorčenom bitkom oko standarda kvaliteta vazduha i posledica površinskih kopova u SAD. U poređenju s tim činilo se da je nuklearna tehnologija vrlo pogodna i da može lako da zadovolji predviđene buduće potrebe, uz minimalne negativne posledice po okolinu i zdravlje zaposlenih. Zabrinutost oko moguće nestašice uranijuma mogla se otkloniti korišćenjem najavljenog brzooplodnog reaktora, koji pedesetostruko poboljšava iskorišćavanje uranijuma. U Britaniji se čak pričalo da će ova nova tehnologija učiniti nepotrebnim uvoz uranijuma na neodređeno vreme.

Do tog vremena, tako se bar računalo, druge nuklearne energetske tehnologije bi preuzele njihovu ulogu. Brodovi na nuklearni pogon, uključujući teretne podmornice, tankere i šlepove, krstariće okeanima po želji, ne vodeći računa o cenama goriva. Nuklearne centrale će se graditi ne samo na udaljenim obalama nego i blizu urbanih centara, a toplota proizvedena u njihovim turbinama, koja se ranije gubila, zagrevaće čitava naselja i industrijske komplekse, što će dovesti do još većeg pojeftinjenja goriva i neviđenog prosperiteta. U međuvremenu, nova rešenja reaktora i razvoj visokotemperaturnog reaktora će zameniti sve manje zalihe fosilnog goriva i ozbeđivati toplotu za potrebe industrije; dobijanje čelika uz pomoć nuklearne energije trebalo je da bude prvi korak u ovom tehnološkom proboju. Desalinizacija morske vode pomoću toplote niske temperature, trebalo je da bude jedan od načina na koji bi nuklearna energija rešila jedan od sirovinskih problema — problem snabdevanja vodom. Očekivalo se da će desalinacija biti posebno dobrodošla u zemljama u razvoju. Pored toga, rastuće energetske potrebe ovih zemalja bilo bi nemoguće zadovoljiti oslanjajući se na preostale zalihe fosilnog goriva, što ostavlja otvoren samo jedan — nuklearni put.

Ovakva gledišta imala su nesumnjivu privlačnost, ili su zaobilazila izvestan broj zamršenih pitanja, za koje se čak ni u 80-im godinama nisu našli zadovoljavajući odgovori. Sa čisto ekonomskog stanovišta, problem izgradnje nuklearnog kapaciteta, u skladu sa željenom brzinom i veličinama, pokazao se nepremostivim. Tokom poslednjih sto godina, proizvodnja energije, od drveta preko uglja i nafte do gasa, uvek se kretala ka upotrebi jednostavnijih tehnologija i sirovina. Korišćenje nuklearne energije predstavljalo je u tom pogledu nagli zaokret. Pitanje je da li se ona može uvesti dovoljno brzo da bi istovremeno zamenila pređašnje izvore energije i omogućila predviđene stope rasta. Veći programi širom sveta se suočavaju sa nestašicom novca, sirovine i nedovoljno kvalifikovanom radnom snagom.

Ostaju i drugi problemi: setite se opasnosti koje prete od radioaktivnosti materijala nuklearnog gorivnog ciklusa. Posledice niske radioaktivnosti, kao i postepenog nagomilavanja radioaktivnosti u okolini, veoma je teško utvrditi; kada se za njih utvrdi da predstavljaju ozbiljnu opasnost za globalnu ekologiju i genetsko ustrojstvo živih bića, onda je već kasno i tu nema leka. Isto ovo važi, naravno, i za druge kontaminante, proizvode čovekovih industrijskih delatnosti, kao što su teški metali i stabilne hemikalije; nuklearna briga nije jedinstvena osim što već znamo da su organizmi genetski osetljivi na radijaciju i što ne znamo kako ona deluje na čitavu našu planetu i naše daleke potomke.

Jedan akutniji problem slične prirode nastaje kao posledica nagomilavanja visokoradioaktivnih otpadaka iz procesa regeneracije. Fisioni produkti kao stroncijum-90 i cezijum-137 ostaju opasni stotinama godina, a aktinidi kao plutonijum-239 i americijum-241 stotinama hiljada godina. Nikakva ljudska naprava ne može garantovati da se takve supstance izoluju za tako dug period. Količine takvog otpada su veoma male u poređenju sa otpacima koji potiču iz nekih drugih tehnologija, kao što je jalovina iz rudnika uglja i pepeo iz termoelektrana ili otpadna sumporna kiselina, na primer. Ako se visokoradioaktivni otpad može ostakliti u otporno borosilikatno staklo, njegova mobilnost se može svesti na minimum. Ali i dalje ostaju pitanja — ne toliko tehnička koliko etička. Da li je opravdano što koristimo nuklearnu energiju, ukoliko na taj način na leđa naših potomaka svaljujemo večni teret? S druge strane, da li je opravdano da se ograničimo samo na korišćenje fosilnih goriva i na taj način buduće generacije potpuno lišimo ovih izvora energije?

Međutim, postoje i preči problemi. Nuklearni gorivni ciklus uključuje kompleksnu tehnologiju u postrojenjima koja sadrže zastrašujuće količine radioaktivnih materijala. Da li smo potpuno sigurni da je rad ovih postrojenja bezbedan? Prskanje sigurnosne kupole reaktora, do koga bi došlo slučajno ili usled sabotaže, može da oslobodi dovoljno radioaktivnosti koja bi čitava prostranstva učinila nepodesnim za život čoveka. Pojedini analitičari, posebno oni koji su napravili nacrt AEC dokumenta WASH-1400 o bezbednosti reaktora, zaključili su da je verovatnoća ozbiljne havarije reaktora sa lakom vodom zanemarljiva. Međutim, njihovi zaključci nisu ostali neopovrgnuti; pet godina kasnije na njih se nadvila senka ostrva Tri milje. Preostaju još i pitanja o drugim rešenjima reaktora, o drugim postrojenjima u okviru gorivnog ciklusa, kao što su pogoni za regeneraciju, kao i — na žalost — pitanja u vezi sa mogućnošću sabotaže, pa čak i vojnog napada.

Najozbiljniji problem od svih je, verovatno, onaj koji se tiče obezbeđenja fisionog materijala: garancije da potencijalni materijal za nuklearno oružje — plutonijum-239, uranijum-233 i uranijum-235 — ne padne u pogrešne ruke, bilo neke ratoborne vlade ili terorista. Ova mogućnost daleko je od hipotetične i ne može se lako otkloniti. Američki krugovi su jedno vreme predlagali osnivanje Federalne službe za obezbeđenje fisionih materijala — savezne agencije poput FBI i CIA, čija bi dužnost bila javna i tajna kontrola nuklearnog gorivnog ciklusa. Ovo nije bila nimalo primamljiva ideja jer je podrazumevala skretanje prema autoritarnoj, centralizovanoj kontroli društva.

Fred Ikle, tadašnji direktor Agencije za kontrolu oružja i razoružanje SAD, u jednom svom govoru je, januara 1975, istakao jedan krajnje ozbiljan aspekt tadašnje situacije. S obzirom na sve veću rasprostranjenost nuklearne tehnologije i materijala, postavlja se pitanje šta bi se dogodilo kad bi, na primer, nuklearna eksplozija razorila Vašington? SAD u tom slučaju ne bi tačno znale ko je to učinio — i tako pada u vodu celokupna monolitna teorija o međusobnom strateškom zastrašivanju. Danas, kada lak pristup nuklearnim materijalima može lako da navede skoro bilo koga da pokazuje svoju snagu, širenje nuklearne tehnologije će, bez sumnje, imati jedan neočekivani, uznemiravajući, izjednačavajući efekat. Bez obzira na veličinu zemlje, ili čak grupe ljudi, koji imaju nuklearno oružje, ili, pak, veće količine dugovečnih radioaktivnih materijala, njihov glas se mora slušati s poštovanjem. Imajući ovo u vidu, zemlja koja raspolaže velikim brojem ranjivih nuklearnih postrojenja, postaje talac svima od reda.

Velike elektrane — bilo na nuklearna, bilo na fosilna goriva — i njihove priključne električne mreže ranjive su na više načina, kako za vreme izgradnje, tako i posle puštanja u rad. Nuklearne elektrane još uvek nisu ekonomične ispod određene snage — najmanje 100 MWe — i za njih se obično misli da su sve ekonomičnije što su veće. Na nesreću, centrale takvih razmera se grade veoma dugo — najmanje pet godina, a u nekim slučajevima čak i deset. Ovo, praktično, znači da se takve centrale grade u nekoj vrsti planskog vakuuma; teško je tačno predvideti kolika će biti potražnja električne energije na više od pet godina unapred. Centrale takve veličine sklone su raznoraznim inženjerijskim problemima, kako za vreme izgradnje, tako i u toku rada; jedan mali kvar može da na duže vreme izbaci iz stroja centralu od 1.000 MWe i dovede do ogromnih troškova. Tačno ovo se dogodilo u Britaniji 60-ih godina. Na osnovu predviđanja o porastu potražnje električne energije od 8 procenata, CEGB je naručio ogromne nove kapacitete, uključujući i zlosrećne centrale AGR. Ove centrale i četrdeset i sedam veoma velikih, novih turbogeneratorskih agregata od 500 i 660 MWe, koji su se koristili kako u nuklearnim, tako i elektranama fosilna goriva, doveli su do niza nerešivih problema. Srećom po CEGB, prognoza rasta potražnje bila je katastrofalno neprecizna; stvarni porast potražnje iznosio je manje od 3 procenta, a centrale koje nisu bile spremne za rad ionako nisu bile potrebne. Na gubitku su bili potrošači i poreski obveznici, koji su morali da finansiraju nepotrebne poduhvate.

Mnogi komentatori su počeli da postavljaju pitanja o navodnoj ekonomičnosti veoma velikih energetskih centrala. Ekonomičnost može da se pojavi na papiru, ali ako se zakašnjenja u izgradnji, nepredviđeni inženjerijski problemi i naknadni kvarovi uvrste u proračune, ekonomičnost nove centrale postaje mnogo manja od one koja se očekivala. Štaviše, energetska centrala kapaciteta od 100 MWe proizvodi i oko 2.000 MW toplote — previše čak i za upotrebu u najvećim industrijskim postrojenjima. Zato takve džinovske centrale moraju da se grade na udaljenim lokacijama, gde toplota može da se ispušta u okolinu kao otpad — obično u divljini ili atraktivnim predelima, koji se onda dalje uništavaju sprovođenjem električne mreže, što još više povećava gubitke korisne energije.

Svi ovi problemi ozbiljno su potkopali raniju nuklearnu samouverenost. Avgusta 1982, IAEA je objavila jedan dodatak svom popularnom *Biltenu*, povodom proslave svog dvadeset i petog rođendana. IAEA je oduvek bila vodeći svetski nuklearni zagovornik, jer je uvek naglašavala najružičastiju moguću budućnost civilne nuklearne energije. Ali ovaj dodatak sadržavao je i jedan članak koji je napisao H. J. Lau, direktor Odeljenja za nuklearnu energiju IAEA. Bila je to najsumornija procena koja je ikada napravljena u okviru ove agencije. Prema autoru:

Uprkos naftnoj krizi od sredine 70-ih godina, i različitim nacionalnim programima o prelasku sa nafte na druge energetske izvore, projekcije kapaciteta, načinjene krajem 70-ih, za period 1990—2000, su se drastično smanjile. Predviđanja za period 1990—2000. objavljena u Godišnjem izveštaju IAEA 1980. godine, bila su tri do pet puta manja od onih objavljenih u Godišnjim izveštajima za 1973—1974. godinu. Do ovog smanjenja je došlo uprkos činjenici da se cena nafte sedmostruko povećala tokom tih šest godina i da je došlo do opšte nestašice ugljovodonika. Mada projekcije kapaciteta za 1990. pokazuju znake da se „došlo do dna", neke skorašnje studije pokazuju da će stvarna proizvodnja u 2000. godini biti čak za 20 procenata manja nego što je to IAEA predviđala 1980.

Razlozi za ovo drastično smanjenje su mnogobrojni. Pre svega, zbog ekonomske situacije: racionalnije korišćenje energije, relativno smanjenje industrijske proizvodnje za koju je potrebna velika količina energije i ekonomska recesija u industrijalizovanim zemljama doveli su do sporijeg porasta potražnje električne energije. U skladu s tim, nije došlo do novih narudžbina elektrana u nekim zemljama.

Pored toga, uvođenje nuklearne energije na velika vrata bilo je donekle onemogućeno nepoverenjem javnosti, do koga je došlo zbog zabrinutosti oko bezbednosti rada reaktora i skladištenja nuklearnih otpadaka, kao i zbog neujednačene upućenosti javnog mnjenja u moguće opasnosti. Konačno, mnoge zemlje su oklevale da preduzmu dugoročne odluke o korišćenju nuklearne energije zbog političkih implikacija.

Najzad, pojavila se studija INFCE, u kojoj se tvrdi da postoji mogućnost da se civilna nuklearna postrojenja zloupotrebe za proizvodnju nuklearnog oružja (mada ovo nije uobičajen i najefikasniji način). Ova mogućnost postala je najveća briga javnosti, kao i vlada nekih zemalja snabdevača, što je omelo dalji razvoj ili uvođenje nuklearne energije kako u razvijenim, tako i u zemljama u razvoju...

Mnoge skoro završene nuklearne centrale, ili one koje već rade, bile su pritešnjene finansijskim, organizacionim, zakonskim i tehničkim problemima. Broj ovih postrojenja u celom svetu popeo se na tridesetak, što odgovara ukupnom kapacitetu od 27.000 MWe. Sedamnaest od ovih postrojenja nikad nije bilo pušteno u pogon, ili je bilo zaustavljeno na neodređeno vreme kad je bilo 30—100 procenata završeno: među njima su Bušer u Iranu i Cventendorf u Austriji. Samo u prvoj polovini 1982. trinaest američkih postrojenja priključilo se ovoj grupi, pre svega zbog lošeg rukovođenja, finansijskih teškoća i smanjene potrebe za električnom energijom; politička neizvesnost je takođe odigrala svoju ulogu. Sedam različitih postrojenja širom sveta bila su van pogona bar dve godine zaredom zbog popravki, dodatnih radova ili problema s dozvolom za rad, dok nekoliko sada

radi sa pola snage zbog ozbiljnih problema sa parnim generatorima...
Prema tome, osnovnim razlozima za uvođenje nuklearne energije, tj. njenoj pouzdanosti i ekonomičnosti, nije poklonjena dovoljno potrebna pažnja.

U poslednjem pasusu svog rada Lau je zaključio:

Budući programi IAEA, zasnovani na dvadesetpetogodišnjem iskustvu u miroljubivom korišćenju nuklearne energije, razmatraće ova prioritetna pitanja i pomagati zemljama u razvoju pri korišćenju ovog važnog izvora energije, mnogo obuhvatnije nego tokom prvih 25 godina njenog rada. Ukoliko se ovi izazovi ne prihvate, vitalnost nuklearne energije ne može se garantovati ni u industrijskim ni u zemljama u razvoju.

Ovakvi izgledi nisu bili nimalo ohrabrujući.

Tokom protekle decenije pažnja se sve više okretala ka različitim filozofijama energetike i tehnologije. Na žalost, ovde nema dovoljno prostora da se ukaže dostojna pažnja kompleksnom i fascinantnom pitanju energetskih izbora i strategija. Nekoliko reči biće dovoljno da naznače ključne aspekte ove tematike; vidi Bibliografiju za dalju literaturu.

Najvažniju promenu sada predstavlja pažnja koja se poklanja načinima na koje mi zapravo *koristimo* energiju. Najveći deo energije potrebne u jednoj industrijskoj ekonomiji nije visokokvalitetna ili visokotemperaturna energija kao što je električna struja, već niskokvalitetna toplota. U nekim zemljama, kao što su Japan, Australija i južni delovi SAD, već dugo se za zagrevanje i rashlađivanje zgrada i obezbeđivanje tople vode koristi solarna energija; interesovanje za niskotemperaturnu solarnu energiju raste u celom svetu. Čak i na većim geografskim širinama, shvatilo se da solarna energija može da pruži znatan doprinos ukupnoj količini proizvedene energije, pa čak i ako se upotrebljava samo za početno zagrevanje vode. Kapitalni troškovi su još uvek visoki, ali se očekuje da će se oni sniziti sa usavršavanjem ove tehnologije. Vetar, takođe, doprinosi energetskom snabdevanju u nekim delovima sveta. Kao i direktna sunčeva energija, vetar je rasut oblik energije; i direktna sunčeva energija i vetar mogu da daju ekonomski značajan doprinos u snabdevanju energijom jer su prednosti izvora rasute energije dobro poznate.

Geotermalna energija — energija iz vrele utrobe Zemlje — takođe se istražuje, i kao izvor direktne toplote i za dobijanje pare za pokretanje turbogeneratora. Njena dostupnost razlikuje se od regije do regije, ali može biti znatna. Biološki procesi za proizvodnju goriva kao što je metan, iz organskih otpadaka, već se odavno koristi u nekim krajevima sveta; kako cene i dostupnost rezervi fosilnog goriva postaju sve nepovoljnije, proizvodnja bioenergije može da ima važnu ekonomsku ulogu. Predložene su i još egzotičnije tehnologije koje koriste snagu okeanskih talasa i razliku u temperaturi vode na površini i u dubinama okeana.

Nove, usavršene tehnologije vraćaju novi život gorivu koje je ne tako davno bilo otpisano kao previše prljavo i preopasno: uglju. Sagorevanje fluidizovanog uglja omogućava čisto, jeftino i efikasno korišćenje čak i niskokvalitetnog uglja sa velikom količinom sumpora, uz minimalno zagađivanje vazduha. Vrlo je verovatno da će u skoroj budućnosti doći do proizvodnje tečnih i gasovitih goriva od uglja.

Što je najvažnije, postoje neograničene mogućnosti da se poboljša efikasnost korišćenja svih ovih različitih oblika energije. Neprivlačne tehnologije kao što su toplotna izolacija, toplotne pumpe i kombinovana proizvodnja toplote i električne struje, mogu spektakularno da povećaju upotrebnu vrednost svake pojedine jedinice proizvedene energije.

Pobornici alternativnih energetskih tehnologija ne tvrde da će bilo koja od njih zadovoljiti sve naše zahteve. Oni samo kažu da je kombinacija različitih izvora, koji zadovoljavaju potražnju i u kvalitativnom i u kvantitativnom pogledu, moguća i ostvarljiva u okviru današnjih finansijskih, sirovinskih i vremenskih ograničenja. Oni ukazuju na činjenicu da su sva sredstva za istraživanje i razvoj, tokom proteklih trideset godina, bila koncentrisana na nuklearnu energiju, na račun svih ostalih tehnologija, čak i onih zasnovanih na fosilnim gorivima, kao što je gasifikacija uglja i njegovo prevođenje u tečno stanje. Ako bi se samo jedan delić istraživačkih i razvojnih napora usmerio prema energetskim alternativama, brzo bi se dokazalo da nuklearna varijanta nije ni jedina ni najbolja. Suprotni tabor tvrdi da samo nagli razvoj nuklearne tehnologije može da čovečanstvu obezbedi dovoljno energije. Danas stojimo pred obiljem potencijala i mogućnosti; još uvek imamo mogućnost izbora. Da budemo precizniji, još samo *ova* generacija ima mogućnost izbora. Odluke koje vise u vazduhu uticaće ne samo na globalnu energetsku ponudu i potražnju već i na celokupnu organizaciju našeg globalnog društva. Mi, ljudi ovog sveta, moramo da učestvujemo u donošenju ovih odluka. Pre nego što predamo sebe i svoje potomke nuklearnoj budućnosti, od vitalnog je značaja da se svi složimo i da shvatimo prirodu našeg opredeljenja. Ako to budemo učinili sada, biće to zauvek.

POGOVOR

Prethodna poglavlja su napisana, pregledana i pripremljena za štampu u svom konačnom obliku septembra 1982. Ove redove pišem jula 1985. U toku proteklih meseci dogodilo se nekoliko značajnih događaja na nuklearnoj sceni; ovaj Pogovor daje pregled nekih od njih.

Do kraja 1984. Informacioni sistem nuklearnih reaktora IAEA objavio je informaciju da širom sveta postoji 346 energetskih reaktora koji su u pogonu, 192 u izgradnji i 130 planiranih. Precizne informacije o nuklearnoj delatnosti u Sovjetskom Savezu i u zemljama članicama KOMEKON-a nije lako dobiti. U ostalom delu sveta, međutim, bilo je 263 energetska reaktora u pogonu, čija je snaga bila veća od 150 MW; tokom poslednjih dvanaest meseci uključena su u rad 23 nova pogona. Celokupni instalirani nuklearni kapaciteti u ovim zemljama prevazilazili su 200.000 MW. Štaviše, učinak reaktora je pokazivao stalno poboljšanje: skoro 38 procenata svih reaktora imalo je prosečni kapacitet učinka veći od 76 procenata, a samo 18 procenata reaktora kapacitet manji od 50 procenata.

Ipak, uprkos ovom ohrabrujućem razvoju, budući izgledi za nuklearnu energiju bili su sve mračniji, kako na Istoku, tako i na Zapadu. Sredinom 1985. i dalje su se pojavljivali oni isti problemi koji su već opisani u ovoj knjizi; ali došlo je do značajne promene oko prioriteta. Uprkos trajnim posledicama slučaja na ostrvu Tri milje, bezbednosti nuklearnih postrojenja počeo je da se pridaje manji značaj. Rukovanje radioaktivnim otpacima, s druge strane, uzbudilo je duhove na najvišem nivou u mnogim zemljama. Veza između civilnih i vojnih nuklearnih aktivnosti, tako dugo prikrivana — a od nuklearnih krugova čak i poricana — počinjala je da biva očigledna sa poražavajućim rezultatima. Međutim, za nuklearnu industriju glavni problem je postao problem nuklearne ekonomičnosti i njen uticaj na položaj nuklearne struje u energetskoj politici i na tržištu energije.

Ne računajući zemlje istočne Evrope i Sovjetski Savez, 1984. naručena su samo tri energetska nuklearna reaktora — dva u Japanu i jedan u Francuskoj. Od sredine 1985, nije bilo naručeno ni jedno novo nuklearno postrojenje. Nuklearni programi koji su donedavno napredovali bez teškoća, dospeli su u pat poziciju. Otkazivanja postrojenja čija se izgradnja primicala kraju samo su još više oslabila pređašnju pokretačku snagu nuklearne zaprege. Razlozi koji su doveli do ovoga već su ranije pomenuti u ovoj knjizi: nije došlo do porasta potražnje električne energije, kapitalni troškovi za nuklearna postrojenja nastavili su da rastu, neizvesnosti oko toga šta da se radi sa istrošenim gorivom, ponovno izobilje jeftine nafte i prirodnog gasa i rastuća međunarodna trgovina ugljem po sve povoljnijim cenama. U zemljama toliko različitim kao što su Južna Koreja, Španija, Brazil, pa čak i Francuska, nuklearni energetski programi bili su odloženi, pa čak i skresani na samo skroman deo onoga što je bilo predviđeno pre jedne decenije.

Situacija u Francuskoj se iznenada komplikovala. Francuska nuklearna politika dugo je bila isticana kao izuzetan primer kako najbolje planirati i ostvarivati civilni nuklearni program. Pa ipak, sredinom 1985, zvanični izveštaj francuske vlade je upozorio da će ova zemlja imati višak skupih proizvodnih kapaciteta pre kraja 80-ih godina. Finansijska situacija Électricité de France je neprekidno postajala sve ozbiljnija. Godišnji gubici ove kompanije su rasli, dok je prodaja električne energije opadala. Njeni strani zajmovi za finansiranje francuskog obimnog nuklearnog programa, načinili su od nje jednog od najvećih svetskih dužnika. Francuska je pokušavala da izveze struju u praktično svaku susednu zemlju. Međutim, najveći broj tih zemalja bio je suočen sa sličnim viškom proizvodnih kapaciteta. Francuska je nudila električnu struju po niskim cenama za koje je tvrdila da ih omogućuje jeftina nuklearna energija. Međutim, neki analitičari su zaključili da Francuska maltene nudi „damping robu", pokušavajući da ostvari makar kakvu dobit, jer bi inače njena postrojenja zvrjala besposlena i samo nagomilavala dugove. Juna 1985. britanski CEGB je objavio da neće uvoziti baznu električnu energiju iz Francuske kroz novi kabl od 2.000 MW koji je vodio ispod La Manša, uprkos niskoj ceni koju nudi Électricité de France.

Plan francuske vlade s kraja 70-ih o narudžbi pet ili šest novih nuklearnih pogona godišnje odavno je bio odbačen; čak su i vladini savetnici predlagali da se odustane od novih porudžbina do kraja 80-ih. Suočen sa drastičnim padom poslova, francuski proizvođač reaktora Framatome, počeo je da otpušta svoje službenike i zatvara fabrike. Da stvari budu još gore, ogromna inženjerijska firma Creusot-Loire, jedan od akcionara firme Framatome, bankrotirala je delimično i zbog umanjenog poslovnog obrta Framatome.

Nuklearni neuspesi su možda bili najizrazitiji u Francuskoj, ali ih je bilo i u drugim industrijskim zemljama. U Britaniji je 1983. započeta javna istraga o predlogu da se gradi prva nuklearna centrala sa RVP u Sajzvelu, u Safolku. Nasuprot zvaničnim očekivanjima, ona nije bila okončana pre marta 1985. Proceduralni zahtevi doveli su do toga da se izgradnja ovog postrojenja, prvobitno planiranog za 1982, neće početi pre 1986. Ostatak ovog „programa" od deset reaktora, koji je vlada predložila 1979, takođe je znatno zaostao u odnosu na svoj prvobitni plan.

Španska vlada je po kratkom postupku dramatično potkresala svoj ambiciozni nuklearni program, otkazujući pet reaktora. Vlade Belgije, Holandije, Švajcarske, Italije i Finske naglašavale su svoju opredeljenost za nuklearnu energiju, ali do njihovih narudžbina je tek trebalo da dođe. U zemljama istočne Evrope, odvijala se slična priča. U Sovjetskom Savezu, teški problemi sa fabrikom Atom-maš, koja je proizvodila komore pod pritiskom za svoje RVP, obogaljili su nuklearnu industriju i, od vrha do dna, uzdrmali sovjetsku nuklearnu birokratiju. Odlaganja su pratila i nuklearne programe Čehoslovačke, Rumunije i drugih zemalja istočne Evrope.

U zemljama Trećeg sveta slika je bila još crnja. Brazilski program koji je prvobitno predviđao osam reaktora u prvoj fazi, zaglibio se već sa prva dva; čak i radovi na drugom pogonu u Angra dos Reis će se ,,nastaviti najsporijim mogućim tempom", prema izjavi predsednika kompanije Nuclebras. Nuklearna elita Indije nastavljala je da odiše samopouzdanjem koje je imalo malo veze sa traljavim učinkom postojećih nuklearnih instalacija. Najavljeni su planovi o izgradnji dvadeset i dve nuklearne centrale do 2000. godine, što bi Indiju dovelo do nuklearnog kapaciteta od 10.000 MW. Skeptici su primetili da je Indija tokom protekle decenije pustila u rad samo 1.020 MW i da je prvo domaće postrojenje, Madras 1, koje je trebalo da bude pušteno u pogon 1977, proradilo tek 1984. Jedino nuklearno postrojenje na Filipinima je takođe bilo suočeno sa odlaganjima, zbog upornih prigovora o njegovoj bezbednosti. Zemlje Trećeg sveta, za koje se pre jedne decenije predviđalo da će postati članovi nuklearne zajednice, pokazale su malo interesovanja da tako nešto učine.

Pad izvoznog potencijala zadao je još jedan udarac proizvođačima nuklearnih postrojenja, dok su oni pokušavali da izađu nakraj sa gašenjem domaćeg tržišta. Sredinom 1985. samo tri zemlje su bile zainteresovane za skorije narudžbine nuklearnih postrojenja; sve tri su bile odmah opsednute sumanutim udvaranjem nuklearnih izvoznika. Od ove tri zemlje Egipat je bio najinteresantnija mušterija, jer se njegovo interesovanje za nuklearnu energiju proteže od sredine 70-ih godina. Egipat je 1985. planirao da izgradi nuklearno postrojenje sa dva reaktora-blizanca u El Dabi, u blizini Aleksandrije. Stiglo je pet ponuda od strane proizvođača iz Francuske, Italije, SR Nemačke i SAD; ali dugo premišljanje Egipta nije se odnosilo na tehnologiju ovih ponuda, nego na finansijske uslove.

Turska, drugi potencijalni klijent, zahtevala je još neobičniji finansijski sporazum. Nezadovoljna povoljnim, niskokamatnim zajmovima za otplatu predviđenih postrojenja Turska je predložila konkurentskim firmama ne samo da izgrade nego i da plate postrojenja, da njima upravljaju u Turskoj kao vlasnici i da nadoknade nastale troškove, prodajući struju Turskoj. Ovakva radikalna inovacija nije odgovarala proizvođačima — jednom konzorcijumu predvođenom od strane Atomic Energy of Canada i drugom od strane Kraftwerk Union, iz SR Nemačke. Novi zaokret predstavljala je namera Turske da se oba postrojenja, različitih rešenja i različitih proizvođača, izgrade na istoj lokaciji, u Akuju — i da njima rukovode konkurentske firme, vrata do vrata.

Međutim, novi klijent koji je bio najžešće progonjen bila je NR Kina. Za razliku od ostalih zemalja klijenata, Kina nije bila pridošlica na nuklearnoj sceni: njena nuklearna iskustva datiraju još od 50-ih godina. Ali, sve do ranih 80-ih Kina je bila okrenuta isključivo vojnim ciljevima. Posle nekoliko neuspelih pokušaja, Kina je 1982. potvrdila da predviđa program civilnih nuklearnih postrojenja, od kojih će se prvo nalaziti u Da Kengu, u zalivu Daja, u provinciji Gvangdong, pedesetak kilometara severoistočno od Hongkonga. Potencijalni strani snabdevači, uključujući Westinghouse, Framatome i KWU, sjatili su se da istisnu jedni druge i dobiju narudžbinu za ovo postrojenje, očekujući da će to biti prva od mnogih kineskih narudžbina; kineski rukovodioci su izjavili da Kina planira izgradnju kapaciteta snage 10.000 MW do 2000. godine.

Kina je objavila da namerava da osnuje zajedničku kompaniju sa Hongkongom za izgradnju i eksploataciju pomenutog postrojenja. Nekih 70 procenata proizvodnje bi se prodavalo Hongkongu da bi se zaradile devize potrebne za otplaćivanje uloženih investicija. Glavni proizvođač energije u Hongkongu, China Light & Power (CLP), pristao je da učestvuje u okviru Hongkong Nuclear Investment Company, ali je jedna druga, manja firma Hongkong Electric, početkom 1983. odlučila da ne učestvuje u ovom projektu. Na kraju, kompanija CLP je ostala jedini učesnik u okviru pomenute kompanije. Od 1983. pa sve do proleća 1985. upućeni su neprestano ponavljali da će ovaj posao dobiti jedan anglo-francuski konzorcijum, gde bi firma Framatome isporučila reaktor, a General Electric Company turboalternatore. Firma Westinghouse je bila prilično ometena propisima američkog Zakona o nuklearnom neširenju od 1978. Kina nije bila potpisnik Sporazuma o nuklearnom neširenju, nikad nije prihvatila nijedan oblik međunarodnih mera bezbednosti, bila je i dalje spremna da obavlja nuklearne probe u atmosferi i za nju se verovalo da je pomogla Pakistanu u razvoju nuklearnog naoružanja. U proleće 1984. predsednik Ronald Regan je putovao u Peking i tamo potpisao sporazum o uzajamnoj saradnji u nuklearnim aktivnostima; međutim, Kongres je, imajući u vidu sve ovo, odbio da ratifikuje ovaj sporazum u predviđenom roku.

Kina je 1985. potpisala sporazum sa britanskom vladom po kome Hongkong treba da pređe u kineske ruke 1997. godine. Ubrzo posle toga, aprila 1985, uprkos uveravanjima zainteresovanih strana — GEC i Framatome — Kina je tražila potpuno novu ponudu od KWU. Juna 1985. Kinezi su potvrdili da žele da KWU izgradi četiri postrojenja. Predloženi finansijski uslovi su, međutim, bili veoma neobični. Osnovni problem za Kinu bio je nedostatak deviznih sredstava kojima bi platila zapadnu tehnologiju; zbog toga je Kina ponudila da prihvati skladištenje nemačkog istrošenog goriva u pustinji Gobi. Ova ideja, isprva odbačena kao krajnje čudna, počela je već sredinom 1985. da se vrlo ozbiljno razmatra u SR Nemačkoj. Nije se znalo šta bi se desilo sa zapadnim istrošenim gorivom poslatim u Kinu. Da li će ga Kinezi regenerisati? Ako to učine, da li će upotrebiti plutonijum — i u koje svrhe?

Nuklearna pozornica u Kini 1985. je predstavljala čudesni mikrokosmos ključnih pitanja s kojima se susretala nuklearna energija širom sveta. Kineske nuklearne vlasti nastavljaju da tvrde da će centrala u Gvangdongu biti puštena u rad do 1991, što izgleda sve manje verovatno s obzirom na sve veća razvlačenja zapetljanih finansijskih pregovora. Da li će Hongkongu biti potrebna struja iz ovog postrojenja i da li će on biti spreman da plati onoliko koliko ona košta, ostaje neizvesno. Kineski dugoročni planovi su takođe nejasni. Kinezi uporno traže neograničen „transfer tehnologije", koji bi im omogućio korišćenje strane tehnologije za kasnije centrale, bez plaćanja licencnih prava. Strani proizvođači, ma koliko da im je stalo do narudžbina, ne mogu biti oduševljeni ovakvim uslovima.

Povrh svega, kineska nuklearna scena podvlači ključnu ulogu veze između civilne nuklearne energije i nuklearnog oružja. Međunarodni režim neširenja, čiju osnovu predstavlja Sporazum o neširenju, pod velikim je pritiscima iz raznoraznih razloga (vidi Valter C. Paterson: *Plutonijumski posao*, 1984, za dalja obaveštenja). Kao što je već pomenuto, uloga Kine kao kupca civilnih nuklearnih postrojenja, u kontekstu nuklearnog oružja i kontrole širenja, vrlo je nejasna. Entuzijazam nuklearnih izvoznika za trgovinu sa Kinom samo je jedna manifestacija obima u kojem civilne nuklearne aktivnosti ugrožavaju Sporazum o neširenju i druge obaveze u tom smislu.

Uporedo sa sumnjivim međunarodnim poslovima ove vrste, postoji i niz drugih načina na koji se krše dogovorene međunarodne mere kontrole. U jesen 1982. Reganova administracija je dala predlog o kupovini pet tona plutonijuma od Britanije. Kritičari su isticali da će ukoliko se taj plutonijum upotrebi kao što se planira, tj. u američkom civilnom istraživanju, to osloboditi podjednaku količinu američkog plutonijuma za pravljenje oružja. Otprilike u isto vreme Reganova administracija je predložila da prihvati istrošeno gorivo iz američkih nuklearnih postrojenja, regeneriše ga, izdvoji plutonijum i iskoristi za nuklearno oružje. Oba predloga su ubrzo bila povučena, jer su bila propraćena žestokim negodovanjem s obe strane Atlantika.

U više navrata francuski nuklearni predstavnici objavili su izjave o namerama Francuske da koristi plutonijum iz košuljice brzooplodnog reaktora Super Feniks, za francusko nuklearno oružje — mada je Super Feniks multinacionalno postrojenje, od koga 33 procenta pripada Italiji, a 16 procenata konzorcijumu iz SR Nemačke, Belgije, Holandije i Velike Britanije. Ovo nezadovoljavajuće stanje stvari je još više pogoršano međudržavnim memorandumom o saradnji potpisanom 10. januara 1984, kojim se Velika Britanija, Francuska, SR Nemačka, Belgija i Italija obavezuju da ujedine svoja istraživanja i razvoj brzooplodnih reaktora. Ovaj sporazum nije prethodno prošao kroz javnu ili parlamentarnu debatu i uskoro je bio propraćen sličnim ugovorima između nacionalnih nuklearnih agencija ovih pet zemalja, njihovih proizvođača reaktora, proizvođača električne struje i kompanija za proizvodnju nuklearnog goriva. Planiralo se da se izgrade tri velika energetska postrojenja sa brzooplodnim reaktorima, u Francuskoj, SR Nemačkoj i, eventualno, u Velikoj Britaniji. Nisu baš svi bili uvereni u opravdanost takvog megalomanskog poduhvata, koji bi se protezao duboko u dvadeset i prvi vek; skeptici su se osećali nelagodno, posebno zbog učešća Francuza u ovom nominalno civilnom programu sa potencijalnim vojnim primenama.

Oktobra 1984, u okviru javne istrage o Sajzvelu, bilo je otkriveno da je Velika Britanija čitavu deceniju odbijala da dozvoli inspektorima IAEA (Euroatom, prilaz postrojenju u Selafildu, s obzirom na to da se u ovom postrojenju izdvaja plutonijum kako za civilnu upotrebu, tako i za bombe. Maja 1985. britanska vlada je najavila da je spremna da podrži predlog kompanije British Nuclear Fuels i Nadleštva za atomsku energiju o izgradnji multinacionalnog postrojenja za regeneraciju sa brzooplodnim reaktorima, u Daunreju, koja bi služila svim partnerima u ovom međunarodnom programu. Implikacije ovog ulaska na međunarodnu pozornicu trgovine plutonijumom, obećavale su da dovedu do žestokih polemika.

Sredinom 80-ih godina nuklearna pitanja dominiraju svetom. Polemike i konflikti šire se na sve strane i obuhvataju vlade, nuklearnu i elektroindustriju, indus-

266

triju goriva, međunarodne organizacije i agencije, naučnike, savetnike, ekološke grupe, antinuklearne grupe, medije i najširu javnost. Rasprave se odnose na čitav spektar srodnih tema. Koju bi ulogu trebalo da ima nuklearna struja u opštoj energetskoj strategiji? Da li je nuklearna struja najperspektivniji način za zadovoljavanje energetskih potreba budućnosti? Ili je ona, možda, samo privremeno rešenje, dok se ne razviju neke druge energetske tehnologije? Ili je ona, pak, nužno zlo, koje nam samo oduzima vreme i sredstva koja bismo mogli upotrebiti na neki drugi način? Sada o svemu ovome ima više različitih gledišta i stavova nego ikada ranije; ali, pitanja ostaju bez odgovora.

Dobar deo skorašnjih polemika bio je uverljiv, dobro zasnovan, detaljan i konkretan. Na žalost, i suviše često one su se degenerisale u parole i uzajamna vređanja. Kako su nuklearna pitanja postajala sve očiglednija i sve više goruća, tako su ona sve više i više dovodila do polarizacije stavova. Ljudi čija se mišljenja razlikuju sve su manje spremni da saslušaju jedni druge i da priznaju da i jedna i druga strana mogu da zastupaju svoje iskreno mišljenje. Ukoliko nuklearne polemike dovedu do još veće polarizacije, nuklearna budućnost neće biti nimalo ružičasta.

DODATAK A

NUKLEARNI ŽARGON

ABCC: Komisija za žrtve atomske bombe; organizacija SAD u Japanu koja se starala o žrtvama bombardovanja Hirošime i Nagasakija.

ACRS: Savetodavni komitet za mere bezbednosti kod reaktora; odgovoran za procenu bezbednosti rada reaktora u SAD.

Aktinidi: teški elementi — aktinijum, torijum, protaktinijum, uranijum, neptunijim, plutonijum, americijum, kirijum, berkelijum i kalifornijum, svi hemijski veoma slični; aktinidi koji su od značaja su oni koji imaju dug poluživot i emituju alfa-čestice.

Aktivacija: apsorpcija neutrona koja čini supstancu radioaktivnom.

AEA, UKAEA: Nadleštvo za atomsku energiju Ujedinjenog Kraljevstva.

AEC, USAEC: Komisija za atomsku energiju SAD.

AECL: Atomic Energy of Canada Ltd.

Alfa-čestica: visokoenergetsko jezgro helijuma (dva protona, dva neutrona) koje emituju neka radioaktivna jezgra.

Atom: vidi odeljak: Atom i jezgro.

Bekerel (Bq): jedinica radioaktivnosti; jedno radioaktivno raspadanje u sekundi.

Beta-čestica: visokoenergetski elektron koji emituje radiokativno jezgro.

Bor: moćan apsorber neutrona koji se upotrebljava — obično u legurama čelika — za kontrolne šipke u reaktorima i slično.

Buteks: organski rastvarač koji se upotrebljava pri regeneraciji ozračenog reaktorskog goriva.

Brzi neutron: visokoenergetski neutron, direktni proizvod fisije.

BOR: brzooplodni reaktor; reaktor koji je tako konstruisan da ima koeficijent konverzije veći od jedan i upotrebljava nemoderirane, brze neutrone.

BORTM: brzooplodni reaktor sa tečnim metalom.

Bazen za suzbijanje pritiska: u reaktoru sa ključalom vodom, kružni tunel na dnu *suvog bunara*, do pola ispunjen vodom, služi za kondenzaciju pare iz reaktorskog rashladnog sistema, ako je to potrebno.

Cezijum: posebno je interesantan cezijum-137, fisioni produkt, biološki opasan beta-odašiljač.

CEA: Commissariat à l'Énergie Atomique (Francuska).

CEGB: Britanska elektrodistribucija; Centralna uprava za proizvodnju električne energije.

Cirklegura: legura cirkonijuma koja se upotrebljava za oblogu goriva.

Čerenkovljeva radijacija: plava svetlost koja se pojavljuje kada nuklearna radijacija prolazi kroz providnu sredinu (kao što je voda), brzinom koja je veća od brzine svetlosti kroz tu istu sredinu.

Dekontaminacija: prenošenje nepoželjne radioaktivnosti na pogodnije mesto.

Deuterijum: vodonik-2, teški vodonik; njegovo jezgro sastoji se od jednog protona i jednog neutrona, za razliku od lakog vodonika čije jezgro sadrži samo jedan proton.

Deuterijum-oksid: teška voda; voda čiji su atomi vodonika — atomi teškog vodonika.

Deutron: jezgro teškog vodonika.

Divergencija: postizanje kritičnosti.

DOE: Ministarstvo energije (u Velikoj Britaniji ili SAD).

Doza: količina energije predata jedinici mase materijala od radijacije koja prolazi kroz nju.

ECCS: sistemi za vanredno hlađenje jezgra.

Elektron: negativno naelektrisana čestica, mnogo lakša od protona ili neutrona.

ERDA: Američka savezna agencija za energetska istraživanja i razvoj, jedna od dve savezne agencije SAD nastala posle razdvajanja AEC, kasnije postala DOE.

Energetska gustina: u reaktorskom jezgru; proizvodnja toplote po jedinici zapremine, merena u kilovatima po litru.

Fisija: cepanje jezgra na dva lakša dela *(produkti fisije)* uz oslobađanje slobodnih neutrona — ili spontano ili kao posledice apsorbcije jednog neutrona.

Fision: sposoban da podlegne fisiji.

Fuzija: stapanje dva laka jezgra u jedno teže.

FOE: Prijatelji Zemlje.

Gruševina: talog nečistoća unutar reaktora.

Gorivo: materijal (kao što je prirodni ili obogaćeni uranijum i/ili smeša uranijuma i plutonijum-dioksida) koji sadrži fisiona jezgra i proizveden u odgovarajućem obliku za upotrebu u reaktorskom jezgru.

Gorivni štapin: jedna od cevi obloge napunjena gorivnom sačmom.

Gradacija goriva: trenutni energetski učinak po jedinici mase goriva, meren u kilovatima po kilogramu uranijuma; poznat i kao *specifična snaga.*

Gama-zrak: visokoenergetska elektromagnetska radijacija velike prodorne moći, koju emituje jezgro.

Gasna centrifuga: uređaj za obogaćivanje uranijuma pomoću koga se teža jezgra uranijuma-238 odvajaju od lakših jezgara uranijuma-235 centrifugiranjem uranijum-heksafluorida; celokupno postrojenje ima nekoliko hiljada centrifuga u kaskadama.

Gasna difuzija: proces obogaćivanja uranijuma u kome se koriste male razlike u stepenu difuzije molekula uranijuma-235 i -238 heksafluorida kroz poroznu metalnu membranu; celokupno postrojenje ima nekoliko hiljada centrifuga u kaskadama.

Gigavat: milijarda vati.

Grafit: crni kompaktni kristalni ugljenik, upotrebljava se kao neutronski moderator i odbojnik u reaktorskim jezgrima.

Grej(Gy): jedinica izlaganja radijaciji.

GS: Girdlerov sulfid; proces koji se koristi u proizvodnji teške vode.

Gomila: prvobitno ime za nuklearni reaktor — po prvom takvom reaktoru. Čikaškoj gomili br. 1.

Gašenje: neplanirano zaustavljanje lančane reakcije u reaktoru.

Helijum: lak, hemijski inertan gas koji se upotrebljava kao rashlađivač u visokotemperaturnim reaktorima.

Heks: uranijum-heksafluorid, lako isparljivo jedinjenje uranijuma koje se koristi u procesu obogaćivanja.

Intenzitet doze: vreme za koje radijacija preda energiju jedinici mase materijala kroz koji prolazi.

Izlaganje: odnosi se na radijaciju: prolaženje radijacije kroz materijal.

Izmenjivač toplote: kotao u kome vreli rashlađivač iz reaktorskog jezgra tera paru da pokreće turbogenerator; vidi: *Posredni izmenjivač toplote.*

IAEA: Međunarodna agencija za atomsku energiju.

ICGNE: Međunarodna konsultativna grupa za nuklearnu energiju.

ICRP: Međunarodna komisija za radiološku zaštitu.

INFCE: Odbor za međunarodnu procenu nuklearnog gorivnog ciklusa.

Izotop: oblik nekog elementa, sa istim brojem protona u njegovom jezgru kao i kod njegovih ostalih varijeteta, ali sa različitim brojem neutrona.

Jezgro: deo reaktora koji sadrži gorivo (i moderator, ako ga ima) unutar koga se odvija reakcija fisije.

Jod: npr. jod-131, biološki opasan proizvod fisije sa kratkim poluživotom (8 dana) koji se nagomilava u štitnoj žlezdi.

Jon: atom kome nedostaje jedan elektron i koji otuda ima električni naboj.

Jonizijuća radijacija: radijacija koja može da preda energiju u obliku koji je u stanju da izbacuje elektrone iz atoma, pretvarajući ih u jone.

JCAE: Zajednički Kongresni komitet za atomsku energiju (SAD).

- Jalovina: fini, sivi pesak, zaostao posle izdvajanja uranijuma iz rude; sadrži radijum i emituje radon.

Kineski sindrom: moguća posledica topljenja reaktorskog jezgra, kada istopljena masa snažno radioaktivnog materijala propadne kroz blok i sigurnosnu kupolu reaktora u zemlju ispod i tako nastavi svoj put do Kine (osim ako, naravno, reaktor nije u Japanu).

Kontaminacija: radioaktivnost tamo gde joj nije mesto.

Kontrolna šipka: šipka od materijala koji apsorbuje neutrone, ubačena u reaktorsko jezgro da upija neutrone i zaustavi ili smanji brzinu reakcije fisije.

Kritičan: odnosi se na lančanu reakciju u kojoj je ukupni broj neutrona u jednoj „generaciji" lanca jednak ukupnom broju neutrona u sledećoj „generaciji" lanca; tj. sistem u kome se gustina neutrona niti smanjuje niti povećava.

Kritičnost: stanje u kome je sistem kritičan.

Kćer: supstanca u koju se transformiše radioaktivno jezgro tokom radioaktivnog raspadanja.

Kiri: količina radioaktivnog materijala koja odaje 37 milijardi radioaktivnih emisija u sekundi; radioaktivnost 1 grama radijuma.

Kilovat: hiljadu vati.

Kripton: hemijski inertan gas; izotop kripton-85 je opasan produkt fisije i danas odlazi u atmosferu iz postrojenja za regeneraciju.

KWU: Kraftwerk Union (SR Nemačka).

Komora pod pritiskom: veliki kontejner od varenog čelika ili prenapregnutog betona unutar koga se nalazi jezgro reaktora i ostali unutrašnji delovi reaktora.

Kalandrija: u rešenjima reaktora sa cevima pod pritiskom; rezervoar u kome se nalazi moderator — obično teška voda — i kroz koji prolaze cevi pod pritiskom.

KANDU: Kanadski deuterijum uranijum reaktor.

Lančana reakcija: vidi odeljak: Lančana reakcija.

Lasersko obogaćivanje: izdvajanje uranijuma-235 od uranijuma-238, selektivno pobuđivanje jednog izotopa uz pomoć lasera; potencijalna prečica do visokoobogaćenog uranijuma, što bi moglo da predstavlja ozbiljan problem u pogledu moguće zloupotrebe fisionog materijala; primenljivo, takođe, kod izdvajanja plutonijuma-239 od težih izotopa.

Laka voda: obična voda za razliku od teške vode.

Magnoks: legura koja se upotrebljavala za oblogu goriva u prvoj generaciji britanskih reaktora sa gasnim hlađenjem, koji su po njoj nazvani Magnoks reaktorima.

Mak Mahonov zakon: američki zakon o atomskoj energiji iz 1946, koji je zabranjivao svaki dalji prenos nuklearnih informacija iz SAD njihovim bivšim saveznicima Britaniji i Kanadi i kojim su osnovani Komisija za atomsku energiju SAD (AEC) i Zajednički kongresni komitet za atomsku energiju (JCAE).

Megavat: milion vati.

Mešani oksid: reaktorsko gorivo u kome su fisiona jezgra plutonijuma-239 pomešana sa prirodnim ili osiromašenim uranijumom, u odnosu koji je ekvivalentan obogaćenom uranijumu.

Moderator: materijal čija su jezgra najčešće male atomske težine (laka voda, teška voda, grafit) koji se koristi u jezgru reaktora da bi usporio brze neutrone i tako povećao verovatnoću njihove apsorpcije od strane uranijuma-235 ili plutonijuma-239 radi izazivanja fisije.

MWe: megavat električne energije.

MWt: megavat toplotne energije.

Mere bezbednosti: kontrola specijalnih nuklearnih materijala u cilju sprečavanja zloupotrebe.

Neočekivana kritičnost: nenamerno nagomilavanje fisionog materijala u kritičnu skupinu, praćeno provalom neutrona i gama-radijacije.

NaK: legura natrijuma i kalijuma niske tačke topljenja, koristila se kao rashlađivač u prvim brzooplodnim reaktorima i kao vanredni rashlađivač u nekim kasnijim rešenjima.

Neutron: nenaelektrisana čestica, sastavni deo jezgra — izbačena pri visokoj energiji tokom fisije, u stanju da bude apsorbovana u drugo jezgro i izazove dalju fisiju.

NRC: Nuklearna regulatorna komisija, naslednik AEC, odgovorna za davanje dozvola za rad nuklearnih postrojenja u SAD.

NRDC: Savet za zaštitu prirodnih bogatstava (SAD).

NRPB: Nacionalni odbor za radiološku zaštitu (Velika Britanija).

Nuklearni reaktor: vidi odeljak: Nuklearni reaktor.

Nukleon: proton ili neutron.

Nuklid: jezgro izotopa.

Oplodni reaktor: reaktor koji proizvodi više fisionih jezgara nego što ih troši.

Oplodni dobitak: srazmerno povećanje broja fisionih jezgara u gorivu posle njegovog vađenja iz reaktora.

Obloga: metalni omotač (od Magnoksa, cirklegure, nerđajućeg čelika ili keramike) koji hermetički zatvara reaktorsko gorivo.

Osiromašeni uranijum: uranijum koji sadrži manje od prirodne količine (0,7 procenata) uranijuma-235, koji je izdvojen tokom procesa obogaćivanja i prebačen u preostali „obogaćeni" uranijum.

Obogaćeni uranijum: uranijum u kome je količina uranijuma-235 veća od prirodnih 0,7 procenata.

Obogaćivanje: proces dobijanja obogaćenog uranijuma.

Ozračen: odnosi se na reaktorsko gorivo koje je učestvovalo u lančanoj reakciji i tako u sebi nagomilalo proizvode fisije; u svakom drugom slučaju, izložen radijaciji.

Otpušteni gas: radioaktivni gas koji se iz reaktora otpušta u atmosferu, obično posle izvesnog vremena da bi mu se smanjila radioaktivnost.

Odbojnik: materijal sa malom atomskom težinom (laka ili teška voda, grafit) oko jezgra reaktora koji odbija neutrone nazad u zonu reakcije.

Oslobađanje pri radu: planirano otpuštanje radioaktivnog materijala u okolnu sredinu (vazduh ili voda).

Ostakljivanje: stapanje visokoradioaktivnog otpada u čvrstu materiju nalik staklu.

Pećina: prostorija sa teško oklopljenim zidovima, u kojoj se putem daljinske kontrole rukuje visokoradioaktivnim materijalima.

Presek: veličina koja je srazmerna verovatnoći da se neka nuklearna reakcija odigra.

Pobuđen: onaj koji ima višak energije.

Padavine: radioaktivni proizvodi fisije nastali prilikom nuklearne eksplozije koji padaju iz atmosfere na površinu zemlje.

Plodan: materijali poput uranijuma-238 ili torijuma-232, koji se putem apsorpcije neutrona transformišu u fisione materijale.

Protok: pokretni oblak čestica, posebno u jezgru reaktora: broj neutrona kroz jedinicu prostora u jedinici vremena.

Poluživot: vremenski period tokom koga polovina jezgara određene količine radioaktivnog materijala podlegne raspadanju; karakteristična konstanta za svaku pojedinu vrstu jezgra.

Posredni izmenjivač toplote: skupina cevi u reaktoru sa natrijumskim hlađenjem u kojoj vreli, radioaktivni, primarni, natrijumski rashlađivač prenosi toplotu na neradioaktivni, sekundarni natrijumski rashlađivač.

Praćenje opterećenja: promene energetskog nivoa reaktora da bi se zadovoljili zahtevi sistema za elektrodistribuciju.

Projekt Menhetn: šifrovano ime za projekt u okviru koga je nastala atomska bomba.

Period: vreme potrebno za određeno povećanje (ili smanjenje) energetskog nivoa reaktora; što je ovaj period kraći to je teže kontrolisati rad reaktora.

Protočni inventar: ukupna količina fisionog materijala u jednom reaktoru — količina u jezgru, rashladnom bazenu, u postrojenju za regeneraciju, pogonu za izradu goriva i u tranzitu.

Plutonijum: teški veštački metal, koji se dobija neutronskim bombardovanjem uranijuma; fision, hemijski veoma reaktivan, izuzetno toksičan alfa-odašiljač.

Pritisni sistem: u reaktoru sa vodom pod pritiskom; kotao u rashladnom sistemu, zagrevan električnim putem, u kome se voda dovodi do tačke ključanja da bi se održao pritisak rashlađivača.

Prajs-Andersonov zakon: zakon koji je doneo američki Kongres, ograničava materijalnu odgovornost vlasnika nuklearki u odnosu na treću stranu u slučaju nesreće i obezbeđuje obeštećenje od strane vlade.

Proton: pozitivno naelektrisana čestica, sastavni deo jezgra.

Pureks: izdvajanje plutonijuma-uranijuma; prvobitna tehnologija za regeneraciju ozračenog reaktorskog goriva.

Pobeg: nekontrolisana lančana reakcija do koje dolazi slučajno.

Parni generator: kotao u kome vreli rashlađivač iz reaktora tera paru da pokreće turbogenerator.

Potkritičan: gorivo nedovoljno snabdeveno neutronima da bi održalo lančanu reakciju koja se odvija sama od sebe.

RKV: reaktor sa ključalom vodom.

Rashlađivač: tečnost (voda, istopljeni metal) ili gas (ugljen-dioksid, helijum, vazduh) koji se pumpa kroz jezgro reaktora da bi se otklonila toplota koju proizvodi jezgro.

Rashladni bazen: duboki rezervoar sa vodom u koji se odlaže ozračeno gorivo nakon njegovog uklanjanja iz reaktora, da bi u njemu ostalo sve dok se ne odnese na regeneraciju ili na stalno mesto odlaganja.

Raspadanje: radioaktivna transformacija.

Reaktor sa lakom vodom: koristi ili vodu pod pritiskom ili ključalu vodu.

Rad: radijacijom apsorbovana doza; mera izloženosti radijaciji.

Radijacija: neutroni, alfa- ili beta-čestice ili gama-zraci koji zrače iz radioaktivnih supstanci.

Radioaktivnost: ponašanje supstance u kojoj jezgra podležu transformaciji i emituju radijaciju; obratite pažnju da *radioaktivnost* dovodi do *radijacije*, i da su ova dva pojma različita.

Radiogen: izazvan radijacijom, kao neke vrste bolesti.

Radioizotop: radioaktivni izotop.

Radionuklid: radioaktivni nuklid.

Radijum: teški element sa snažnim radioaktivnim alfa-zračenjem.

Radon: radioaktivni gas, alfa-odašiljač, koji se oslobađa iz radijuma.

Reaktivnost: mera sposobnosti skupine fisionih materijala da podržavaju lančanu reakciju. *Koeficijent radioaktivnosti*, mera načina na koji reaktivnost neke skupine menja kao posledica neke druge promene, kao npr. promene temperature.

Rem: jedinica izloženosti jonizujućoj radijaciji, jednaka količini koja izaziva jednaka oštećenja kod ljudi kao 1 rentgen visokonaponskih X-zraka.

Regeneracija: mehanička i hemijska obrada ozračenog goriva kojom se uklanjaju produkti fisije i obnavlja fisioni materijal.

Repna faza: količina fisionog uranijuma-235 preostala u uranijumu osiromašenom tokom procesa obogaćivanja.

RVP: reaktor sa vodom pod pritiskom.

RTVPP: reaktor sa teškom vodom koji proizvodi paru.

Stepen izgaranja: ukupna toplota oslobođena iz reaktorskog goriva, direktno povezana sa nagomilavanjem proizvoda fisije, obično se meri megavat-danima po toni uranijuma.

Sigurnosna kupola reaktora: konstrukcija u okviru zgrade reaktora — ili sama zgrada reaktora — koja deluje kao prepreka koja sprečava prodor radioaktivnosti iz reaktora.

Stepen konverzije: broj plodnih jezgara preobraženih u fisiona, u poređenju sa brojem fisionih jezgara izgubljenih tokom fisije.

Suvi bunar: u reaktoru sa ključalom vodom, betonski rezervoar oko komore pod pritiskom reaktora.

Sivert(Sv): jedinica izloženosti radijaciji, iznosi oko 8,38 rentgena.

Specifična aktivnost: radioaktivnost po jedinici mase.

Specijalni nuklearni materijal: fisioni materijal koji se može upotrebiti u izradi nuklearnog oružja.

Specifična snaga: proizvedena toplota po jedinici mase goriva, vidi *gradiranje goriva*.

Stroncijum: posebno stroncijum-90, produkt fisije, biološki opasan beta-odašiljač.

Trošadžija: reaktor koji troši više fisionih jezgara nego što ih proizvodi.

Toplota raspadanja: toplota koju proizvodi radioaktivnost u gorivu reaktora u radu; dodatna toplota iz lančane reakcije, koja se ne može zaustaviti.

Teški vodonik; teška voda: vidi deuterijum, deuterijum-oksid.

Topljenje: posledica pregrejavanja reaktorskog jezgra koje omogućava delu ili celokupnom čvrstom gorivu u reaktoru da dostigne temperaturu pri kojoj se obloga i, eventualno, gorivo i konstrukcija koja ga drži otope i obruše.

Torijum: plodan teški metal.

Tricijum: vodonik-3 čije jezgro sadrži jedan proton i dva neutrona, radiotaktivan.

Trovanje ksenonom: nagomilavanje ksenona-135, produkta fisije koji halapljivo guta neutrone i tako smanjuje reaktivnost reaktora.

UGR: usavršeni gasom hlađeni reaktor.

Uranijum: najteži prirodni element, tamnosivi metal; izotopi 233 i 325 su fisioni, 238 plodan; alfa-odašiljač.

Vreme udvajanja: vreme potrebno oplodnom reaktoru da proizvede dodatni fisioni materijal dovoljan da udvostruči njegov ukupni „protočni inventar" (vidi odeljak: Brzooplodni reaktori).

VTGR: visokotemperaturni reaktor gasom hlađeni reaktor.

Vat: jedinica energije u sistemu metar-kilogram-sekund, jednak jednom džulu u sekundi.

Vignerova energija: energija koja se skuplja u grafitnom moderatoru kao rezultat deformacije radijacijom.

Zgušnjavanje: sabijanje goriva unutar obloge, do koga dolazi usled ozračivanja; može da dovede do oštećenja goriva zbog neuravnoteženog unutrašnjeg i spoljašnjeg pritiska.

Zamena goriva: izmena reaktorskog goriva pošto je ono dostiglo maksimalni *stepen izgaranja;* neophodna zbog gubitka *reaktivnosti,* nagomilavanja produkata fisije koji apsorbuju neutrone i skupnog oštećenja od radijacije, temperature, rashlađivača, itd.

Zaštitnik: zid od betona, olova ili vode koji okružava izvor radijacije i smanjuje njen intenzitet.

Žuti kolač: pomešani oksidi uranijuma, sa formulom U_3O_8, koji se dobijaju iz rude uranijuma putem procesa ekstrakcije u postrojenjima za obradu rude.

DODATAK B

JONIZUJUĆE RADIJACIJE I ŽIVOT

U Poglavlju 1 (Odeljak: Radioaktivnost stvara radijaciju) opisali smo kako nuklearne aktivnosti mogu da dovedu do četiri tipa „jonizujuće radijacije": alfa-, beta- i gama- radijacija i neutroni. Tamo i na drugim mestima ukratko smo opisali neke od činjenica koje su se nagomilale od otkrića radioaktivnosti, koje se tiču dejstava jonizujuće radijacije na žive organizme, uključujući i ljudska bića. Proučavanje ovih dejstava naziva se „radiobiologija". To je složena i kontroverzna oblast, tim više što je čovečanstvo počelo i samo da stvara velike količine radioaktivnosti. Detaljno opisivanje otkrića u ovoj oblasti daleko prevazilazi okvire ove knjige. Međutim, s obzirom na to da najneposrednije potencijalne nuklearne opasnosti predstavljaju posledice dejstva jonizujuće radijacije na živa bića, malo radiobiologije je neophodno da bi se istakla sporna pitanja.

U tekstu koji sledi „radijacija" znači „jonizujuća radijacija" — a ne, na primer, sunčeva svetlost (vidi odeljak: Atom i jezgro).

U osnovi, svi se slažu da jonizujuća radijacija nije dobra za nas. Prolazak alfa-, beta- ili gama- radijacije ili neutrona kroz živo tkivo prenosi energiju na atome i molekule tog tkiva, na način koji mora da bude više ili manje razoran po osetljivo ustrojstvo svakog živog bića. Ovo razorno dejstvo je približno srazmerno tzv. „linearnom prenosu energije" radijacije. Beta- i gama- radijacija imaju nizak linearni prenos energije, a alfa- i neutronska radijacija visok linearni prenos — što, takođe, zavisi od energije same radijacije. Međutim, za razliku od metka u čelo, radijacija — osim ako nisu u pitanju velike doze — srazmerno je suptilnijeg dejstva. Ona je nevidljiva, a isto takva su, u skoro svim slučajevima, i oštećenja koja ona prouzrokuje. Međutim, što radijacija poremeti neke molekule u živoj ćeliji, može doći do promena u njenom biohemijskom ponašanju. Postepeno, umesto da igra svoju uobičajenu ulogu u metabolizmu, razgrađujući odgovarajuće supstance i gradeći druge, čitav sistem biva poremećen. Neke materije više ne mogu da se razgrade, već počinju da se nagomilavaju; neke druge se stvaraju greškom i na taj način dolazi do još većeg remećenja biohemijskog sistema.

Živi organizmi imaju posebne, ugrađene sisteme koji preuzimaju ulogu drugih sistema kad ovi otkažu; oni isto tako mogu da obavljaju velike popravke oštećenih podsistema. Pod izvesnim okolnostima, organizam sam preuzima brigu o radiobiološkom oštećenju iako o tome nema vidljivih dokaza. Ali u drugim okolnostima, početni poremećaj ubrzano dovodi do sve većih poremećaja. Na nesreću, još uvek ne znamo tačno na koji način ovo početno oštećenje izazvano radijacijom aktivira dalja oštećenja u živom tkivu. Jasno je da velika doza radijacije može potpuno da pobedi živi organizam, jer je primarno oštećenje toliko da on nije u stanju da se više oporavi. Ali, još podmuklija oštećenja mogu biti naneta jednom jedinom alfa- ili beta- česticom, gama-zrakom ili neutronom, mada u tom slučaju do njega može doći tek posle dugo vremena: nekoliko godina ili čak nekoliko decenija kasnije. Njegova konačna pojava može da bude potpuno neprepoznatljiva kao posledica radijacije, ne samo zbog vremenskog raspona već i zbog toga što patološki ishod može da bude rezultat veoma dugog niza kumulativnih bioloških delovanja izazvanih nasumičnim potresom jedne male, ali osetljive komponente. Razumljivo je, onda, da je naučno istraživanje u oblasti radiobiologije puno izazova, teškoća i podložno različitim tumačenjima prikupljenih podataka.

Organizacija sa najvećim ugledom na polju radiobiologije je Međunarodna komisija za radiološku zaštitu (ICRP), osnovana 1928. godine. Nju sačinjavaju vodeći radiobiolozi iz velikog broja različitih zemalja, a njeni odbori se redovno sastaju da bi razmotrili tekuća pitanja koja se odnose na radiobiološke pojave. Na osnovu tih razmatranja, ICRP predlaže standarde za sve oblasti u kojima može doći do posledica radijacije. Izveštaji i preporuke ove komisije čine osnovu za radiobiološke standarde u skoro svim zemljama koje se bave nuklearnim aktivnostima, mada se oni različito utvrđuju i primenjuju u raznim zemljama. Publikacija br. 26, ove komisije, sadrži sažeto izložene preporuke za standarde radijacije i objašnjenja o tome na čemu su ovi standardi zasnovani. Druge publikacije ICRP nude više detalja, podataka i analiza.

Dejstva radijacije se mogu opisati kao akutna i zakasnela, zavisno od toga da li se ona manifestuju u roku od nekoliko nedelja ili nekoliko godina od trenutka izlaganja radijaciji. Dejstva se, pored toga, mogu razvrstati na „somatska" i „genetska". Dejstva „somatske" radijacije očituju se u samom organizmu — npr. ljudskom telu — koji joj je bio izložen. „Genetsko" dejstvo se manifestuje kod neposrednog potomstva ili na budućim pokolenjima. Akutna dejstva se mogu lako prepoznati kao radijacione povrede; zakasnela somatska dejstva je mnogo teže ustanoviti, dok se genetska dejstva skoro uopšte ne mogu utvrditi.

Akutna radijaciona povreda — stotine rada u kratkom vremenskom periodu — prouzrokuje oštećenje tkiva koje sačinjava crvena krvna zrnca; veoma velike doze mogu takođe da oštete stomak i utrobu, a ekstremne doze centralni nervni sistem. Ali, manje doze obično uključuju dugačak niz bioloških posledica. Do leukemije može doći pet ili više godina posle izlaganja radijaciji, dok se druge vrste raka mogu pojaviti čak i posle dvadeset godina od izlaganja. Može doći do katarakte na oku i do ozleda kože. Plodnost može biti oslabljena. Skoro je potpuno neprepoznatljivo „neobjašnjivo starenje" ili „radijaciono skraćivanje života", čije je poreklo veoma nejasno. Sve to su somatska dejstva.

Čak i jedan jedini gama-zrak može da ošteti reproduktivnu ćeliju, gen ili hromozom. Ukoliko takva oštećena ćelija zatim učestvuje u formiranju potomstva, posledice ovog oštećenja javljaju se u neposrednom potomstvu — ili, moguće, samo u kasnijim generacijama. Ukoliko je ovo oštećenje dovoljno ozbiljno, potomci možda neće preživeti; ukoliko oni prežive i nastave vrstu, tzv. „mutacija" može polako postati široko obeležje čitavog potomstva.

Mi smo neprestano izloženi jonizujućoj radijaciji iz prirodnih izvora: kosmički zraci, uranijum i torijum u zemlji i izvesni radioaktivni izotopi iz materija u našim telima, posebno kalijuma-40. Ova „pozadinska" radijacija znatno varira od mesta do mesta na zemlji i u zavisnosti od nadmorske visine. Ona obično iznosi 100 milirema (0,1 rem) godišnje. S obzirom na to da je prirodna radijacija neizbežna, radiobiolozi smatraju da smo navikli da s njom biološki živimo. Ovo, ipak, ne znači da je ona bezopasna, nego samo da nam ona omogućava da postojimo bez vidljivih negativnih posledica. U skladu s tim, pozadinska radijacija se uzima kao osnova za uspostavljanje standarda koji se odnose na radijaciju — proizvod čoveka. Osnovne reprodukcije ICRP određuju „maksimalne dozvoljene doze", za one koji su izloženi radijaciji na radnom mestu, i „granične doze", za stanovništvo uopšte. S obzirom na to da su ljudi koji su izloženi radijaciji na radnom mestu svesni mogućih opasnosti i da se očekuje da se oni redovno pregledaju, standardi ICRP im dozvoljavaju veće doze izloženosti — granične doze za stanovništvo su deset puta manje. Maksimalno dozvoljena doza za radnike izložene radijaciji je 50 mSv (5 rema) godišnje, a granična doza za stanovništvo je 5 mSv (0,5 rema) godišnje. Granice izloženosti radijaciji za pojedine delove tela određene su „težinskim faktorima" čiji je ukupan zbir 1; zbir „težinske" doze ne sme da premašuje 50 mSv. Težinski faktori su: polne žlezde 0,25, grudi 0,15, pluća i koštana srž po 0,12, štitna žlezda i površina kostiju po 0,03, ostali delovi tela 0,30.

U Velikoj Britaniji, kad se dozvoli otpuštanje radioaktivnosti u okolinu, tačno se određuje kuda će ona da ode. Različiti radioizotopi kreću se različitim putem.

Kad se radioaktivnost otpusti u vodotok, jedan njen deo se taloži u njegovom koritu, jedan deo biva izbačen na obalu, jedan deo uzmu biljke i životinje itd. Radioizotop koji je rastvoren pri otpuštanju može da se koncentriše u organizmima koji ga apsorbuju. Sve ove mogućnosti se moraju predvideti i proceniti. Kad je u pitanju planirano otpuštanje, ustanovljava se tzv. „kritična grupa", tj. grupa ljudi čije će izlaganje radijaciji biti najveće. Ako izlaganje kritične grupe mora da se održi ispod granične doze ICRP, to podrazumeva ograničavanje količine otpuštene radioaktivnosti. Maksimalna dozvoljena brzina otpuštanja radioaktivnosti se onda usklađuje, a redovna kontrola obezbeđuje da otpuštanje bude u granicama propisa ICRP.

U SAD postoji jedan drugi pristup stvarima. Standardi su uspostavljeni na saveznom nivou. Za svaki pojedini radioizotop utvrđena je maksimalna dozvoljena koncentracija, kako u vazduhu, tako i u vodi. Nijedno otpuštanje iz nuklearnog postrojenja ne sme da pređe ovu koncentraciju u njegovoj neposrednoj blizini. Očigledno, za neka postrojenja je lakše da se drže ovih propisa; neka nuklearna postrojenja otpuštaju radioaktivnost čija je koncentracija samo nešto malo ispod dozvoljene, dok druga otpuštaju radioaktivnost čija je koncentracija znatno ispod dozvoljene.

Danas, medicinske primene radijacije predstavljaju najveći deo izlaganja stanovništva veštačkoj radijaciji. Rendgenska snimanja i različiti oblici radioterapije — posebno radijaciono lečenje raka — situacije su u kojima se konkretna korist za obolelog vaga sa statističkom, promenljivom, mada malom mogućnošću radioaktivne ozlede. Ali, teže je utvrditi odnos rizik—korist kad su u pitanju drugi oblici veštačke radijacije. Radioaktivne padavine do kojih dolazi nakon nuklearnih proba, predstavljaju merljivi dodatak današnje izloženosti stanovništva radijaciji, a „korist" od njih je dobro poznata. Ovo nas dovodi do jednog suštinskog pitanja. A šta ako čak i daleko slabija radijacija, nastala prilikom otpuštanja iz civilnih nuklearnih postrojenja, ima pogubno dejstvo? Da li su postojeći standardi takvi da mogu da zaštite naše zdravlje? Da li oni štite zdravlje radnika u nuklearnim postrojenjima? I kako se donose sve te odluke i standardi?

U suštini, ICRP je organizacija koja je sama sebe osnovala i sama sebe održava. Njeni članovi su većinom oni naučnici koji su stekli iskustvo u radu u okviru nuklearnih programa različitih zemalja i za koje se mora pretpostaviti da su pristalice ovih programa. U SAD Državna akademija nauka, naučna ustanova od najvećeg ugleda, već deset godina ima odbor za Biološka dejstva jonizujuće radijacije (BEIR). Moglo bi se očekivati da ovaj odbor ima poslednju reč kad je u pitanju jonizujuća radijacija. Međutim, njegov treći izveštaj (BEIR III) bio je povučen neposredno posle objavljivanja 1980. i kasnije ponovo objavljen u izmenjenom obliku, sa zaključcima koji su bili tako podešeni da budu prihvatljiviji za američku nuklearnu industriju. Profesor Edvard Radford, predsednik Odbora, nakon toga je napisao poraznu kritiku, koja se odnosila kako na izmenjeni izveštaj, tako i na način na koji je to urađeno.

Polemika se usredsredila na procenu opasnosti od raka kao posledice izlaganja radijaciji. Stvarni podaci o raku izazvanom radijacijom, kojima se raspolaže, retki su; najveći broj ovih podataka dolazi od žrtava iz Hirošime i Nagasakija. Radford i neki od njegovih kolega smatrali su da podaci treba da uključuju i sve zabeležene slučajeve tumora kod stanovnika Hirošime i Nagasakija, ali je revidiran izveštaj BEIR III obuhvatao samo one slučajeve raka koji su se završili smrću i tako bili registrovani. Drugo glavno sporno pitanje bio je karakter pretpostavljene veze između izlaganja radijaciji i verovatnoće da se oboli od raka. Prvobitni izveštaj od 1972. je zastupao stanovište da svako izlaganje, ma koliko bilo malo, uključuje izvestan rizik i da se on povećava u direktnoj srazmeri sa dužinom izlaganja radijaciji: tzv. „linearni" model. Ali, posle mnogo osporavanja, izmenjeni dokument BEIR III prihvatio je „linearno-kvadratni" odnos, koji je tvrdio da je rizik kratkog izlaganja manji nego direktno srazmeran riziku kod dužeg izlaganja. S obzirom na to da većina ljudi biva izložena samo manjim dozama radijacije, ovaj pristup — prema Radfordu i mnogim drugim stručnjacima — može dovesti do ozbiljnog potcenjivanja opasnosti niske radijacije.

Stvari su se dalje komplikovale nedostatkom razumevanja mehanizma kojim radijacija dovodi do raka i zakasnelim saznanjem da su podaci o posledicama Hirošime i Nagasakija bili pogrešno protumačeni. Studije o rasprostranjenosti raka kod radnika u nuklearnom kompleksu u Hanfordu, u državi Vašington, i u pristaništu ratne mornarice u kome su se opremale nuklearne podmornice, dovele su do daljih nesuglasica i do optužbi da su ove studije izgubile zvaničnu podršku kad su počele da vode ka nekim neugodnim zaključcima o zdravstvenom riziku zaposlenih radnika. Jasno je da pitanje dejstava jonizujuće radijacije nije samo naučne nego i političke prirode i da je, prema tome, izuzetno osetljivo.

Šire gledano, kriterijumi za veštačku radijaciju moraju anticipirati i količine radioaktivnosti koje uključuje nuklearni razvojni program. Studije o količinama radioaktivnosti koja se već otpušta nagoveštavaju da važeći kriterijumi mogu biti lako ugroženi pre kraja ovog veka. Ono što je sada najpotrebnije, to su precizniji podaci, pažljivije sakupljanje informacija o izlaganju radijaciji i istorijama slučajeva različitih vrsta. Stručnjaci za radijaciju neprestano upozoravaju da nije dovoljno nekritički prenositi saznanja stečena u eksperimentima sa životinjama na predviđanja mogućih dejstava na ljudska bića. Ali, s obzirom na to da bi veoma mali broj nas odobravao eksperimentisanje sa ljudima, osnovni zadatak radijacione medicine treba da bude sakupljanje detaljnih podataka o dejstvima radijacije. Uzmimo sledeći konkretan primer: SAD su 1968. osnovale tzv. ,,Transuranijumski registar" da bi vodile evidenciju o zaposlenima koji su došli u kontakt sa plutonijumom ili drugim aktinidima u toku svoje službe i pratile njihovo zdravstveno stanje. U Velikoj Britaniji je takva evidencija ustanovljena tek 1975. Dok se ne prikupe sadržajniji podaci, radiobiologija će ostati poprište žestokih i neugodnih polemika.

DODATAK C

BIBLIOGRAFIJA: NUKLEARNA BIBLIOTEKA

Za one koji žele da nauče nešto više o nuklearnim reaktorima i njihovom svetu, sledeći izvori će biti od višestruke koristi. Mnogi od njih uputiće vas na neke druge: nuklearna biblioteka se neverovatno proširila tokom poslednje decenije. Vidi: Dodatak D za adrese pomenutih organizacija.

Međunarodna agencija za atomsku energiju (IAEA) objavljuje širok spektar radova. Kad su u pitanju strogo tehnički podaci, *Izveštaji* sa četiri ženevske konferencije o mirnodopskim upotrebama atomske energije i Bečke konferencije o nuklearnoj energiji i gorivnom ciklusu su od neprocenjivog značaja. Zbornik IAEA je višetomna kompilacija podataka o reaktorima u svetu; *Energetski reaktori u zemljama članicama* je zgodan priručnik. IAEA objavljuje i izveštaje sa mnogih specijalizovanih konferencija koje ona organizuje, kao besplatni korisni tromesečni *Bilten*. Publikacije IAEA mogu se nabaviti od odeljenja za publikacije.

Agencija za nuklearnu energiju OECD objavljuje konferencijske zapisnike i izveštaje i godišnji *Izveštaj o aktivnostima*. Naučni komitet za dejstva atomske radijacije UN objavljuje značajan pregled *Jonizujuća radijacija;* a Međunarodna komisija za radiološku zaštitu (ICRP), čija *Publikacija 26* udara temelje za ograničenja radioaktivnosti i radijacije u većini zemalja, takođe, objavljuje detaljne, standardizovane međunarodne reference iz oblasti radiobiologije. Institut za uranijum izdaje zapisnike sa svojih međunarodnih simpozijuma, koji obuhvataju daleko više od uskog problema ponude i potražnje uranijuma.

Komisija za atomsku energiju SAD (AEC) je tokom dvadeset i osam godina svog postojanja objavila ogromnu količinu materijala, od nerazumljivog do trivijalnog, koji je uključivao i veliki broj suštinskih informacija. Njeni naslednici, Nuklearna regulatorna komisija (NRC) i američko Ministarstvo energije (jedno kratko vreme Savezna agencija za energetska istraživanja i razvoj — ERDA), preuzeli su njenu ulogu. Američki DOE i NRC objavljuju nedeljni zbornik novosti, uputstava, *Novine o energetskom reaktoru*, dvomesečni časopis *Nuklearna bezbednost*, izveštaje o važnim događajima, izjave o dejstvu na okolinu — ovaj spisak bi mogao da ispuni čitave strane. NRC ima svoju Javnu arhivu, u 1717 H Street, N.M., Washington DC, u kojoj svi njeni javni dokumenti stoje svima na uvidu; oni se, takođe, mogu i fotokopirati. Interesenti mogu često da dobiju besplatan primerak novih izdanja DOE i NRC. Svi ovi dokumenti mogu se kupiti od Savezne službe za tehničke informacije pri Ministarstvu trgovine SAD, 5285 Port Royal Road, Springfield, Va 22151. Nadleštvo za atomsku energiju Ujedinjenog Kraljevstva objavljuje, pored niza drugih izdanja, mesečni bilten *Atom* — besplatan i izvrstan. Atomic Energy of Canada Limited (AECL) izdaje *Uspon*, tromesečni časopis u boji. Ostale nacionalne nuklearne vlasti, takođe, predstavljaju moguće izvore informacija.

Drugi zvanični izvori uključuju različite rasprave u američkom Kongresu, koje je teško nabrojati, a u Britaniji rasprave u Komitetu za nauku i tehnologiju britanskog Parlamenta i u Komitetu za energiju — njegovom nasledniku. Osnovni radni materijal za američki Kongres — koji je isto tako teško nabrojati — podjednako je vredan pažnje; on se može nabaviti od Upravnika za dokumentaciju, Vladina štamparija SAD, Washington DC 20402. Pitajte da li je nešto već objavljeno na temu koja vas zanima. Kongresna biblioteka u Vašingtonu je, naravno, još jedan neprocenjivi izvor informacija; Kongresna služba za istraživanja pri ovoj biblioteci nudi temeljne, najnovije informacije o mnogim nuklearnim problemima.

Industrijska i trgovačka udruženja koja se bave nuklearnim pitanjima, kao što su Atomic Industrial Forum u SAD, i British Nuclear Forum, nude obilje informacija, dokumenata i časopisa. Na višem akademskom nivou su organizacije poput American Nuclear Society, British Nuclear Energy Society i Canadian Nuclear Association, koje objavljuju konferencijske zapisnike i vredne izveštaje.

Postoji veliki broj knjiga o nuklearnim problemima, od ezoteričnih do onih koje sadrže veoma neugodne podatke. Neke od poznatijih — mada ni u kom slučaju sve — pomenute su u daljem tekstu. Najopštije uzevši, one su grupisane tematski, mada je ova kategorizacija samo proizvoljna i delimična. Posle nekih knjiga koje daju samo opšti pregled nuklearne scene, dolaze one koje se uglavnom bave nuklearnom tehnologijom: bezbednost, niska radioaktivnost i radijacija, nuklearna ekonomika, energetska strategija, širenje nuklearnog oružja.

Najiscrpniji zbornik osnova nuklearne fizike i inženjeringa je bez sumnje *Bukvar atomske energije* autora Semjuela Glastona (izdanje: Van Nostrand Reinhold, treće izdanje 1968): jednotomna enciklopedija, sa jasnim tehničkim podacima. Međutim, nedostaje mu većina najneugodnijih aspekata čitave priče. Mnogo više tehničkih podataka sadrži *Inženjering nuklearnog reaktora* (Van Nostrand Reinhold, treće izdanje 1981) Semjuela Glastona i Aleksandra Sesonske, standardno delo na ovu temu, prepuno dragocenih informacija i podataka, ali veoma specijalizovan udžbenik. *Elementi nuklearne energije* D. J. Beneta (Longman, drugo izdanje 1981) odličan je engleski udžbenik.

Službena istorija nuklearnog razvoja u SAD započela je sa knjigom *Opšti pregled razvoja metoda korišćenja atomske energije u vojne svrhe pod pokroviteljstvom vlade SAD 1940—1945*, profesora H. D. Smajda, objavljenom avgusta 1945. na zahtev generala Leslija Grouvza, direktora projekta Menhetn. Iz očiglednih razloga, ovaj dokument poznat je pod imenom Smajdov izveštaj. Njegova kasnija izdanja objavio je Princeton University Press. Ovaj izveštaj predstavlja fascinantnu priču o atomskoj fizici i — u izvesnoj meri — politici prvog nuklearnog programa, posebno interesantan u svetlosti kasnijih događaja. Službene istorije AEC i njenih prethodnika su *Novi svet 1939—1946*. R. G. Hjuleta i O.E. Andersona (Pennsylvania State University Press, 1962) i *Atomski štit, 1947—1952*. R. G, Hjuleta i F. Dankana (Pennsylvania State University Press, 1969). Različite službene istorije SAD često zanemaruju sporna mesta i daju strogo „zvanične" verzije događaja. To nije slučaj sa britanskim službenim istorijama autora Margaret Gauing. *Britanija i atomska energija 1939—1945* (Macmillan, 1964) opisuje početne dane; zatim dolazi *Nezavisnost i zastrašivanje (Macmillan, 1974)* koja govori o britanskom nuklearnom razvoju od 1945. do 1952. Ovo je po svim merilima izuzetna knjiga, sa izobiljem podataka, pa ipak čitljiva, čak i neodoljiva. Tom I odnosi se na *Kreiranje politike*, a Tom II na *Sprovođenje politike*. Oba opisuju kako je Britanija potajno došla do nuklearnog oružja i kako su naučnici i inženjeri stvarali ogromnu industriju bez skoro ikakvog vođstva ili usmeravanja od strane političara. Uprkos obimu i ceni, ovu knjigu treba da pročita svako ko želi da sazna na koji način se razvijala nuklearna energija.

Jedan od prvih — i još uvek jedan od najboljih — opštih istorijskih prikaza detinjstva nuklearne energije je *Svetlije od hiljade sunaca* Roberta Jangka (Penguin, 1970). Podnaslov ove knjige je *Lična istorija atomskih naučnika*. U pitanju je živopisna priča o ljudima koji su napravili atomsku i hidrogensku bombu, posebno o Robert Openhajmeru i Edvardu Teleru. Klasično delo Ralfa Lapa *Putovanje Srećnog Zmaja* (Penguin, 1958) prenosi priču o nesrećnim japanskim ribarima, žrtvama padavina do kojih je došlo nakon eksperimenta sa hidrogenskom bombom Kasl bravo. To je verovatno bila prva značajna knjiga koja se suprotstavila politici AEC.

Francuski kvazislužbeni prikaz rane istorije nudi Bertrand Goldšmit, nuklearni pionir i dugogodišnji direktor francuskog CEA, u *Atomskoj avanturi* (Pergamon/ Macmillan, 1964). Goldšmitov poseban ugao gledanja na stvari očituje se i u knjizi *Atomski kompleks: svetska po-*

litička istorija nuklearne energije (American Nuclear Society, 1982).

Nuklearna energija: njen razvoj u Ujedinjenom Kraljevstvu, R. F. Pokoka (Unwin/Institution of Nuclear Engineers, 1977), čitljiv je i inteligentan pregled. Nuklearne odluke Rodžera Vilijemsa (Croom Helm, 1980) učtiva je ali beskompromisna kritika britanskog nuklearnog haosa; Nuklearna energija i energetska kriza: politika i atomska industrija Dankana Berna (Macmillan, 1978) žestoka je polemika na istu temu — sadrži dobre detalje o fijasku usavršenih gasom hlađenih reaktora, a lakoverna u odnosu na tobožnje prednosti reaktora sa vodom pod pritiskom.

Velika američka paklena mašina Rodžera Rapoporta (Dutton, 1971) briljantna je obdukcija najneprijatnijih unutrašnjih organa AEC i njenih nuklearnih aktivnosti. Atomski establišment H. P. Mecgera (Simon & Schuster, 1972) nemilosrdna je istorijska kritika delatnosti AEC i njenog prisnog odnosa sa Zajedničkim Kongresnim komitetom za atomsku energiju, njenom psu čuvaru. Pobuna protiv nuklearne energije: građanstvo protiv atomskog establišmenta Ričarda Luisa (Viking, 1972) priča je čoveka upućenog u mnoge sukobe između američke civilne nuklearne industrije i njenih protivnika. Njen autor, kao urednik Biltena atomskih naučnika, imao je jedinstvenu priliku da posmatra pomenute sukobe i da ih čak pospešuje. Grupe građana i nuklearna kontroverza Stivena Ebina i Rafela Kaspera (MIT Press, 1974) analizira na koji način je američka javnost učestvovala — ili nije učestvovala — u procedurama oko izdavanja dozvola za rad nuklearki, posebno se usredsređujući na tri rasprave uključujući i onu o sistemima za vanredno hlađenje jezgra.

Najbolja kritična istorija objavljena u poslednje vreme je knjiga Nuklearni baroni Pitera Pringla i Džemsa Spigelmana (Michael Joseph, 1982). Kao što to govori sam naslov, autori su zabrinuti zbog moći i uticaja svetske nuklearne elite. Njihova priča je dinamična i neposredna sa obiljem komentara i referenci. Veoma je preporučljiva i Politika uranijuma Normana Mosa (Andre Deutsch, 1981). Mos je američki novinar sa službom u Britaniji, koji se već dugo vremena bavi nuklearnim pitanjima. U ovoj knjizi on razmatra ovu temu na perceptivan, jedinstven i skeptičan način.

Dva komplementarna i autoritativna pogleda na nuklearnu scenu donosi šesti izveštaj Kraljevske komisije za zagađivanje okoline, pod naslovom *Nuklearna energija i okolina* — poznat kao Flauerzov izveštaj; i poznati Foksov izveštaj. Ova dva izveštaja pojavila su se u razmaku od samo mesec dana u jesen 1976; oba nude iscrpan i nepristrasan pregled razvoja civilne nuklearne energije u njegovim najspornijim aspektima. Ovi izveštaji se međusobno dopunjuju jer Flauerzov izveštaj govori o problemima nastalim proizvodnjom i mogućom upotrebom plutonijuma, dok se Foksov odnosi na slične probleme oko uranijuma. Oni treba da stoje jedan pored drugog u svakoj ozbiljnijoj nuklearnoj biblioteci.

Nuklearna energija za početnike Stivena Kroala i Kajandersa Semplera (Writers and Readers/Beginners Books, 1978) nema tako dobar pedigre; izgled ove knjige koja podseća na strip umnogome umanjuje njenu vrednost. Međutim, ona je puna života, tehnički precizna i duhovita — mada pomalo vulgarna, predstavlja direktan napad na nuklearne aktivnosti; vrlo zabavna, mada sa očiglednom ozbiljnom potkom.

Nesumnjivo najautoritativniji rad o problemima reaktora je *Tehnologija bezbednosti nuklearnog reaktora* (MIT Press, 1965 i 1973), koju su priredili Teos Tompson i J. G. Bekerli iz AEC. On se sastoji od Toma 1 *Reaktorska fizika i kontrola* i Toma 2 *Nuklearni materijali i inžinjering.* Mada užasno skupe, ove knjige predstavljaju najiscrpniji postojeći zbornik, sa obiljem istorijskih podataka koji su i tehnički detaljni i neobično precizni. Tompson i Bekerli nisu štedeli udarce; kad bi neki loš projekt, kratkovidost, brzopletost ili nebriga doveli do problema, oni su bili beskompromisni. Prva popularna knjiga o problemima reaktora bila je verovatno *Bezbrižni atom* (Delta, 1970) Šeldona Novika. Ona i dalje predstavlja jednu od najboljih — čitljiva, odrešita i sistematična.

Sredinom 70-ih godina pitanja o nuklearnoj bezbednosti postala su folklorna; u toj meri da je časopis *Reader's Digest* naručio jednu knjigu o ovom problemu: *Zamalo da izgubimo Detroit* autora Džona G. Fulera. Kao temu svoje knjige Fuler je izabrao tužnu istoriju nuklearke Enriko Fermi-I, ali ju je dopunio dodatnim materijalom iz celog sveta: lak, čitljiv, popularni turistički vodič kroz pozadinu nuklearnih događaja, koji su duboko potresali nuklearnu industriju.

Piter Bekman je, pak, najedio nuklearne kritičare svojom hvalisavom, komedijaškom raspravom pod naslovom *Opasnosti po zdravlje ukoliko ne prihvatimo nuklearke* (Golem Press, 1976). Kad za nju nije mogao da nađe izdavača, objavio ju je sam — i prodao hiljade i hiljade primeraka, naročito predstavnicima nuklearne industrije, koji su je dalje naš'roko distribuirali kao kontru sve većim ekscesima „antinuklearne" literature.

Slučaj na ostrvu Tri milje propratila je bujica dokumenta. Zvanični komentari uključivali su izveštaj Predsednikove komisije (Kemenijev izveštaj), izveštaj o specijalnoj istrazi NRC (Rogovinov izveštaj) i izveštaj Senata SAD. Od njih je verovatno najbolji prvi tom Rogovinovog izveštaja, koji opisuje ovaj događaj iz minuta u minut, i to bi bila urnebesna crna komedija da nije bila stvarna i zastrašujuća. Nezvanične knjige o ostrvu Tri milje uključuju *Ostrvo Tri milje: Prolog ili epilog* (Ballinger, 1980) Danijela Martina, *Ostrvo Tri milje: šta se zapravo dogadalo iz sata u sat* (Random House, 1980) Marka Stivensa i *Ostrvo Tri milje: trideset minuta do topljenja* (Penguin, 1981) Danijela Forda. Ovde bih se opredelio za poslednju knjigu, koja postavlja ovaj događaj u kontekst nuklearne bezbednosti u SAD uopšte; Ford, nekadašnji direktor Saveza zainteresovanih naučnika, sada je, već čitavu deceniju, jedan od vodećih kritičara.

Dok je svet bio preokupiran događajima u Pensilvaniji, Žores Medvedev, istaknuti ruski genetičar koji živi u izbeglištvu u Londonu, objavio je knjigu *Nuklearna katastrofa na Uralu* (W. W. Norton, 1979). To je upečatljiva, naučna, detektivska priča, koja sklapa mozaik od dokaznog materijala da je došlo do katastrofalnog otpuštanja radioaktivnosti u Sovjetskom Savezu 1957, ili početkom 1958. godine, najverovatnije u tajnom nuklearnom kompleksu kod Čeljabinska na Uralu. Medvedevljeva priča naišla je na ogorčenu kritiku zapadnog nuklearnog establišmenta, ali će nepristrasni čitalac uvideti da su njegovi argumenti nepobitni. Pre ili kasnije, znaćemo punu istinu, a napori Medvedeva će prokrčiti put do nje.

Ser Alan Kotrel, bivši glavni naučni savetnik britanske vlade, ne voli da ga nazivaju protivnikom nuklearne energije. U knjizi *Koliko je bezbedna nuklearna energija?* (Heinemann, 1981), on jasno pokazuje svoj entuzijazam za nuklearnu energiju kao i svoju netrpeljivost prema onima koji to nisu. Međutim, imajući u vidu da je on stručnjak za metalurgiju od međunarodnog ugleda, njegove nedoumice o bezbednosti komora pod pritiskom u RVP, predstavljaju nuklearni kriticizam prvog reda.

Dejstva niske radijacije se razmatraju u izveštajima ICRP i BEIR i u izdanjima Nacionalnog odbora za radiološku zaštitu Ujedinjenog Kraljevstva. *Biološka dejstva radijacije* (Wykeham, 1973) J. G. Kogla je odlična čitanka. *Nuklearna energija, čovek i okolina* (Taylor & Francis, 1980) R. J. Pentrita je novija knjiga koja razmatra aktuelna pitanja, bez ikakve utehe. Džon Gofman, nekadašnji naučnik u AEC, kasnije je postao jedan od najžešćih kritičara nuklearnih aktivnosti i objavio nekoliko knjiga, među kojima je i *Radijacija i ljudski život*, *vade mecum* od 900 strana. Ernest Sternglas, zauzima još radikalniji stav u knjizi *Potajna padavina: niska radijacija od Hirošime do ostrva Tri milje* (McGraw-Hill, 1981); njegova analiza je izuzetno alarmantna, ali je osporavaju mnogi radiobiolozi koji i inače nisu naklonjeni nuklearnom establišmentu.

Od sredine 70-ih godina ekonomska pitanja počela su da prednjače u nuklearnoj polemici. *Laka voda: kako se raspršio nuklearni san* (Basic Books, 1978) Irvina Bapa i Žan-Klod Derijana je nepristrasna priča o tome kako su SAD osnovale svoju domaću nuklearnu industriju posadivši nuklearno seme u Evropi. Autori se izjašnjavaju kao zakleti pobornici nuklearne energije, ali su istovremeno i vrlo nesrećni zbog načina na koji se njom rukovodi. Čarls Komanov je objavio niz efektnih analiza o ekonomici nuklearnih postrojenja, od kojih je poslednja *Skok cena energetskog postrojenja: kapitalni troškovi nuklearnih i termoelektrana, upravljanje i ekonomika* (Komanoff Energy Associates, 1981). Njegove analize pokazuju da čak i kad su podvrgnute veoma strogim ograničenjima u pogledu zagađivanja prirodne sredine, termoelektrane su bile i ostaće ekonomičnije od nuklearnih. Nije potrebno ni naglašavati da njegove nalaze, koji su izvanredno dokumentovani i pažljivo izloženi, žestoko osporava nuklearna industrija.

Dejvid Lilijental je bio predsednik US AEC, ali je kasnije postao jedan od njenih najupornijih kritičara. *Atomska energija: novi početak* (Harper & Row, 1980) njegova je poslednja knjiga, lucidan i svesrdan poziv nuklearnoj industriji da dovede svoju kuću u red. Kad je nuklearna industrija izgubila Lilijentala, istovremeno je izgubila i državnika koji joj je bio neophodno potreban.

Nemoguće je navesti čak i delić materijala o „energetskoj strategiji" koji se pojavio tokom poslednje decenije. Zvanični i poluzvanični izveštaji na engleskom uključuju *Svetska energija: pogled u 2020*, izveštaj sa Svetske konferencije o energetici (IPC, 1978); *Energija u prelaznom periodu: 1985—2010*, izveštaj Nacionalnog istraživačkog savetodavnog odbora za nuklearne i alternativne energetske sisteme (CONAES) (W. H. Freeman, 1979); i *Energija u ograničenom svetu* (Pergamon, 1981), izveštaj Međunarodnog instituta za primenjenu sistemsku analizu. Svi ovi kao i mnogi drugi međunarodni i vladini izveštaji predviđaju značajnu — a neki čak i ključnu ulogu — nuklearnom elektricitetu u budućnosti. Švedski sekretarijat za futurološka istraživanja je objavio studije *Energija u prelaznom periodu* i *Solarno protiv nuklearnog* (Pergamon, 1981), osmišljene i izuzetno značajne analize o uticaju izbora energije na ljudsko društvo: veoma preporučljive, kao što je i *Izbor energije u demokratskom društvu* (US National Academy of

Sciences, 1980), koja je izostavljena iz finalne verzije izveštaja CONAES. Pravi izazov zvaničnom stavu bila je knjiga *Svetske energetske strategije* (Ballinger, 1975) Amorija Lavinsa, posle koje je usledila njegova naredna knjiga *Tragovima bezopasne energije* (Penguin, 1977): snažno, zgusnuto i ozbiljno štivo, ali i ključno delo jednog pristupa energetici. Njeni uticaji mogu se osetiti u studiji *Budućnost energetike*, koju su priredili Robert Stobou i Danijel Jergin (Random House, 1979), izveštaju Energetskog projekta, pri Harvardovom univerzitetu. Slične studije u drugim industrijskim zemljama predskazuju sličnu ograničenu buduću ulogu nuklearne energije. Zvanične, gorepomenute studije takođe govore o značaju nuklearne energije za Treći svet; ali *Buduća energetska potrošnja u Trećem svetu* (Pergamon, 1981) Markusa Frica tvrdi suprotno. Ovaj autor je stupio u kontakt sa odgovornim organizacijama iz 156 zemalja da bi procenio njihove planove. Tako je ustanovio da se veoma mali broj njih opredelio za nuklearni razvoj: izuzetna studija, puna informacija i veoma čitljiva.

Od svog osnivanja 1966. Međunarodni institut za mirnodopska istraživanja u Štokholmu, je najautoritativniji međunarodni izvor informacija o nuklearnom oružju, koji se često bavi i problemom njegovog širenja. Njegov godišnjak *Svetsko naoružanje i razoružanje* (Taylor & Francis), nudi redovne, mada depresivne, informacije o najnovijoj situaciji. Njegove publikacije uključuju i nekoliko važnih studija, posebno *Nuklearna energija i širenje nuklearnog oružja (Taylor & Francis, 1979)*. Osnovni problem je konačno opisan u knjizi *Nuklearna krađa: rizici i mere bezbednosti* (Ballinger, 1974) Mejsona Vilriča i Teodora Tejlora, koja je klasična studija o ovom gorućem problemu. Džon Mek Fi je napisao članak o Tejloru za *New Yorker*. Tako je nastala knjiga *Energija koja obavezuje* (Dutton, 1974). *Nuklearna krađa* je prenesena u ljudske okvire, turobno uverljiva i bez ikakve utehe. Po Mek Fiu, sledeća nuklearna eksplozija koja će razoriti neki grad tek što se nije odigrala. *Poslednja šansa: širenje nuklearnog oružja i kontrola naoružanja* (Free Press, 1976) Vilijema Epstejna koju je napisao ovaj neobično iskusni i duboko predani kanadski diplomata, predstavlja istorijat ličnih napora da se ovaj problem konačno reši. Kongresna služba za istraživanje pri Kongresnoj biblioteci SAD pripremila je seriju studija o širenju nuklearnog oružja koje sadrže ključne podatke i ponovo donose značajne dokumente. *Nuklearno pitanje i izbor* (Ballinger, 1977), izveštaj koji je sačinila grupa najvećih američkih stručnjaka, izneo je argumente koji su poslužili Karterovoj administraciji da odloži komercijalnu upotrebu plutonijuma. Ovaj izveštaj, nazvan „Ford-MITRE" po svojim sponzorima, nudio je analizu koja je postala još prikladnija tokom godina koje su nastupale. *Afera Plumbat Elein* Dejvenport, Pola Edija i Pitera Gilmana (Andre Deutsch, 1978) prenosi neobičnu priču o jednom konkretnom slučaju izbegavanja međunarodnih mera bezbednosti, kada je Izrael pribavio 200 tona uranijumskog žutog kolača izigravši i IAEA i Euratom; ova epizoda je posle toga bila tokom čitave jedne decenije prikrivana dok nije bila konačno obelodanjena. *Energija i rat* Amorija i Hantera Lavinsa (Friends of the Earth, 1980) verovatno je najbeskompromisnija analiza ovog problema koja je do danas napravljena; njeni autori zaključuju da samo potpuna progresivna eliminacija civilnih nuklearnih aktivnosti može da minimizira sivu zonu iz koje potiču najopasnije pretnje o širenju nuklearnog naoružanja.

U jednoj oblasti koja se toliko brzo menja, kao što je to nuklearna energija, periodična izdanja takođe predstavljaju bitne izvore informacija. Mesečni *Bilten atomskih naučnika* (5801 S. Kenwood Avenue, Chicago, Ill. 60637) osnovan je 1945; tokom čitave četiri decenije on je bio središte doslednih, dalekovidih i osmišljenih diskusija o implikacijama nuklearne energije po svet. Nedeljni *Moderni naučnik* (Commonwealth House, 1—19 New Oxford Street, London WCLA 1NG) je osvežavajući i čitljiv časopis koji pokriva sve aspekte nauke i društva, sa redovnim prilozima o energetskoj tehnologiji i planiranju, uključujući i nuklearnu energiju. *Priroda* (4 Little Essex Street, London EC1) i *Nauka* (1515 Massachusetts Avenue, N. W., Washington DC 20005) — nedeljnici, uključuju, pored izvornih naučnih radova i napisa, redovne vesti iz oblasti nuklearnih istraživanja. Tromesečni časopis *Energetska politika* (PO Box 63, Westbury House, Bury Street, Guildford, Surrey GU2 5BH), mada skup, sadrži dragocene, sadržajne priloge vodećih svetskih autoriteta za energetiku uopšte — posebno za nuklearnu energetiku. Tu su i tri časopisa koje treba da upoznaju svi oni koji se interesuju za nuklearnu energiju. *Nedeljnik nukleonike* je međunarodni bilten koji objavljuje McGraw-Hill (1221 Avenue of the Americas, New York, N. Y. 10021), koji ne donosi nikakve oglase i često dovoljno rečit da izazove zabrinutost nuklearne industrije, ali je njegova pretplatna cena veća od $ 600 godišnje... zato ga potražite u vašoj biblioteci. *Nuklearne vesti*, koje objavljuje mesečno Američko društvo za nuklearnu energiju, detaljno pokriva celokupni domen nuklearne energije i — uzimajući u obzir njegovo poreklo — daje uravnoteženu procenu o pitanjima koje obrađuje. *Međunarodni nuklearni inženjering* je raskošni mesečnik, koji svaki svoj broj posvećuje određenom problemu iz oblasti različitih aspekata nuklearne tehnologije; jedan njegov broj godišnje daje iscrpan spisak međunarodnih kompanija koje nude nuklearni materijal i usluge, kao i jedan broj sa detaljnom evidencijom o svim svetskim reaktorima. On takođe objavljuje specijalne dodatke o nuklearnim postrojenjima i druge informacije.

Antinuklearci, takođe, imaju svoje časopise. Američki ogranak FOE izdaje svoj mesečnik — pregled važnih novosti i događaja u nuklearnom svetu. Naderova organizacija objavljuje mesečni tabloid *Kritična masa*. U Velikoj Britaniji, Škotska kampanja protiv atomske opasnosti (prim. prev.: skraćeno SCRAM, što u nuklearnom žargonu znači gašenje reaktora), objavljuje mesečnik *Bilten o energetici*. Svetska služba za informacije o energetici (WISE) objavljuje mesečni *Bilten* i kratke štampane informacije u mnogim zemljama koje pripadaju njenoj mreži.

DODATAK D

NUKLEARNE ORGANIZACIJE — ZA I PROTIV:

International Atomic Energy Agency, PO Box, A-1400 Vienna, Austrija.

OECD Nuclear Energy Agency, 38 Boulevard Suchet, F-75016, Paris, France.

United States Nuclear Regulatory Commission (Washington DC 20555) and US Department of Energy (Washington DC 20585) sada prestavljaju nekadašnju US Atomic Energy Commission.

United Kingdom Atomic Energy Authority, 11 Charles II Street, London SW1, UK.

Commisariat à l'Énergie Atomique, 31-33 Rue de la Fédération, F-75752, Paris, France.

Atomic Energy of Canada Ltd., 275 Slater Street, Ottawa K1A OS4, Ontario, Canada.

Uranium Institute, New Zealand House, Haymarket, London SW1, UK.

United Nations Scientific on the Effects of Atomic Radiation, United Nations, New York, USA.

International Commission on Radiological Protection, Clifton Avenue, Sutton, Surrey, UK.

National Radiological Protection Board, Harwell, Didcot, Oxfordshire OX11 ORQ, UK.

Atomic Industrial Forum, 7101 Wisconsin Avenue, Washington DC 20814, USA.

British Nuclear Forum, 1 St Albans Street, London SW1Y 4 SL, UK.

American Nuclear Society, 555 North Kensington Avenue, La Grange Park, III. 60525, USA.

British Nuclear Energy Society, 1—7 Great George Street, London SW1P 3AA, UK.

Canadian Nuclear Association, I11 Elizabeth Street, Toronto, Ontario M5G 1P7, Canada.

Stockholm International Peace Research Institute, Sveavaegen 166, S-11346 Stockholm, Sweden.

Pugwash, Great Russel Masions, Great Russel Street, London WC1, UK. Friends of the Earth Ltd., 377 City Road, London EC1V INA, UK.

Friends of the Earth Inc., 1045 Sansome Street, San Francisko, California 94111, USA.

Friends of the Earth International, c/o Friends of the Earth Ltd., 377 City Road EC1V 1NA, UK.

SCRAM, 30 Frederick Street, Edinburgh EH2 2JR, Scotland.

Greenpeace, Damrak 83, 1012 LN Amsterdam, The Netherlands.

World Information Service on Energy, Czaar Peterstraat, 1018 N. W. Amsterdam, The Netherlands.

Scientists' Institute for Public Information, 30 East 68th Street, New York, NY 10021, USA.

Natural Resorces Defence Council, 1350 New York Avenue, N. W. Suite 300, Washington DC 20005, USA.

Union of Concerned Scientists, 1384 Massachusetts Avenue, Cambridge, Mass. 02238, USA.

Critical Mass Energy Projekt, PO Box 1538, Washington DC 20013, USA.

Nuclear Information and Resorce Service, 1536 Sixteenth Street, NW, Washington DC 20036, USA.

POSLE ČERNOBILJA
Pogovor jugoslovenskom izdanju

Ovo, drugo izdanje knjige *Nuklearna moć* Voltera Patersona pripremljeno je 1982, dakle, znatno pre Černobiljske katastrofe, koja predstavlja dosad najveću nesreću u mirnodopskoj primeni nuklearne energije, nesreću koja će bez sumnje imati velikog uticaja na dalji razvoj ovog kontroverznog izvora energije. Prvi put u kratkoj istoriji nuklearne ere dogodilo se da su stotine miliona ljudi, stanovništvo celog jednog kontinenta, bili direktno suočeni, u svakodnevnom životu, sa posledicama primene nuklearne energije, i više niko nije spreman da tako važnu stvar prepusti samo političarima, stručnjacima, industriji. Svet pre i posle Černobilja nije isti.

Kad u ovoj knjizi čovek čita istoriju raznih nedaća sa nuklearnim reaktorima, čini mu se kao da nešto poput černobiljskog akcidenta stalno lebdi u vazduhu. No sve do tog događaja mogli smo, znajući Patersonovo opredeljenje, tu atmosferu potencijalne katastrofe da pripišemo piščevom veštom prikazivanju događaja. Sada je svakome jasno koliko je Paterson, i ne samo on, bio u pravu. U sledećem izdanju ove knjige on će svakako morati dobar njen deo da posveti Černobilju. Na mestu je stoga da se u ovom jugoslovenskom izdanju osvrnemo na ovaj izuzetno značajan događaj.

Černobiljski akcident dogodio se u noći između 25. i 26. aprila, kada je došlo do snažne hemijske eksplozije i do topljenja aktivnog jezgra reaktora. Eksplozija je raznela krov reaktorske hale i izbacila u atmosferu u neposrednu okolinu ogromne količine radioaktivnih materijala. Do danas još nije saopšten tačan uzrok i sled događaja u ovom akcidentu, sem da su u pitanju „ljudske greške". No, na osnovu analize eksperata i podataka iznetih od strane sovjetskih stručnjaka, procenjuje se da je došlo do prestanka rada rashladnog sistema u primarnom krugu, što je dovelo do naglog povećanja temperature gorivnih elemenata. Mada je sam nuklearni proces u jezgru reaktora brzo ugašen, verovatno automatskim dejstvom sigurnosnog sistema, i njegova nominalna električna snaga od 1000 megavata svedena na nulu, nastavljeno je, zbog prisustva radioaktivnosti, generisanje toplote i dalje zagrevanje jezgra i moderatora do temperature iznad 3000 °C, što je dovelo do topljenja jezgra. Pored toga, visoka temperatura izazvala je razlaganje vode, čemu je naročito pogodovalo prisustvo cirkonijuma u metalnoj košuljici u kojoj se nalazi uran. Tako se stvorio slobodni vodonik, čija smeša sa kiseonikom, tzv. praskavi gas, predstavlja veoma eksplozivnu supstancu. Dogodilo se ono najgore: stvorena je velika količina praskavog gasa, koja je eksplodirala i izbacila visoko u atmosferu radioaktivne proizvode fisije urana, i to u količinama kakve Zemlja nije videla od svog postanka, kada je sva bila visoko radioaktivna.

Da bismo stekli pojam o kojim količinama radioaktivnosti se radi, pomenimo da se u toku višemesečnog rada reaktora toplotne snage 3000 megavata, kakav je reaktor u Černobilju, fisijom urana proizvede onoliko radioaktivnih izotopa koliko bi se stvorilo u eksploziji oko 1000 većih nuklearnih bombi. Računa se da je u ovoj eksploziji, kao i u daljem isparavanju jezgra, koje je trajalo više nedelja, u atmosferu izbačeno između 20 i 25 odsto isparljivih radionuklida, kakvi su, npr., jod-131, cezijum-137 i drugi. To iznosi oko milijardu milijardi bekerela joda-131 i oko deset puta manje cezijuma-137, a u velikim količinama ispušten je i opasni stroncijum-90, kao i više drugih izotopa. Dok su volatilni izotopi izbačeni visoko u atmosferu, teži izotopi, uključujući plutonijum-239, razbacani su u opasnim koncentracijama u bližu okolinu, tako da je sve stanovništvo iz oblasti prečnika oko 60 km, odnosno površine oko 3000 km², dakle veličine Banata, moralo hitno da se evakuiše na neodređeno, ali svakako duže vreme. Srećom, u ovoj oblasti nije bilo mnogo većih naselja, te je svega oko 100.000 ljudi moralo da napusti svoja ognjišta. Ali, morali su da napuste praktično sve što su posedovali. U prvim intervencijama na reaktoru više stotina ljudi ozračeno je opasnim dozama, a u roku od nekoliko nedelja 20 ljudi je umrlo od posledica zračenja, i pored svih preduzetih mera kojima raspolaže savremena medicina, uključujući presađivanje koštane srži.

Atmosferska strujanja raznela su radioaktivne materijale po gotovo celoj Evropi. To je, možda, bila i sreća, jer je tako radioaktivnost po jedinici površine bila razblažena ispod opasnih doza, te u najvećem broju zemalja nije bilo ozbiljnih direktnih posledica. Međutim, u pogledu radiozagađenja Evropa nije više ono što je bila. Stepen radioaktivnosti okoline povećan je od nekoliko do preko sto procenata, u zavisnosti od lokacije. Ono što najviše zabrinjava je to što se nivo radioaktivnosti neće povratiti na pređašnju vrednost ni za 200 godina.

Kakve će sve dugoročne posledice po stanovništvo Evrope imati ovo zagađenje niko ne može da predvidi sa sigurnošću. Ekstrapolacija na osnovu poznatih efekata zračenja na ljude kaže, npr., da će se na svakih 10 miliona stanovnika javiti oko 500 dodatnih slučajeva leukemije godišnje. No eksperimenti sa ozračivanjem celokupnog stanovništva, malim ali konstantnim dozama zračenja, dosad nikada nisu izvođeni, te sve prognoze treba uzeti sa rezervom. Naročito su nepoznate genetske posledice, kojih će sigurno biti, a koje je najteže i primetiti.

Eksplozija reaktora u Černobilju nije predstavljala kulminaciju opasnosti. Ogromna količina grafitnog moderatora (oko 1700 tona) bila je zapaljena, reaktorsko jezgro se topilo i tonulo ka dnu reaktora, što je moglo da dovede do dva dalja katastrofalna događaja. Prvi je činila opasnost da dođe do ponovne kritičnosti jezgra i do nuklearne eksplozije, koja bi razbacala u okolinu sav reaktorski sadržaj. O eventualnim posledicama ovakvog razvoja događaja bolje je i ne razmišljati. Drugu opasnost predstavljala je mogućnost da istopljeno jezgro probije put kroz dno reaktora i nastavi kretanje duboko u zemlju. Ta opasnost, koja je po poznatom američkom filmu dobila naziv „kineski sindrom", zadala je mnogo glavobolje sovjetskim stručnjacima, jer ona nije bila samo teorijska pretpostavka — bila je u toku. Natčovečanskim naporima i uz veliko požrtvovanje naučnika, inženjera, radnika, vatrogasaca, vojske i drugih, tek posle nekoliko nedelja uspelo se u obuzdavanju ove stihije. Na reaktor su iz helikoptera bačene ogromne količine, stotine hiljada tona, zemlje, peska, betona i mnogo čega drugog, da bi se ugasila vatra i sprečilo neprekidno ispuštanje radioaktivnih materijala u atmosferu. Zatim je započeo jedan od najtežih tehničkih poduhvata koje je čovek ikad preduzeo. Trebalo je, naime, ispod reaktora, kome se zbog radioaktivnosti uopšte nije moglo prići, izgraditi betonsku podlogu koja bi sprečila propadanje radioaktivnog materijala u zemlju. Taj poduhvat je još u toku. Neophodno je da se ceo reaktor zatvori u svojevrsni hermetički zatvoren sarkofag od armiranog betona, koji se stotinama godina neće smeti remetiti. — Za divljenje je šta su sve sovjetski stručnjaci uspeli da urade! Verovatno samo mali broj zemalja u svetu raspolaže neophodnom tehnikom za takav poduhvat.

Materijalna šteta koju je ovaj akcident izazvao je ogromna. Prema sovjetskim izvorima, direktna šteta usled trajnog gubitka jedne nuklearne elektrane iznosi oko tri milijarde dolara, dok je indirektna šteta mnogo veća, i, u stvari, teško procenjiva. Ogromna sredstva i trud utrošeni su na gašenje reaktora i njegovo obezbeđenje od neželjenih posledica. Pored toga, izgubljen je praktično ceo grad sa sto hiljada stanovnika, sa svim svojim materijalnim vrednostima.

Možda je, ipak, šire gledano, najvažnija posledica černobiljskog akcidenta uticaj na svetsko javno mnjenje o nuklearnoj energiji. Uveravanja nuklearnih stručnjaka da je verovatnoća eksplozije reaktora poput one u Černobilju zanemarljivo mala, jedan prema milion, sada je demantovala stvarnost, i poverenje u nepogrešivost nuklearnih stručnjaka i pouzdanost moderne tehnologije zauvek je izgubljeno.

U prvo vreme, posle akcidenta, nuklearni stručnjaci na Zapadu objašnjavali su da je do akcidenta došlo zbog specifičnosti sovjetskog reaktora, kao što su upotreba grafitnog moderatora, nepodesna konstruktivna rešenja, slabije sigurnosne mere i drugi, tvrdeći da na njihovim reaktorima tako nešto ne bi moglo da se dogodi. Kasnije se krivica prebacivala na reaktorsku halu, koja, navodno, nije imala dovoljno jak, ili, pak, uopšte nikakav, zaštitni oklop, koji treba da obuzda eventualnu eksploziju i da tako spreči izbacivanje radioaktivnih materijala u okolinu. Najzad, tvrdilo se da su automatski sigurnosni sistemi na zapadnim reaktorima mnogo pouzdaniji od onih na sovjetskim reaktorima. Objektivnije rasprave, međutim, pokazale su da nijedna od ovih tvrdnji nije sasvim osnovana. Nedavno je časopis *Sajentifik Ameriken (Scientific American)* sumirao zaključke višemesečne debate vođene u SAD oko pitanja da li je „Černobilj" moguć u SAD. Grafitni moderator odmah je jednoglasno odbačen kao mogući krivac havarije, a što se tiče zaštitnog oklopa, kako se navodi u časopisu, „naknadne informacije koje su prikupili Centralna obaveštajna agencija (CIA) i američki eksperti koji su posetili Černobilj, kao i podaci iz tehničke literature, daju drugačiju informaciju. Zapadni eksperti se slažu da je, u stvari, snažna struktura jakog čelika i betona okruživala černobiljski reaktor". „Štaviše — kaže se u komentaru časopisa — izgleda da je ona projektovana tako da izdrži pritiske koji su uporedivi sa onima za koje su projektovani mnogi američki reaktori." Tomas Kohran, stariji naučnik u Savetu za odbranu nacionalnih resursa i Robert Polard, specijalista za sigurnost nuklearnih reaktora, izrazili su uverenje da „ima malo razloga da se veruje da su američki reaktori imuni na vodonično-kiseoničnu eksploziju". Kohran dalje smatra da zaštitni oklopi ne mogu da spreče topljenje jezgra. „Veliki energetski reaktori sasvim različitih dizajna mogu da dožive topljenje jezgra", izjavljuje on pred Potkomitetom za očuvanje energije Kongresa, i dodaje: „Najvažnija lekcija koja se može naučiti iz Černobilja jeste to da se topljenje jezgra može dogoditi bilo gde, u bilo koje vreme i na bilo kom velikom reaktoru u Americi ili izvan nje."

„Konsenzus među nuklearnim fizičarima i inženjerima" — komentariše se u časopisu — „sugeriše da SAD nemaju zaštitu suštinski superiorne tehnologije." Ipak, ima pronuklearnih stručnjaka, kao što je Brajen Šeron, zamenik direktora za nadzor i kontrolu sigurnosti u Nuklearnoj regulatornoj komisiji, koji smatraju da bi „i pored toga što možemo pretpostaviti akcidente koji bi razrušili zaštitni oklop, rezultujući rizik bio još uvek prihvatljivo nizak", i da „ne možemo živeti u društvu slobodnom od rizika".

Černobilj je, tako, svakoj zemlji nametnuo preispitivanje stava prema nuklearnoj energiji.

U Jugoslaviji je, međutim, i pre Černobilja bila započeta oštra javna polemika oko gradnje nuklearnih elektrana. Mada je Predsedništvo SFRJ još 1979. bilo dalo zeleno svetlo za uvođenje nuklearnih elektrana u planove energetskog razvoja naše zemlje, širu javnost veoma je uznemirilo iznenadno saopštenje JUGELA, oktobra 1985, da je raspisan međunarodni tender za gradnju serije nuklearnih elektrana u Jugoslaviji. Taj korak doneo je žestoke reakcije na svim stranama, kod ekologa, naučnika raznih struka, sindikata, boraca, književnika, prosvetnih radnika i, naročito, kod omladine, počevši od osnovaca. Od Rezolucije Informbiroa ne pamti se da je jugoslovenska javnost bila toliko uzburkana i u tolikoj meri jednodušna u jednom pitanju. Nuklearnim planovima upućene su kritike sa stanovišta rizika i sigurnosti, nerešenog pitanja pogodnih lokacija i načina smeštaja radioaktivnih otpadaka, deviznog zaduženja i političke zavisnosti zemlje od inostranstva, razjedinjenosti republičkih i pokrajinskih elektroprivreda, načina odlučivanja o tako važnom pitanju u zatvorenom krugu, i mnogih drugih. Posle mnogih peticija, zaključaka i protesta donetih na značajnim skupovima, Predsedništvo SFRJ je bilo primorano da izda saopštenje (12. jula 1986) u kome se kaže da se „odluke o izgradnji nuklearnih elektrana u zemlji ne mogu donositi sve dok se ne usvoji dugoročni program razvoja energetike u Jugoslaviji i ne postigne dogovor o zajedničkom planu razvoja elektroprivrede, vodeći pri tome računa, pre svega, o potpunom korišćenju sopstvenih prirodnih izvora (vode, uglja, solarne energije i drugog), kao i utvrđivanja celovitog programa štednje svih vrsta energije".

Na taj način dobijena je prva runda u obuzdavanju nepromišljenog uvlačenja Jugoslavije u vrzino nuklearno kolo, iz koga se decenijama ne bismo mogli iščupati. Predstoji, međutim, mnogo teži zadatak da se demonstrira mogućnost nesmetanog daljeg privrednog razvoja na bazi alternativne energetike. Potrebno je sada istražiti sve druge razne mogućnosti snabdevanja energijom u našoj zemlji u bližoj i daljoj budućnosti.

Iz dosadašnjih rasprava polako se naziru obrisi racionalne energetske strategije i glavnih potencijalnih resursa na koje se treba osloniti. Pre svega, naša ekonomska situacija, kao i najnovija svetska iskustva, nalažu nam da radikalno odstupimo od našeg dosadašnjeg ponašanja. Umesto da se i dalje ide na sve veću proizvodnju energije, sa visokom stopom rasta, kao da se na polju energetike ništa ne događa, ekonomski planeri morali bi da predskažu realan privredni razvoj sledećih decenija, odakle bi sledilo i realno planiranje energetike. Ključni potez tada leži u aktivnom odnosu prema potrošnji energije, koju bi trebalo držati u granicama planirane proizvodnje, a ne obrnuto. Navešću neke primere koji ilustruju šta bi ovo praktično značilo.

Poznato je da najveći problem za elektroprivredu predstavlja večernji vrh opterećenja, kome najviše doprinose osvetljenje i televizori. Svako naše domaćinstvo u proseku uveče uključuje sijalice snage oko 200 vati i televizor od oko 150 vati, ukupno oko 350 vati. Pomnoženo sa oko 5 miliona domaćinstava, to daje opterećenje od 1750 megavata, dakle, angažovanje snage koju bi dale tri nuklearke kakva je u Krškom, s tim što se mora imati određena rezerva snage. S druge strane, na Zapadu je razvijena nova tehnologija sijalica koje za isto osvetljenje zahtevaju 4—5 puta manju snagu. Takođe se prelazi na novu tehnologiju katodnih cevi koje rade na nekoliko puta manjoj snazi od sadašnjih. Ovakvih primera moguće uštede energije na bazi novih tehnologija ima bezbroj.

Svakome je odmah jasno da bi za nas mnogo lakše i sveukupno povoljnije bilo da pređemo na ove nove tehnologije, nego da gradimo nuklearke, čiji je tehnološki vek pri kraju. Ovakvom strategijom bi se jednim udarcem rešilo više naših nedaća. Pored toga što bi se u razvoju novih tehnologija, sa naglaskom na energetsku racionalnost, angažovala naša nauka svih grana, investicije ove vrste bi značile jednovremeno ulaganje i u energetiku i u proizvodnu industriju, što bi vodilo ka većem zapošljavanju, a smanjilo bi se i zagađivanje okoline, jer je poznato da proizvodnja energije predstavlja najveći ekološki problem.

Gotovo svako polje delatnosti krije ovakve rezerve i pruža neograničene mogućnosti racionalizacije. Tim putem bi mogao da se vrlo brzo, tako reći prekonoć, realizuje osetan doprinos energetici. U svetu postoji već znatno iskustvo na polju racionalizacije i štednje energije, i u mnogim zemljama osetile su se praktične posledice aktivnosti u tom pravcu. Pad potražnje nafte i sledstveno smanjenje njene cene na svetskom tržištu poslednjih godina upravo su rezultat postignuća na polju racionalne proizvodnje i, naročito, upotrebe energije.

Drugi značajan energetski resurs, naročito sa dugoročnog gledišta, treba tražiti u obnovljivim izvorima, suncu, vetru, hidroenergiji, biomasama, geotermalnoj energiji i drugim. Pored toga što su neiscrpni, ovi izvori su najčistiji, i, stoga, najprihvatljiviji sa ekološke tačke gledišta, a imaju i tu izvanrednu osobinu da su neotuđivi.

U svetu je tek u poslednjoj deceniji obraćena nešto veća pažnja obnovljivim izvorima, te se nalazimo na samom početku korišćenja ovog zanemarenog prirodnog blaga. Ipak, danas možemo realno da sagledamo njihov potencijal, kao i da uočimo glavne probleme koji nas čekaju na tom polju. U nekim primenama, naročito u iskorišćavanju energije sunca, vetra i biomasa, već su postignuti značajni praktični rezultati, od kojih neki zadovoljavaju sve tehničke i ekonomske kriterijume, te mogu da se odmah primenjuju. Takvi su, npr., konverzija sunčeve energije u toplotu za zagrevanje sanitarne vode, proizvodnja biogasa, zagrevanje zgrada sunčevom energijom, i drugi, a na pomolu je i jeftina solarna i eolska električna energija.

Zemlja koja uspe da veći deo svojih energetskih potreba zadovolji obnovljivim izvorima, neće morati da brine za svoju energetsku budućnost i neće zavisiti od drugih, niti će biti ekološki ugrožena. Stoga bi takav cilj trebalo da bude okosnica naše dugoročne strategije.

Iz svega proizlazi da se dilema za ili protiv nuklearnih elektrana svodi na sledeći izbor: ili ćemo nastaviti da se ponašamo površno, neracionalno i rasipnički, što kao posledicu ima ulazak u krajnje nepovoljnu i rizičnu nuklearnu opciju, ili ćemo najzad preći na racionalnu energetiku i obnovljive izvore, što je intelektualno teže, ali opravdanije u svakom pogledu.

Branko LALOVIĆ

LISTA ILUSTRACIJA

IMENSKI I PREDMETNI REGISTAR

Imena i pojmovi, kao što su SAD, Ujedinjeno Kraljevstvo, SSSR, Kanada, uranijum, plutanijum, UGR, VTGR, RVP, RKV, koji se često pominju u knjizi, nisu ovde iscrpnije navođeni. Oni su obuhvaćeni kroz druge specifične odrednice.

A

AEG-Telefunken — 212
Agencija za kontrolu oružja i razoružanje — 252
Ajnštajn, Albert — 129
Ajzenhauer, Dvajt — 127, 131, 148
Akvafluor — 170
Albreht, Ernst — 195, 200
Almelo — 90, 243
Angra dos Rios — 184, 190, 219
Argentina — 69, 217, 321, 248
ASEA — 158
Atlantic Richfield — 174
Atomic Energy of Canada Ltd. — 218
Atomic Power Constructions — 157, 166, 211
„Atomi za mir" — 127, 131, 148
AVM (Altelier Vitrification Marcoule) — 111
Avoan — 55
AVR — 61

B

Babcock & Wilcex — 164, 193, 194
Babok — 189
Bagdad — 246—247
Bap, Irvin — 212—213

Barber Associates, izveštaj — 184
Barnvel — 171
BASF — 183
Baski — 179
Batan — 189
Battelle — 165
Bazel — 177
Begin, Menahim — 246—247
Bekerel, Anri — 26, 115
Belgija — 109, 178, 229, 248
Ben, Toni — 186
Berkli — 53, 139, 143, 157
Bernz, Džon — 150—151
Big Rok Point — 143
Bikini — 120—122
Bilten atomskih fizičara — 119, 224
biološka dejstva jonizujuće radijacije, Odbor za (BEIR) — 286
Blek, H. — 153
BN-350 — 75, 170
BN-6000 — 75, 170
Bedega — 153
BONUS — 144
BORAX — 150
BOR (brzooplodni reaktor) — 72—81, 169
brzi regenerativni oplodni reaktor — 75
Braunz Feri — 79, 193
Braunz Feri, požar — 173—174, 175

311

313

L

„lagum soli" — 112
Laguna Verde — 224
Lajons — 112
Lakros — 143
lančana reakcija — 29—30
lasersko „obogaćivanje" — 90,
245
Latina — 150
Lau, H. J. — 254—256
Lavins, Amori — 245
Lawrence Livermore — 165
Leg, Ričard — 150—151
Lemon, Džek — 195
Lemoniz — 179
Lenrot, M. — 223
„Lenjin" — 172
Lep, Ralf — 130
Libija — 243, 247
Londonska grupa snabdevača
— 239
Los Alamos — 90, 119, 120, 123,
129, 234
Lucens, akcident — 158—159
Ludvigshafen — 183

M

Mađarska — 126, 248
Magnoks reaktori — 49—55, 93,
96—99, 101, 106
Mak Mahonov zakon — 122—
123, 125
Malezija — 189
Malibu — 153
„Mamac", test — 120—121
Markos — 190
Markula — 75, 138, 169, 209
Maršalska ostrva — 120—122,
127—129
Maršal, Valter — 205
Marviken — 158
MB-10 — 240
Međunarodna agencija za ener-
giju — 215
Međunarodna agencija za nu-
klearnu energiju — 148—
149, 164, 188, 215, 224, 237,
242, 245, 246—247, 249,
254—256
Međunarodni institut za pri-
menjenu sistemsku analizu
— 215
Međunarodna konsultativna
grupa za nuklearnu ener-
giju — 223
Međunarodna komisija za ra-
diološku zaštitu — 85, 107,
282
Mek Fi, Džon — 234—235
Mek Kormik, Ričard — 176
Meksiko — 224—225, 248
„Menhetn", projekt — 41, 90,
122, 134, 206, 226
Metropolitan Edison — 196—
198, 204
Milstoun — 152, 165
Ministarstvo za poljoprivredu,
ribarstvo i ishranu — 107
Miteran, Fransoa — 202
Mitre Corporation — 186, 239
Mol — 149
Monte Belo — 126
Mondarej — 180
Morgan, Emanuel — 245
Mur, R. V. — 132, 206
„Mutsu" — 171—174

N

Nader, Ralf — 165, 176
Nagasaki — 30, 118, 122, 129,
236, 286
Najn majl point — 152
Naučni institut za javne infor-
macije — 165
Naučni komitet UN za dejstvo
atomske radijacije (UNS-
CEAR) — 129
„Nautilus" — 62
Nemačka, Istočna — 191
Niagara Mohawk Power — 152
Norveška — 126, 188, 195, 229,
248
Novi Zeland — 189
Novovoronjež — 189
NRU — 137

315

BELEŠKA O PISCU

Volter C. Paterson (Walter C. Patterson) rođen je 1936. godine u Kanadi, školovao se u Vinipegu, a postdiplomske studije iz oblasti nuklearne fizike pohađao je na Univerzitetu Mantiboa. Godine 1960. preselio se u Veliku Britaniju, da bi 1972. postao član stručnog tima organizacije „Friends of the Earth" („Prijatelji Zemlje"), jedne od najautoritativnijih antinuklearnih i ekoloških organizacija u svetu. Nezavisni komentator i konsultant za energiju uopšte, a nuklearnu posebno, postao je 1978. godine. Stalni je stručni saradnik za oblast energetike uglednih listova i časopisa kao što su *Guardian* i *New Scientists*. Jedan je od urednika uglednog *Bulletin of Atomic Scientists*, izdanja za profesionalce i revije *Newton*, namenjene popularizaciji nauke među omladinom. Paterson je do sada objavio nekoliko knjiga: *The Fissile Society* (1977), *Fluitized Bad Energy Technology: Coming to a Boil* (1978) i *Nuclear Power* (prvo izdanje 1976, dopunjeno 1983) koja je doživela veliki broj izdanja, pa tako i ovo koje je pred jugoslovenskim čitaocem.

SADRŽAJ

21*

Drugi deo

SVET I NUKLEARNA FISIJA

RAD
Beograd
Moše Pijade 12

*

Glavni urednik
DRAGAN LAKIĆEVIĆ

*

Lektor
Jelka Milišić

*

Korektori
Jovanka Arsenović
Jelica Lazić
Jovanka Simić

*

Dizajn korica
Miloš Majstorović

*

Štampano
u 5.000 primeraka

*

Štampa
GRO „Kultura"
OOUR „Slobodan Jović"
Beograd
Stojana Protića 52

Drugi deo

SVET I NUKLEARNA FISIJA

RAD
Beograd
Moše Pijade 12

*

Glavni urednik
DRAGAN LAKIĆEVIĆ

*

Lektor
Jelka Milišić

*

Korektori
Jovanka Arsenović
Jelica Lazić
Jovanka Simić

*

Dizajn korica
Miloš Majstorović

*

Štampano
u 5.000 primeraka

*

Štampa
GRO „Kultura"
OOUR „Slobodan Jović"
Beograd
Stojana Protića 52

www.ingramcontent.com/pod-product-compliance
Lightning Source LLC
Chambersburg PA
CBHW071411180526
45170CB00001B/55